“十二五”职业教育国家规划教材
经全国职业教育教材审定委员会审定

电气控制技术

第2版

主　编　苗玲玉　孙秀延
副主编　李　兵
参　编　张晓青　王佳明　杨继斌

机械工业出版社
CHINA MACHINE PRESS

本书是“十二五”职业教育国家规划教材，是根据《教育部关于“十二五”职业教育教材建设的若干意见》及教育部新颁布的《高等职业学校专业教学标准（试行）》，同时参考维修电工职业资格标准，在第1版的基础上修订而成的。本书修订时，充分考虑第1版教材的反馈信息，并采用最新的专业标准，同时充分考虑教学内容与技能大赛的衔接，本着够用、实用的原则，采用理论与实践一体化的教学方法编写。本书注重任务驱动，呈现形式新颖，在编写内容上更加生活化、情景化、形象化。本书主要内容包括：常用低压电器、电气控制基本电路、典型机床电气控制电路、电气控制设计基础。为便于教学，本书配套有教学资源包，选择本书作为教材的教师可来电（010-88379195）索取，或登录 www.cmpedu.com 网站，注册、免费下载。

本书可作为高等职业院校机电一体化、电气自动化专业的教材，也可作为电气工人岗位培训教材。

图书在版编目（CIP）数据

电气控制技术/苗玲玉，孙秀延主编.—2版.—北京：机械工业出版社，2014.5（2021.7重印）
“十二五”职业教育国家规划教材
ISBN 978-7-111-47654-2

Ⅰ.①电… Ⅱ.①苗…②孙… Ⅲ.①电气控制-高等职业教育-教材
Ⅳ.①TM921.5

中国版本图书馆CIP数据核字(2014)第186563号

机械工业出版社(北京市百万庄大街22号 邮政编码100037)
策划编辑：范政文 责任编辑：范政文 责任校对：张 薇
封面设计：张 静 责任印制：李 昂
北京机工印刷厂印刷
2021年7月第2版第14次印刷
184mm×260mm · 13印张 · 310千字
标准书号：ISBN 978-7-111-47654-2
定价：39.80元

电话服务	网络服务
客服电话：010-88361066	机 工 官 网：www.cmpbook.com
010-88379833	机 工 官 博：weibo.com/cmp1952
010-68326294	金 书 网：www.golden-book.com
封底无防伪标均为盗版	机工教育服务网：www.cmpedu.com

第2版前言

本书是按照教育部《关于开展“十二五”职业教育国家规划教材选题立项工作的通知》，经过出版社初评、申报，由教育部专家组评审确定的“十二五”职业教育国家规划教材，是根据《教育部关于“十二五”职业教育教材建设的若干意见》及教育部新颁布的《高等职业学校专业教学标准（试行）》，同时参考维修电工职业资格标准，在第1版的基础上修订而成的。

本书编写过程中充分考虑高职学生的特点，着力突出教材的实用性和实践性，注重对学生进行分层次培养，从辨别和使用电器开始，通过识图、按图布线、通电调试、故障排除与维修、初步电气控制设计等技能点逐步学习和强化，循序渐进，这符合高职生心理特征和认知规律。

本书编写模式新颖，呈现形式多样，立足于学生实际，以学生为主体，注重学生的自主学习、合作学习和个性化教学，以专项能力培养为目的，以解决实际问题的思考模式为纽带，引领学生进入理论与实践有机结合的教学情境中，达到“教中做、做中学、学中练”的目的，全面提升学生解决问题的实战能力。同时本书对接岗位职业标准，并且以必需和够用为原则选取教学内容，将新技术、新知识、新工艺等内容体现其中，具有前瞻性、先进性。

本书在内容处理上主要有以下几点说明：①本书建议教学学时为70学时左右，采用理论实践一体化教学方法，建议实训学时不低于总学时的50%，专业实训1~2周；②本书内容充分考虑与技能大赛的衔接。例如在第4章设计PLC控制的X6132卧式万能铣床的选修项目，将传统接触器控制与可编程序控制器有机结合进行铣床改造，这部分内容既与技能大赛衔接，又与相关专业课程对接，使学生对所学专业课程有个综合理解和运用的过程。用书单位可根据自身情况选用相关内容，或者将这些内容作为参考资料供学生阅读。

全书共4章，由辽宁轨道交通职业学院苗玲玉、孙秀延任主编，李兵任副主编，参加编写的还有西安铁路职业技术学院王佳明、沈阳鼓风机集团杨继斌、辽宁轨道交通职业学院张晓青。其中，苗玲玉编写第1章、第3章及附录，并负责统稿；孙秀延编写第2章；李兵编写第4章；王佳明、杨继斌、张晓青参与第4章第5节实训的编写。本书为校企合作开发教材，杨继斌高工对书内所有的实训内容都提了很多建设性的建议。本书经全国职业教育教材审定委员会审定，教育部专家在评审过程中对本书提出了很多宝贵的建议，在此对他们表示衷心的感谢！

编写过程中，编者参阅了国内外出版的有关教材和资料，得到了辽宁轨道交通职业学院的大力支持，在此一并表示衷心感谢！

由于编者水平有限，书中不妥之处在所难免，恳请读者批评指正。

编　者

第1版前言

本书以职业岗位对人才的需求为出发点，针对目前市场需求以及职业院校学生的实际状态，本着够用、实用的原则，采用理论与实践一体化的教学方法编写而成。

本书配有大量的实物图片，行文通俗易懂、图文并茂，突出应用、强化实训，并兼顾中级维修电工职业技能资格考证，配有与之密切相关、难易适中的电气控制实训，且书中所用教学实验设备通用性强，可以在裸盘上直接安装、布线。融知识、技能、实践经验积累于兴趣之中，符合职业院校学生的认知规律。

为了方便教学和提高学生的学习兴趣，编者自制了 flash 多媒体课件，用更为形象、直观的方式表现电气控制电路原理及电器动作；电气电路原理分析配有读图流程图，便于理解。书后还附有活页形式的实训报告，方便学校存档。

本书建议教学学时为 70 学时左右，专业实习 1 ~2 周，各章的参考教学时数分配如下：

教材内容	学时数	
	理论学时	实训学时
第 1 章　常用低压电器	4	6
第 2 章　电气控制基本电路	12	14
第 3 章　典型机床电气控制电路	10	14
第 4 章　电气控制设计基础	4	1 ~2 周
机动和习题	4	2

本书由苗玲玉任主编并统稿，刘国军任副主编，鲍风雨主审，参加编写的还有殷红、金志明、周正鼎。其中，苗玲玉编写第 1 章、第 4 章 4.3 ~4.5 节及所有实训，刘国军编写第 2 章，殷红编写第 3 章，金志明编写第 4 章 4.1 节，周正鼎编写第 4 章 4.2 节。

在本书编写过程中，得到沈阳铁路机械学校电气专业部很多老师的大力支持，在此一并表示深切的感谢。

由于水平有限，经验不足，书中难免存在错误和缺点，诚恳欢迎读者批评指正，并由衷表示感谢。

编　者

目 录

CONTENTS

第1章 常用低压电器

电器就是电能的控制器具，它能对电能进行分配、控制、调节。其控制作用就是接通或断开电路中的电流，因此，“开”和“关”是其最基本和最典型的功能。

思考一

电灯开关算电器吗？生活、生产中都有哪些常用电器呢？

1.1 电器的分类

学习目标

1. 了解电器的分类。
2. 了解常用的低压电器。

电器按其工作电压的高低，以交流1200V、直流1500V为界，可划分为高压电器和低压电器两大类。高压电器是在高压电路中用来实现关合、开断、保护、控制、调节、测量的设备。高压电器一般包括开关电器、测量电器和限流、限压电器。低压电器是一种能根据外界的信号和要求，手动或自动地接通、断开电路，以实现对电路或非电对象的切换、控制、保护、检测、变换和调节的元器件或设备。

本书重点讲授低压电器。低压电器的种类很多，分类的方法也很多。

（1）按工作原理分可分为电磁式电器和非电量控制电器。电磁式电器依据电磁感应原理来工作，如接触器、各类电磁式继电器。非电量控制电器是靠外力或者某种非电物理量控制的电器，如按钮、行程开关、刀开关、速度继电器、压力继电器等。

（2）按操作方式分可分为自动切换电器和非自动切换电器。非自动切换电器是用手或依靠机械力进行操作的，如各种手动开关、控制按钮或行程开关等。自动切换电器则主要借助于电磁力或某个物理量的变化自动进行操作，如接触器和各种类型的继电器等。

（3）按用途分可分为控制电器、主令电器、保护电器、配电电器、执行电器。控制电器是用于各种控制电路和控制系统中的电器，如接触器等。主令电器是发送控制指令的电器，如控制按钮、行程开关等。保护电器是用于保护电路及用电设备的电器，如熔断器、热继电器等。配电电器是用于电能的输送和分配的电器，如刀开关、断路器等。执行电器是用于完成某种动作或者传动功能的电器，如电磁铁等。

1.2 非自动切换电器

学习目标

1. 了解按钮、行程开关、刀开关的外形。
2. 掌握按钮、行程开关、刀开关的国标符号。
3. 熟悉按钮、行程开关、刀开关的使用。

1.2.1 控制按钮

1. 控制按钮的原理及符号

控制按钮的作用主要是发布命令控制其他电器的动作和短时接通或断开小电流电路，其结构原理及符号如图 1-1a、b 所示，外形如图 1-1c 所示。

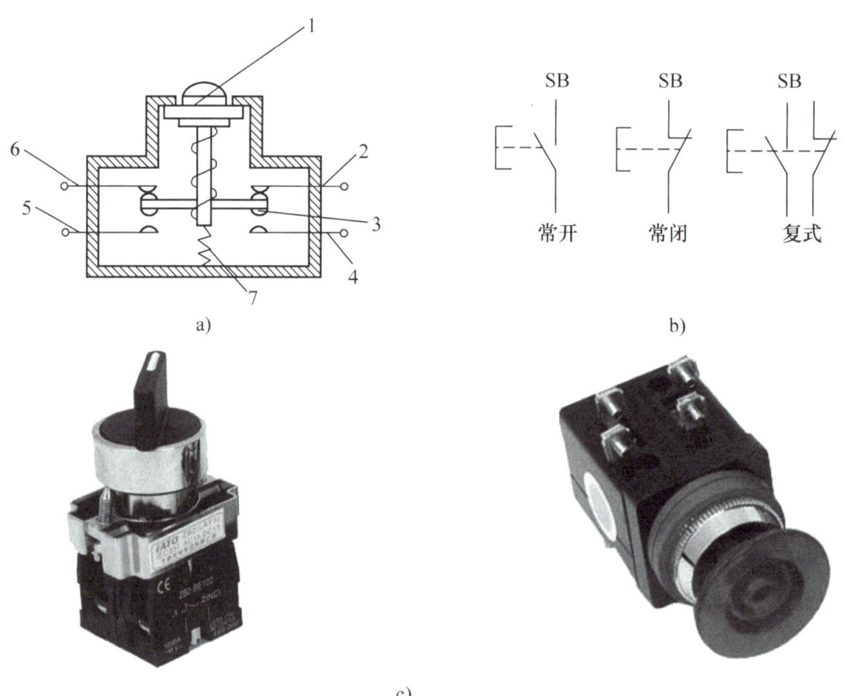

图 1-1 控制按钮

a）结构原理 b）符号 c）外形

1—按钮 2、4、5、6—静触点 3—动触点 7—弹簧

由于按钮的触点允许通过的电流较小，一般不超过5A，因此按钮不用来直接控制主电路的通断，而是用在控制电路中发出“命令”去控制接触器、继电器等，再由它们来控制主电路。

在常态（未加外力）时，按钮的静触点2、6与桥式动触点3闭合，所以习惯上称为常闭触点；静触点4、5与桥式动触点3分断，称为常开触点。

当按下按钮时，静触点2、6先和桥式动触点3分断，所以这两个触点也称为动断触点；然后静触点4、5再和桥式动触点3闭合，这两个触点也称为动合触点。

按下按钮时，常闭触点先断开，常开触点再闭合；按下后再放开时，由于复位弹簧的作用，常开触点先恢复断开状态，常闭触点再恢复闭合状态。控制按钮触点的符号如图1-1b所示，用虚线将属于同一按钮的常开和常闭触点连接起来，表示它们是相互关联的。

2. 控制按钮的技术参数

常用控制按钮的主要技术参数见表1-1。

表1-1　常用控制按钮的主要技术参数

型　号	额定电压/V	额定电流/A	结构形式	触点对数		按钮数	按钮颜色
				常开	常闭		
LA2	交流：500 直流：400	5	元件	1	1	1	黑、绿、红
LA10—2K			开启式	2	2	2	黑、红或绿、红
LA10—3K			开启式	3	3	3	黑、绿、红
LA10—2H			保护式	2	2	2	黑、红或绿、红
LA10—3H			保护式	3	3	3	黑、绿、红

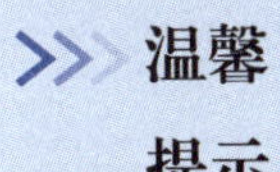
温馨提示

按钮在面板上安装时应该排列合理，可根据电动机起动的先后顺序，将按钮从上到下或者从左到右排列。

按钮安装时应固定牢固。不同颜色的按钮代表不同的用途，一般习惯用红色按钮表示停车，用绿色或者黑色按钮表示起动或者通电。

1.2.2　行程开关

行程开关又称限位开关或者位置开关，是一种利用生产机械运动部件的碰撞使触点动作从而切换电路的电器，其作用主要是限定运动部件的行程。从结构来看，行程开关包括三个部分：操作机构、触点系统和外壳。

行程开关的种类很多，按其运动形式不同分为直动式和转动式；按其操作机构结构不同可以分为直动式、滚动式和微动式；按其触点性质不同分为有触点式和无触点式。图1-2所示为多种行程开关外形。

下面重点介绍有触点的行程开关。这种行程开关利用机械运动部件的碰撞来控制触点动

图 1-2 行程开关外形

作，从而控制生产机械的运动方向、行程大小进行位置保护等。当行程开关用于位置保护时，也称作限位开关。行程开关的符号如图 1-3 所示。

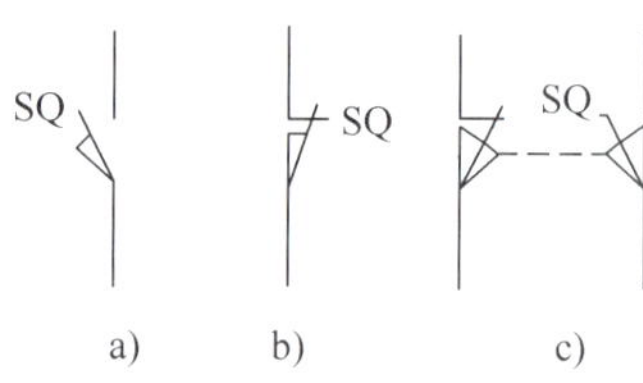

图 1-3 行程开关符号
a）常开触点 b）常闭触点
c）复式触点

1. 直动式行程开关

直动式行程开关的优点是结构简单、成本较低，缺点是触点的分合速度取决于撞块的移动速度。若撞块移动速度过慢，则触点不能瞬时切断电路，致使电弧在触点上停留的时间过长，容易烧蚀触点。因此，这种开关不宜用于撞块移动速度小于 0.4m/min 的场合。

2. 滚动式行程开关

滚动式行程开关的优点是触点的通断速度不受运动部件速度的影响，动作快；缺点是结构复杂，价格较贵。

3. 微动式行程开关

微动开关的优点是：

（1）外形尺寸小，质量轻。触点的工作电压为 380V，工作电流为 3A。

（2）推杆的动作行程小，灵敏度较高。

（3）推杆动作压力小，只需 50～70N 就能使其动作。

微动行程开关的缺点是不耐用。

>>> **温馨提示** 行程开关应牢固安装在安装板或机械设备上，不得有晃动现象。在安装过程中，要将挡块和推杆及滚轮的安装距离调整适当。

1.2.3 刀开关

刀开关是手动电器中结构最简单的一种。它由操作手柄、刀刃、静刀夹和绝缘底板组成。推动手柄，将刀刃紧紧地插入刀夹中，电路就被接通。

1. 刀开关种类及符号

刀开关的种类很多，有几十种规格，常用型号有 HK1—15、HK1—30 和 HK1—60 等。刀开关型号及含义如图 1-4 所示。

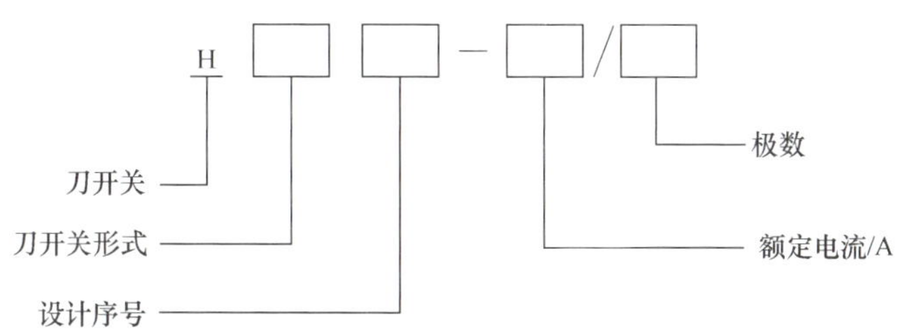

图 1-4 刀开关型号及含义

常见的刀开关型号中字母的含义如下。

K——开启式负荷开关；

R——熔断器式刀开关；

H——半封闭式负荷开关；

Z——组合开关。

如 HK1—60 的含义是开启式负荷开关，额定电流 60A，三极刀开关，其外形如图 1-5 所示。

通常根据刀片的数量不同刀开关可分为三类：单极开关、双极开关、三极开关。三极刀开关的符号如图 1-6a 所示。

由于刀开关的体积较大、操作费力，每小时内允许的接通次数很少。因此，刀开关主要用在车间的配电电路中作为电源的引入开关或隔离开关，主要用来接通或切断长期工作设备的电源。电源隔离开关是常用的刀开关之一，其符号如图 1-6b 所示。

图 1-5 刀开关外形

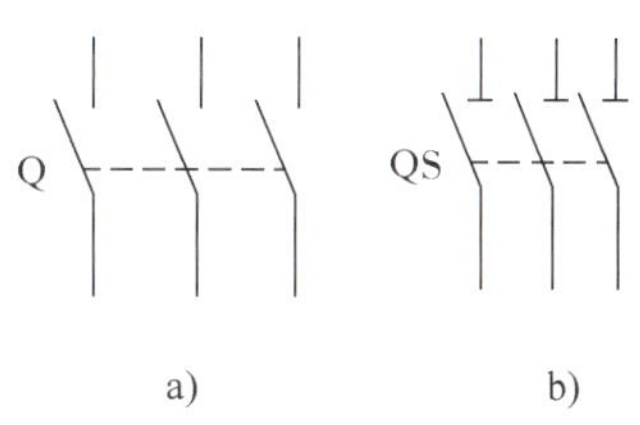

图 1-6 刀开关的符号

a）三极刀开关 b）隔离开关

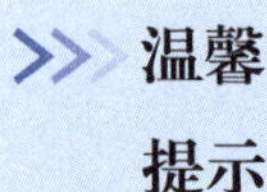
温馨提示

安装刀开关时，手柄要向上，不得倒装或平装，避免刀开关自动下落引起误动作合闸。

接线时，电源线接在上端，负载线接在下端，以防止可能发生的意外事故。

2. 刀开关主要技术参数

刀开关主要技术参数包括额定电压、额定电流和分断能力。

额定电压是刀开关长期正常工作能承受的最大电压；额定电流是刀开关在接通位置上允许长期通过的最大工作电流；分断能力是刀开关在额定电压下能可靠分断的最大电流。刀开关主要技术参数见表1-2。

表1-2 刀开关主要技术参数

型号	极数	额定电流/A	额定电压/V	可控制电动机最大容量/kW	配用熔丝规格			
					熔丝成分			熔丝线径/mm
					铅	锡	锑	
HK1—15/2	2	15	220	1.5	98%	1%	1%	1.45～1.59
HK1—30/2	2	30	220	3.0				2.30～2.52
HK1—60/2	2	60	220	4.5				3.36～4.00
HK1—15/3	3	15	380	2.2				1.45～1.59
HK1—30/3	3	30	380	4.0				2.30～2.52
HK1—60/3	3	60	380	5.5				3.36～4.00

3. 转换开关

转换开关也称组合开关，是刀开关中的一种，常见型号有HZ5、HZ10、HZ15系列，其外形和符号如图1-7所示。

图1-7b右图中，3条虚线代表该转换开关有3个挡位：左、中、右；每个挡位上面的实心圆黑点代表触点在这个挡位上是通的。如图1-7b所示，转换开关打到左侧挡位时，第1对触点接通；转换开关打到中间挡位时，第1对和第3对触点通；转换开关打到右边挡位时，第2对触点通。

思考二

那我们家里的电灯开关是属于控制按钮呢？还是转换开关呢？控制按钮和转换开关有什么区别呢？

1 CHAPTER

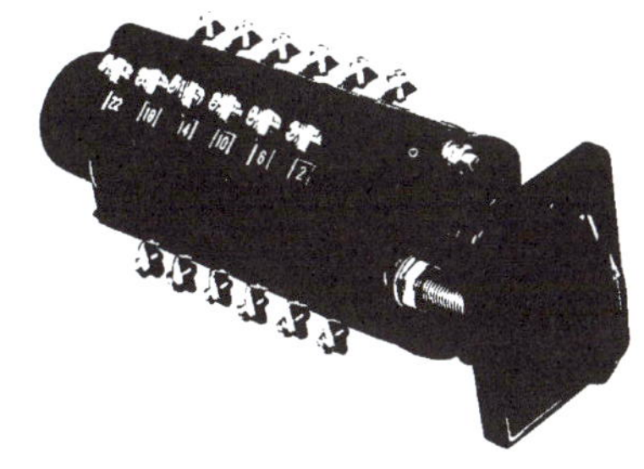

a)

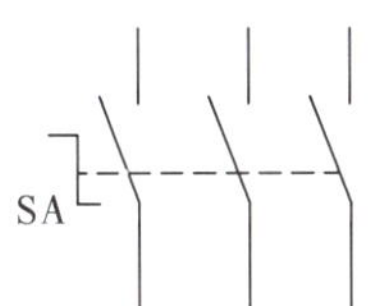

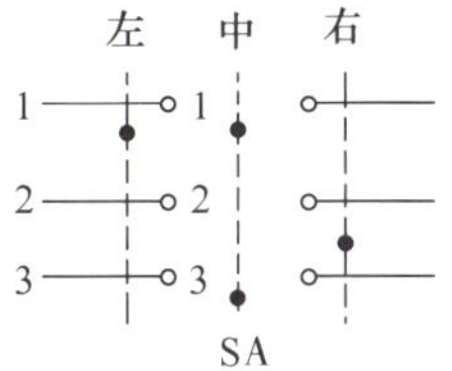

b)

图 1-7　转换开关

a）外形　b）符号

电灯开关是最简单的转换开关，转换开关 SA 和控制按钮 SB 的区别在于：一般的控制按钮 SB 按下时触点动作，松开时各触点复位；而转换开关 SA 转换到某个挡位时其触点动作并保持动作状态不变，如将电灯开关打到“开”的位置时，触点动作，即使松开触点状态也不会改变。

1.3　自动切换电器

思考三

自动切换电器是否就是没有手动操纵的电器了？

学习目标

1. 了解接触器和继电器的区别。
2. 熟悉常用继电器的原理、国标符号及应用。
3. 熟悉接触器、熔断器的原理、国家标准及应用。

1.3.1 接触器

接触器是用来接通或切断电动机或其他负载主电路的一种控制电器，通常分为交流接触器和直流接触器。本节以常用的交流接触器为例进行说明。

1. 接触器的结构

接触器由触点系统、电磁机构、弹簧、灭弧装置和支架底座等部分组成，其结构原理图如图1-8所示。

（1）电磁机构。电磁机构的作用是将电磁能转化成机械能并带动触点动作，通常采用电磁铁的形式，由吸引线圈、铁心及衔铁等组成。为减小涡流的影响，铁心和衔铁大都用成形的硅钢片叠成。

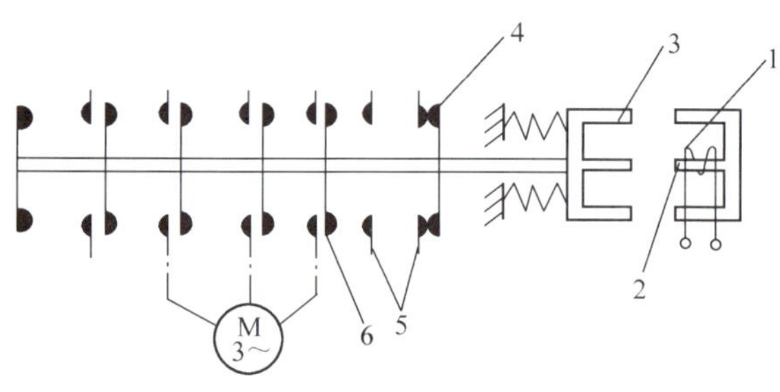

图1-8 接触器结构原理图

1—线圈 2—铁心 3—衔铁 4、6—动触点 5—静触点

（2）触点系统。触点系统包括3对主触点和数对辅助触点，一般采用桥式触点结构。主触点体积较大，允许通过电流大，用于通断主电路，多为三对常开触点；辅助触点体积较小，允许通过的电流较小，只能通断控制电路，通常有两对常开触点、两对常闭触点。

（3）灭弧装置。当触点分断通电的电路时，如果触点电压为10～20V，电流为80～100mA，在拉开的两个触点间将出现强烈的电火花。电火花是一种气体放电现象，通常称为电弧。为减轻电弧对触点的烧蚀作用，通常采用灭弧装置。常用的灭弧装置有磁吹式灭弧装置、灭弧栅、灭弧罩等。

2. 接触器的工作原理

当接触器的线圈加上交流电压时，线圈内将产生交变电流。于是在衔铁和静铁心组成的磁路中产生磁通，从而产生电磁吸力。当电磁吸力大于弹簧的反作用力时，衔铁就被吸合。这时所有固定在绝缘支架上的动触点也被拉下，两对辅助常闭触点打开，三对主触点、两对辅助常开触点闭合。当外加电压消失后，电磁力消失，衔铁在弹簧反作用力作用下恢复原位，触点系统恢复原状。接触器外形如图1-9所示，接触器的符号如图1-10所示。

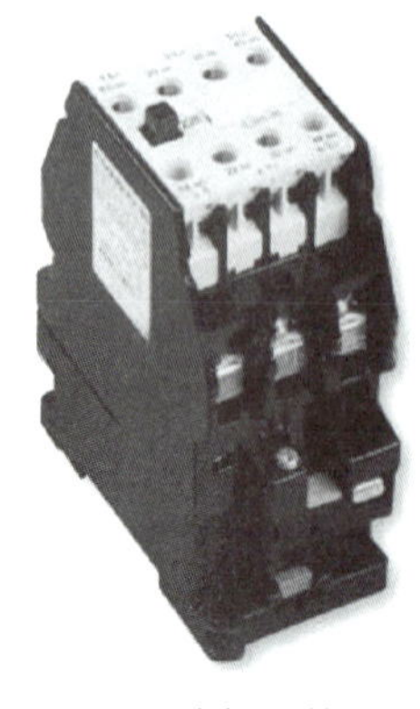
图1-9 接触器外形

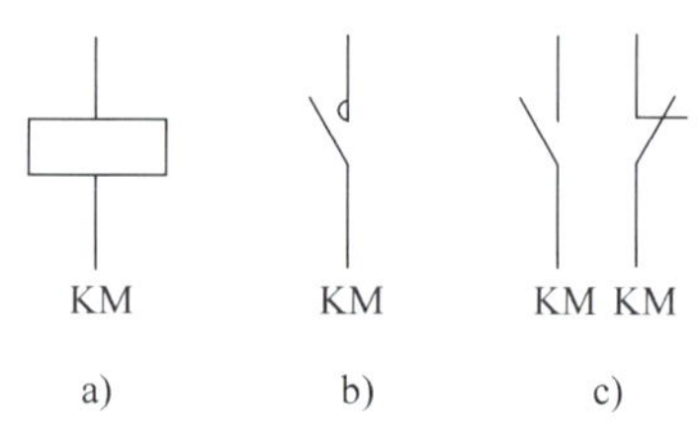

图1-10 接触器的符号

a）线圈 b）主触点 c）辅助触点

交流接触器的常用型号有 CJ12、CJ20 和 CJ40 等，其含义如图 1-11 所示。

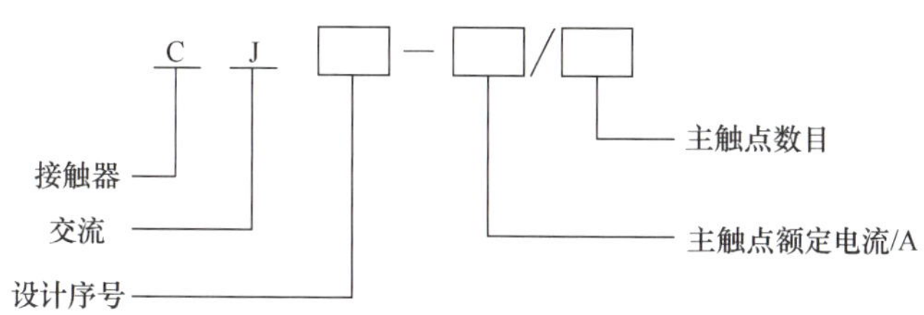

图 1-11 交流接触器的型号及含义

3. 接触器的技术参数

交流接触器主要技术参数包括额定电压、额定电流和线圈额定电压。

（1）额定电压：是交流接触器的主触点长期工作所能承受的最大电压。根据我国电压标准，接触器常用的额定电压为交流 220V、380V、660V 等。

（2）额定电流：是接触器在额定工作条件下允许长期通过的最大电流。我国目前生产的接触器额定电流一般小于或等于 630A。

（3）线圈额定电压：是交流接触器线圈长期正常工作所能承受的最大电压。

交流接触器技术参数还有通断能力、额定频率、线圈功率、操作频率等，CJ12 系列交流接触器的技术参数见表 1-3。

表 1-3 常用交流接触器的技术参数

产品型号	额定工作电压/V	约定发热电流/A	额定工作电流/A		寿命/万次	操作频率	交流线圈频率/Hz	辅助触点	
			AC—3	AC—4	AC—2	3 极		控制容量	数量
CJ12—100	380	100	100		15	600	50	AC—15：1000V·A；DC—13：90W	6 对
CJ12—150		150	150						
CJ12—250		250	250						
CJ12—400		400	400		10	300			
CJ12—600		600	600	480					

温馨提示

安装接触器时，其底面应与地面垂直，倾斜度小于 5°，否则影响接触器的工作特性。

安装接线时，不要使螺钉、垫圈、接线头等零件脱落，以免掉进接触器内部而造成卡住或者短路现象的出现。

接触器应定期检查，观察螺钉是否松动等。

1.3.2 实训：常用电器的认识及接触器的使用

思考四

怎样识别各种常用电器的常开常闭触点呢？

学习目标

1. 掌握常用电器的使用方法，重点掌握接触器的使用方法。
2. 能识别电器的铭牌。
3. 掌握常用电器的接线方法。

1. 实训器材

实训器材包括断路器 1 个、熔断器 1 个、接触器 1 个、热继电器 1 个、时间继电器 1 个、按钮 2 个、信号指示灯 1 个、万用表 1 块、工具 1 套、导线若干，如图 1-12 所示。

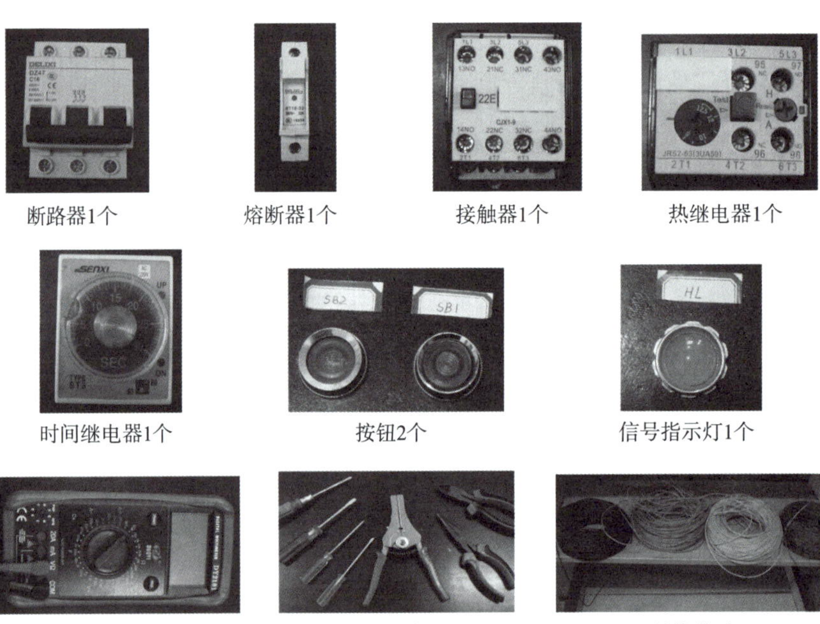

图 1-12 接触器使用练习实训器材

2. 认识电器

（1）接触器的认识。接触器线圈及触点位置示意图如图 1-13 所示，下面是线圈的进线和出线；中间一层为 3 对主触点；上面为 4 对辅助触点，其中两对为辅助常闭触点（上面中间），两对为辅助常开触点（上面两侧）。识别辅助触点是常开触点还是常闭触点的方法，如图 1-13b 所示，在辅助触点上面有图形“○”，其中“○”在上面的为辅助常闭触点，“○”在下面的为辅助常开触点，可以简单总结为：观察圆圈，上闭下开。

（2）热继电器的认识。通过图 1-14a 所示铭牌上右下方的标识可以看出，95-96 为常闭触点；97-98 为常开触点。如图 1-14b 所示，最下层 3 对触点为热元件，上面左侧一对触点为 95-96，根据铭牌指示应为常闭触点；上面右侧一对触点为常开触点。

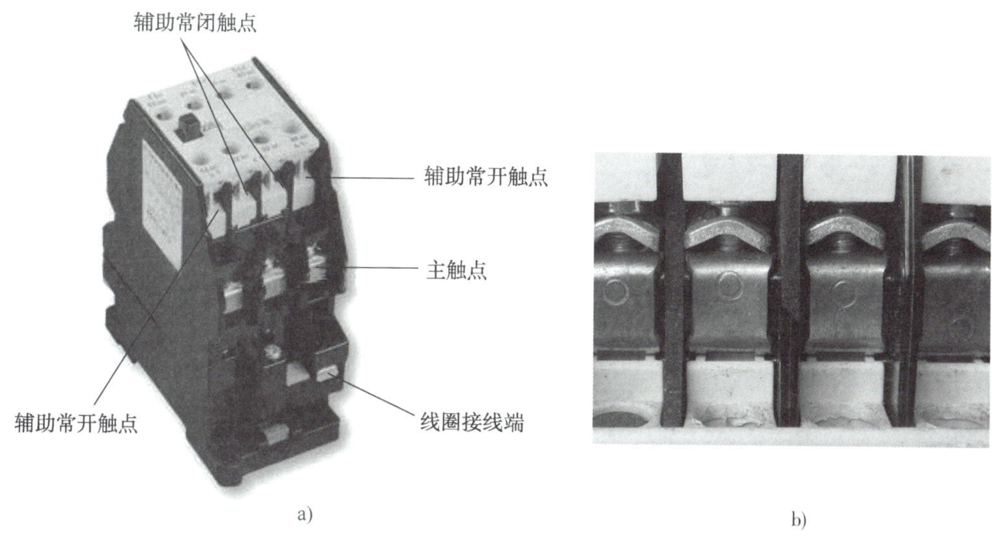

图 1-13　接触器实物

a）线圈及触点位置示意图　b）局部放大图

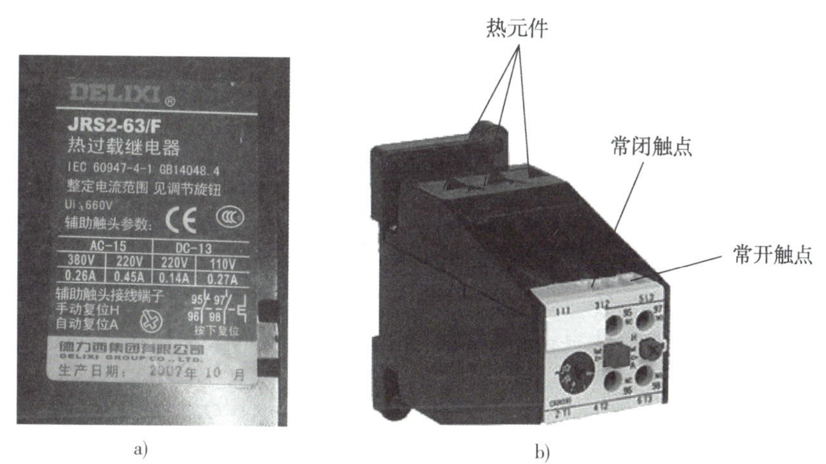

图 1-14　热继电器实物

a）铭牌　b）热元件及触点位置示意图

（3）时间继电器的认识。由图 1-15 所示时间继电器的铭牌可以看出，时间继电器线圈端点为 2 和 7，且电流从 7 进从 2 出；延时常闭触点为 5-8；延时常开触点为 6-8；瞬时常闭触点为 1-4；瞬时常开触点为 1-3。

（4）按钮的认识。按钮中各触点位置如图 1-16 所示，上面一对触点为常开触点，下面为常闭触点。

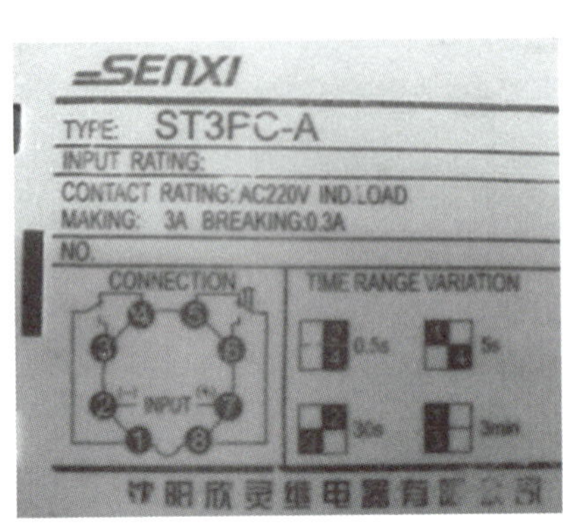

图 1-15 时间继电器铭牌示意图

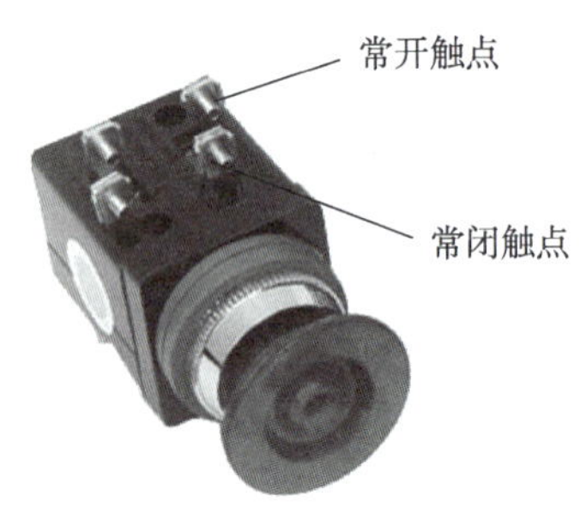

图 1-16 按钮的触点位置示意图

>>> **温馨提示**

用万用表判断按钮触点是否正常的方法：将万用表红黑表笔分别接按钮的常闭触点，万用表显示通为“0”；按下按钮，万用表显示断为“1.”，则常闭触点正常。

再将万用表两表笔分别接按钮的常开触点，万用表显示断为“1.”，按下按钮，万用表显示通为“0”，则常开触点也正常。

3. 实训电路图

实训电路如图 1-17 所示。

4. 实训步骤

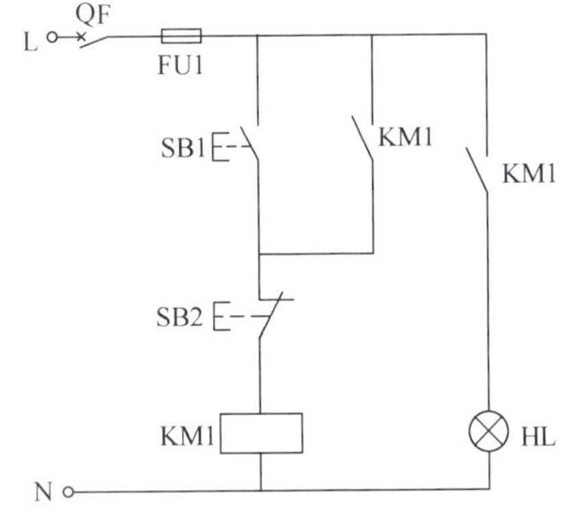

图 1-17 接触器的使用练习实训电路图

安装电器

按图 1-17 所示电路安装电器，在控制面板上安装按钮和信号指示灯并做好标记，如图 1-18 所示。

按图布线

清点工具，按图 1-17 所示电路图接线。检查电器是否完好并安装到配电盘上，同时观察接触器的工作电压，如图 1-19a 所示。所用接触器的工作电压为

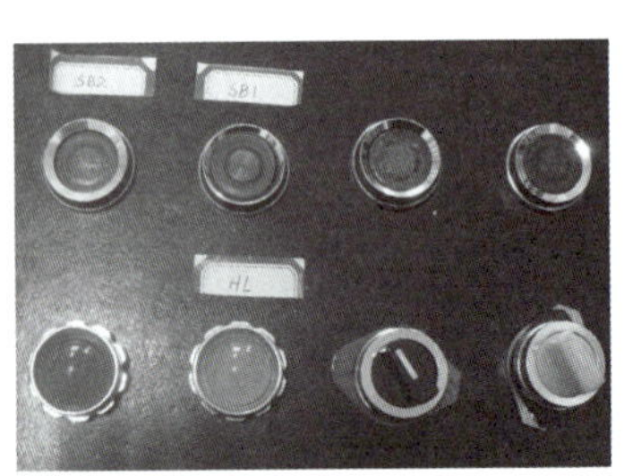

图 1-18 安装接触器使用练习电器

220V，电路只需使用一根相线和零线，另外两根不用的相线在端子排上接好，以免通电时短接造成电源短路，如图 1-19b 所示。检查电源及电路是否按要求接好。

图 1-19 按接触器使用练习实训电路图布线

a）接触器的工作电压 b）电源的接法 c）接触器的接法 d）与 QF、FU 的连接

常规检查

检查是否存在短路故障，用万用表进行通电前整体电路常规检查。

（1）整体电路分析与检查方法。图 1-20 所示为常规检查流程图。

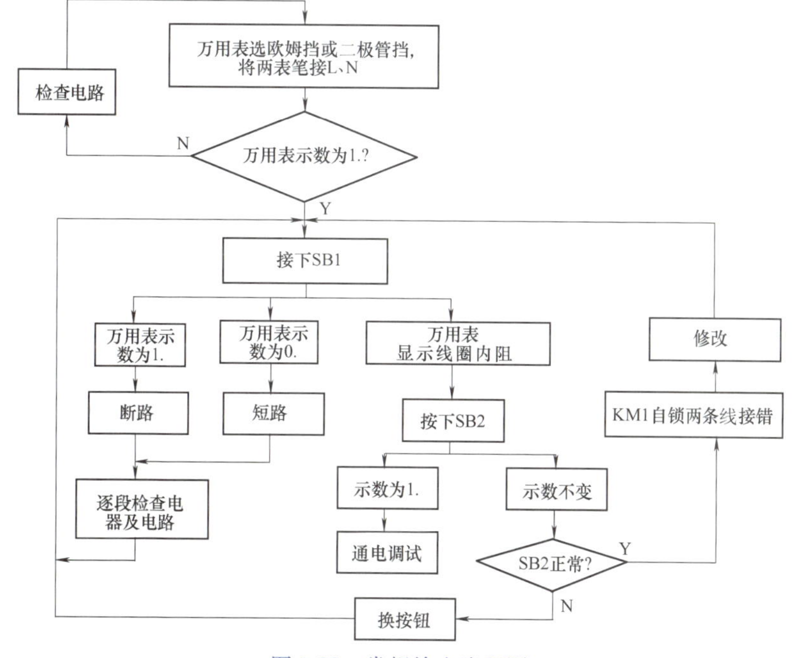

图 1-20 常规检查流程图

1）合上断路器，如图 1-21a 所示。使用数字万用表的二极管挡或者指针式万用表的欧姆挡（“×1k”挡），将红、黑表笔分别接在 L、N 上，电路此时应该是断的，万用表显示“1.”，如图 1-21b 所示，这表示电路正常；如果万用表指示为“0”，说明存在短路故障，需要检查电路。

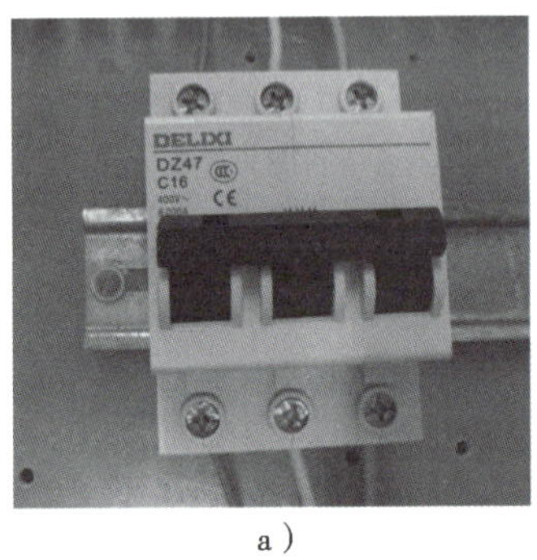

a）

b）

图 1-21　检查三相电源

a）合上断路器　b）万用表表笔位置

2）保持万用表两表笔位置不动，按下 SB1，如果万用表显示阻值等于接触器线圈内阻（一般为 400～600Ω），如图 1-22a 所示，说明正常；再按下 SB2，显示“1.”，如图 1-22b 所示说明电路基本没有问题，可以通电。

a）

b）

图 1-22　检查控制电路

a）按下 SB1　b）按下 SB1 同时 SB2

3）如果按下 SB1 万用表显示“0”，则表示电路中有短路故障；如果按下 SB1 万用表显示“1.”，说明有断路问题。如果按下 SB1 电路正常，但是按下 SB2 电路不能断开，则应首先检查控制按钮是否有问题，按钮如果没有问题，则说明 KM1 自锁的两条线接错。

（2）分段电阻法逐段检查电路。图 1-23 所示为分段电阻法逐段检查示意图，当用上述整体电路检查出故障或者通电试车时发现接触器不动作时，可以采用此法逐段分析。

切断电源，用万用表的欧姆挡依次逐段测量电路电阻以判断电路是否存在故障。检查步骤如下：

1）将万用表两表笔分别放在 L 和 1 处，合上 QF，万用表显示为“0”表示正常，接着进

行步骤2）。否则检查熔断器 FU1 之后回步骤1）。

2）放在 L 处万用表的表笔不动，将另一表笔放在 2 处，按下 SB1。若万用表显示阻值为“0”则表示正常，进行步骤3）。若万用表显示阻值很大，则可能接触不良或者开路；若为无穷大则说明按钮 SB1 常开触点坏，更换 SB1。

3）将万用表两表笔分别放在 2 和 3 之间，若阻值显示为“0”则表示正常，进行步骤4）。若万用表显示阻值很大则可能接触不良或者开路；若阻值显示为无穷大则说明按钮 SB2 常闭触点坏，更换 SB2。

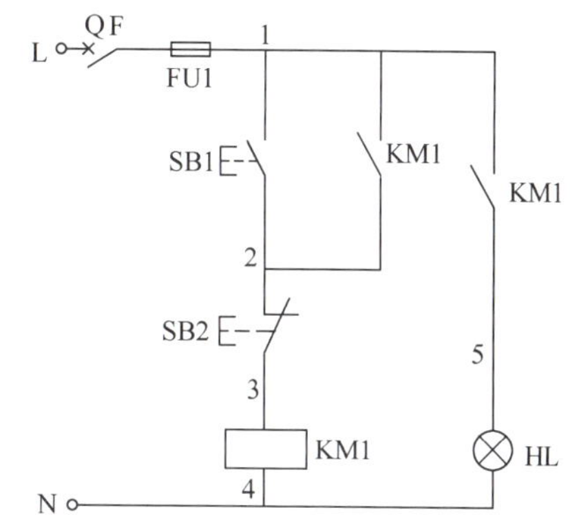

图 1-23　分段电阻法逐段检查示意图

4）将万用表两表笔分别放在 2 和 4 之间，测量2、4 间电阻，若阻值等于接触器线圈内阻则为正常；若阻值为“0”，说明接触器线圈短路；若阻值比接触器线圈内阻大很多，表示导线与线圈接触不良或开路，需要更换接触器。

通电试车

（1）在排除短路故障后经指导教师允许方可接通电源。

（2）在教师监控下试电，观察接触器动作以及信号灯的指示是否正常。按下 SB1，接触器 KM1 动作，灯 HL 亮，再按下 SB2，接触器 KM1 断电复位，灯 HL 灭。

清理工位

调试完毕后关闭电源，清理工作台位，清点工具。经指导教师同意后拆线，去掉控制面板上的标记。

完成报告

完成实训报告。

温馨提示

不可以擅自移动、使用其他同学的电源；流过每个电器的电流方向应该始终保持一致。

看清楚接触器和时间继电器线圈及信号灯的工作电压，不可接错。

结合现场实际情况，在电器柜内的电器均放在配电盘导轨上，按钮、灯和电动机等必须经过端子排与电器连接，且放置在配电盘外面。

思考五

怎样判别电路中是否有短路故障呢？

在通电试验前能初步判别出电路是否有问题存在吗？

5. 常见故障现象与检修方法

接触器常见故障现象与检修方法见表1-4。

表1-4 接触器常见故障现象与检修方法

序号	故障现象	检修方法
1	按下起动按钮SB1后，接触器不动作	① 检查断路器QF是否闭合 ② 断电后按电阻法逐段检查接触器线圈电路接线是否正确，所用电器是否正常 ③ 使用万用表AC500V挡位，检查相线L和零线N之间电压是否为220V
2	接触器不能自锁，松开SB1后接触器即断电	① 检查1—2之间接触器常开触点两条线是否接错 ② 换另外一对常开触点
3	起动后，接触器动作，但灯HL不亮	① 检查1—5和5—4之间电路和电器是否接错 ② 检查HL灯是否损坏

6. 实训考核及评分标准

实训考核及评分标准见表1-5。

表1-5 接触器使用实训考核及评分标准

内容	考核要求	配分	评分标准	扣分	得分
接线	布线合理、正确	55	每错一处扣2分		
	导线平直、美观，不交叉，不跨接		布线不美观、导线不平直、交叉架空跨接，每处扣1分		
	接线正确、牢固		裸露导线过长或者接点压接不紧，每处扣1分		
调试	调试尽量一次成功 信号灯指示正常	30	试运行步骤方法不正确扣2~4分；试运行一次不成功扣10分，三次不成功此项不得分		
文明操作	工作台面清洁、工具摆放整齐	10	凡违反有关规定，酌扣2~4分，但对发生严重事故者，则取消实训资格		
时间	1h按时完成	5	每超时5min酌扣3~5分		
总分		100			

1.3.3 继电器

继电器是一种在特定形式的输入信号（电压、电流、速度、时间等）达到规定要求时动作的自动控制电器，主要用来反映各种控制信号的大小。其触点通常接在控制电路中。

继电器的种类繁多，分类方法也很多。常用分类方法有：按输入信号的不同分为电压继电器、电流继电器、功率继电器、时间继电器、温度继电器等；按动作原理的不同分为电磁式继电器、感应式继电器、电动式继电器、电子式继电器、热继电器等；按动作时间的不同分为快速继电器、延时继电器、一般继电器等；按执行环节作用原理的不同分为有触点继电

器、无触点继电器；按用途的不同分为控制系统用继电器、电力系统用继电器。

这里主要介绍电气控制系统用的电磁式（电流、电压、中间）继电器、时间继电器、热继电器和速度继电器。

思考六

电影里经常看到定时炸弹爆炸的场面，定时炸弹里的时间控制是用何种电器实现的呢？

1. 时间继电器

凡是在敏感元件获得信号后，执行元件要延迟一段时间才动作的低压电器叫时间继电器。这里指的延时区别于一般电磁继电器从线圈得到电信号到触点闭合的固有动作时间。时间继电器的种类很多，按动作原理可分为空气阻尼式、电磁式、电动机式、半导体式等。图1-24所示为常见的电子式时间继电器的外形。

a)

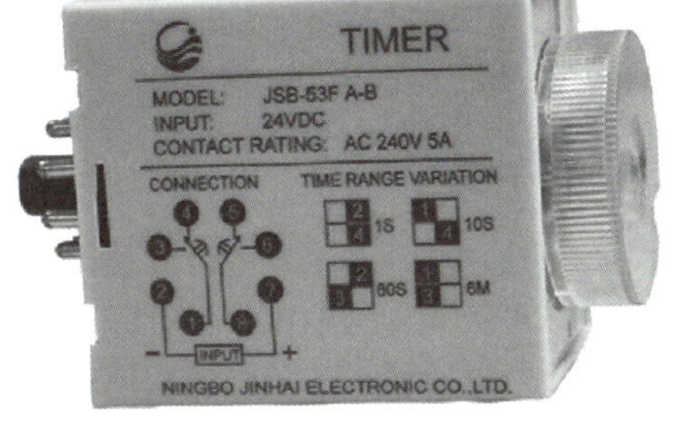

b)

图1-24 电子式时间继电器外形

a）正面面板 b）侧面面板

下面以空气阻尼式时间继电器为例说明时间继电器的工作过程。图1-25所示为通电后开始延时的空气阻尼式时间继电器结构原理图，它是利用空气通过小孔节流原理来实现延时的，可以做成通电延时型，也可以做成断电延时型。

当铁心线圈1通电后，衔铁3吸合，微动开关16受压，其触点动作无延时，活塞杆6在塔形弹簧8的作用下带动活塞12及橡皮膜10向上运动，但由于橡皮膜下方空气室的空气稀薄，形成负压，因此活塞杆6只能缓慢地向上移动。其移动速度由进气孔的大小决定，进气孔的大小可通过调节螺杆13进行调整。经过一定的延时后，活塞杆才能移动到最上端，这时通过杠杆7压动微动开关15，使其常闭触点断开、常开触点闭合，起到通电延时的作用。

当线圈1断电，电磁吸力消失，衔铁3在反力弹簧4的作用下释放，并通过活塞杆6将活塞12推向下端，这时橡皮膜10下方室内的空气通过橡皮膜10、弱弹簧9和活塞12的肩

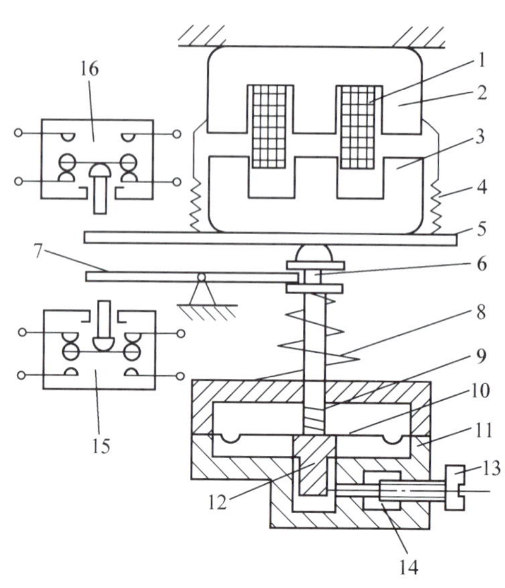

图 1-25　空气阻尼式时间继电器结构原理图

1—线圈　2—铁心　3—衔铁　4—反力弹簧　5—推板　6—活塞杆　7—杠杆
8—塔形弹簧　9—弱弹簧　10—橡皮膜　11—空气室壁　12—活塞
13—调节螺杆　14—进气孔　15、16—微动开关

部形成的单向阀，迅速地从橡皮膜上方气室的缝隙中排掉，微动开关 15、16 迅速复位，各触点无延时。

从铁心线圈通电吸引衔铁起到微动开关动作止这段时间，即为延时时间。用螺杆 13 调节进气孔的大小，可以调节延时时间的长短。空气阻尼式时间继电器的延时时间为 0.4～180s。

时间继电器可以有两个延时触点：一是延时断开，一是延时闭合。此外，还有两个瞬动的触点。显然，微动开关 16 在通电和断电的瞬间动作，瞬动触点也随之瞬时动作。

时间继电器的线圈、延时触点、瞬动触点的电路符号如图 1-26 所示，其型号及意义如图 1-27 所示。

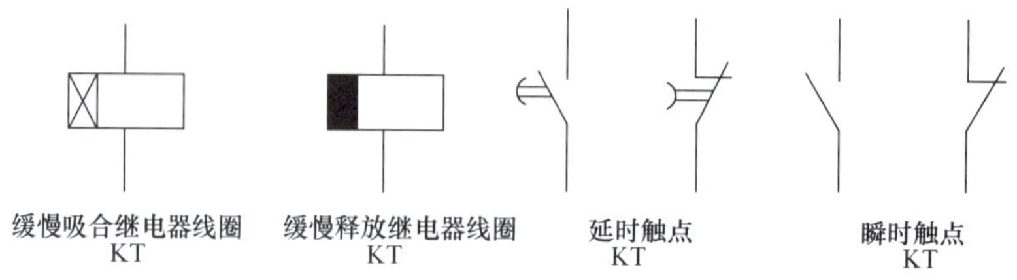

图 1-26　时间继电器的线圈及触点符号

空气阻尼式时间继电器的优点是延时调节平滑，通用性强；既可以用于交流，也可以用于直流（仅需改变线圈）；还可以实现通电延时或断电延时；结构简单，价格便宜。其缺点是，延时误差大（可达 ±10%），当环境温度、湿度变化时，延时时间会发生变化；另外，延时时间不能太长。

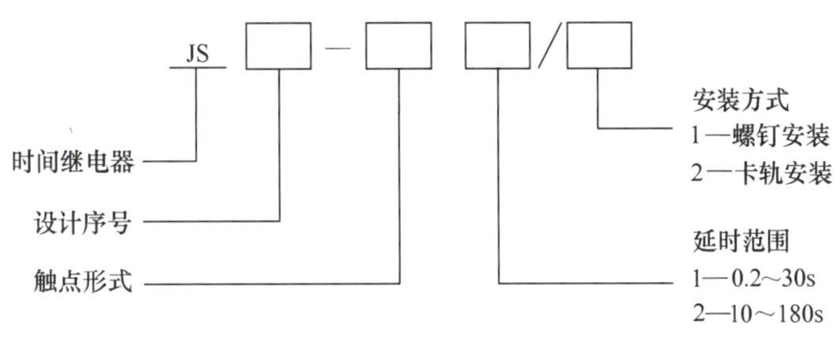

图 1-27　时间继电器的型号及意义

思考七

应该怎样判断时间继电器里面的延时触点是通电延时还是断电延时呢？

这里有个小窍门，可以把表示延时的圆弧想象成一把雨伞，把电器动作的方向想象成行走的方向。当向前走时，伞尖向前和向后两种情况下哪种会让行走困难、速度更慢呢？

试试看，会发现当行走方向和伞尖向相反时速度会慢，一样道理，圆弧弧顶的方向和电器动作方向相反时，该动作会有延时。分析图 1-28 所示的几种情况，看看时间继电器都是什么延时？

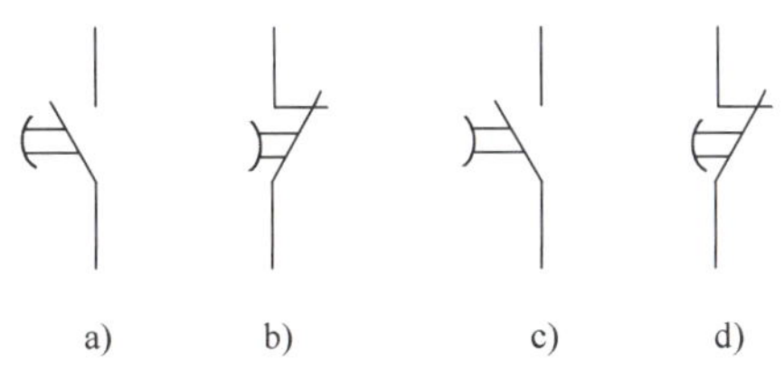

图 1-28　时间继电器的符号分析

图 1-28a 所示为常开触点，时间继电器线圈得电时触点闭合，向右动作，动作方向和圆弧弧顶方向相反，因此动作有延时，属于延时闭合触点；而当时间继电器线圈失电时，常开触点复位，向左动作，动作方向与圆弧弧顶方向相同，动作没有延时。因此图 1-28a 所示为延时闭合的常开触点。

同理可知，图 1-28b 所示为延时闭合的常闭触点，图 1-28c 所示为延时断开的常开触点，图 1-28d 所示为延时断开的常闭触点。

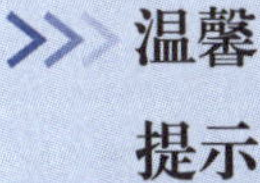

温馨提示

根据系统的延时范围和要求的延时精度来选择时间继电器的类型和系列。在延时精度要求不高的场合，一般可选用价格较低的空气阻尼式时间继电器；在精度要求较高的场合，可选用电子式时间继电器。

2. 电磁式继电器

电流继电器、电压继电器、中间继电器均属于电磁式继电器。其结构和动作原理与接触器大致相同，都由铁心、衔铁、线圈、释放弹簧和触点等部分组成。主要区别在于：继电器可以对多种输入量的变化做出反应，而接触器只有在一定的电压信号下才会动作；继电器用于切换小电路，例如控制电路和保护电路，而接触器用来控制大电流电路；继电器没有灭弧装置，也无主、辅触点之分等。

(1) 电流继电器。电流继电器的线圈与被测电路串联，以反映电路电流的变化，其线圈匝数少、导线粗、阻抗小。图1-29所示为电流继电器型号及含义，图1-30所示为电流继电器外形。

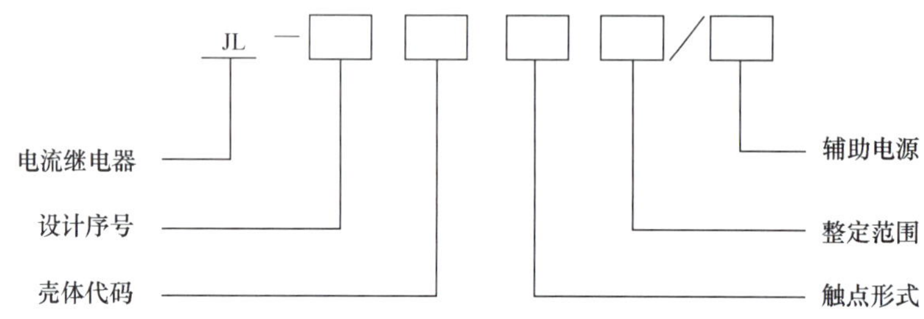

图1-29 电流继电器型号及含义

主要参数说明：

1) 壳体代码：1——固定安装壳体；2——标准的JK—1壳体；3——标准的JK—11K、H、Q壳体。

2) 触点形式见表1-6。

表1-6 电流继电器触点形式代码含义

代 码	1	2	3	4	5	6	7
常开触点数量	1	1	/	1	2	2	2对可转化
常闭触点数量	1	/	2	2	1	2	

3) 整定范围：电流继电器的整定范围见表1-7。

表1-7 电流继电器整定范围

代 码	整定范围/A	整定级差/A	备 注
A	0.2～2	0.1	A、B为无源电流继电器；C～G为有源过电流继电器；H～J为有源欠电流继电器
B	2～99.9	0.1	
C	0.01～0.99	0.01	
D	0.05～0.7	0.01	
E	0.1～3.7	0.01	
F	0.5～50	0.1	
G	10～100	1	
H	0.01～0.99	0.01	
I	0.5～19	0.1	
J	10～19	1	

4）辅助电源：1——DC220V；2——DC110V；3——AC220V；4——AC110V。

电流继电器有欠电流继电器和过电流继电器之分。欠电流继电器的吸引电流为线圈额定电流的30%～65%，释放电流为额定电流的10%～20%，用于欠电流保护或控制。欠电流继电器在正常工作情况下，衔铁是吸合的；只有当电流降低到某一整定值时，继电器才释放，输出信号。过电流继电器在电路正常工作时不动作，当电流超过某一整定值时才动作，整定范围为1.1～4.0倍额定电流。

图1-30　电流继电器的外形

（2）电压继电器。根据动作电压值不同，电压继电器有过电压继电器、欠电压继电器和零电压继电器之分。过电压继电器在电压为U_N的105%～120%以上动作，欠电压继电器在电压为U_N的40%～70%时动作，零电压继电器当电压降至U_N的5%～25%时动作，它们分别用做过电压、欠电压和零电压保护。图1-31所示为电压继电器型号及含义，表1-8、表1-9列出了电压继电器触点形式代码含义与电压继电器规格代码含义，图1-32所示为电压继电器外形。

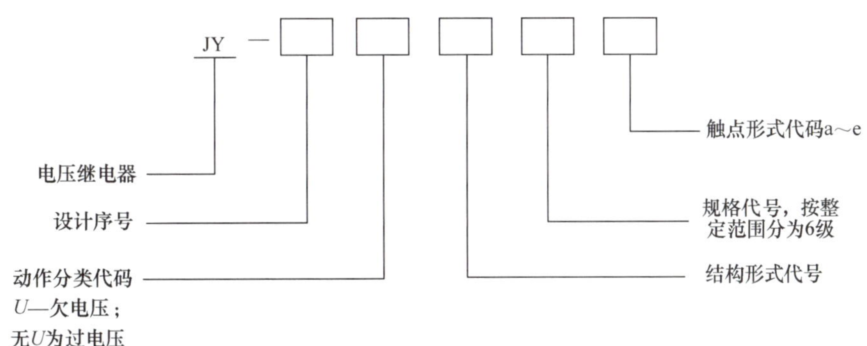

图1-31　电压继电器型号及含义

表1-8　电压继电器触点形式代码含义

代　码	a	b	c	d	e
常开触点数量	2	1	0	2	1
常闭触点数量	0	1	2	1	2

表1-9　电压继电器规格代码含义

规格代码	整定范围/V	整定级差/V
1	0.1～9.9	0.1
2	1～99	1
3	80～160	2
4	100～190	2
5	160～320	2
6	200～399	3

（3）中间继电器。中间继电器实质上是一种电压继电器，其特点是触点对数多、容量较大（额定电流5～10A）、动作灵敏度高。其主要用途为：当其他继电器的触点对数或触点容量不够时，可借助中间继电器来扩展它们的触点数量或触点容量，起到信号中继的作用。图1-33所示为中间继电器外形，图1-34所示为中间继电器的型号及含义。

图1-32 电压继电器

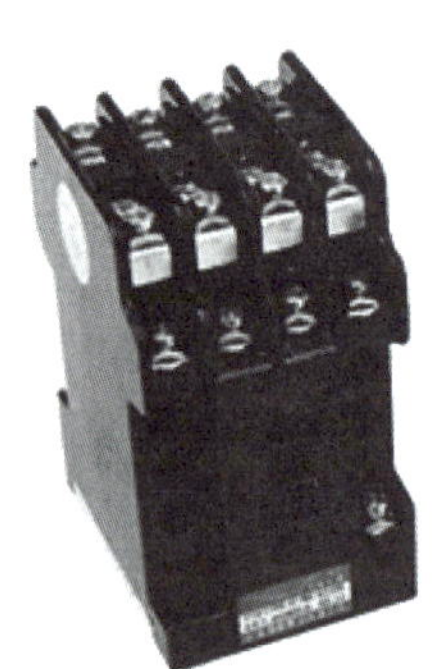

图1-33 中间继电器

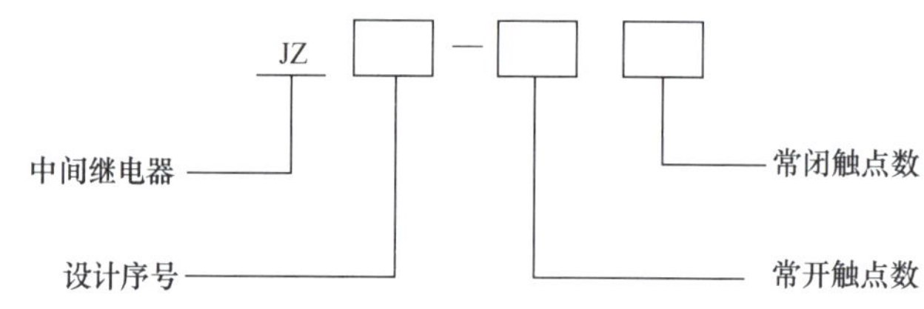

图1-34 中间继电器型号及含义

（4）电磁式继电器的国家标准符号如图1-35所示，电流继电器的文字符号为KI，电压继电器的文字符号为KV，中间继电器的文字符号为KA。

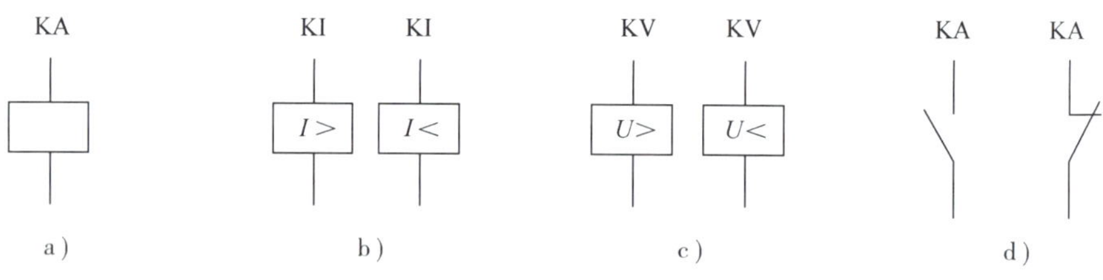

图1-35 电磁继电器的符号

a）线圈的一般符号 b）电流继电器线圈 c）电压继电器线圈 d）中间继电器触点

3. 速度继电器

速度继电器常用作反接制动电路中转速过零的判断元件，其外形如图1-36所示。

图1-37所示为JY1型感应式速度继电器的结构原理图，其结构和工作原理与笼型电动机相似。它的转子是圆柱形铁镍合金制成的永久磁铁，转子的外面有一个圆环，圆环内装有如笼型电动机转子的短路绕组。此圆环装在另一套轴承上，可以转动一定的角度。当被控制的电动机带动速度继电器的转子旋转时（速度继电器与电动机同轴连接），永久磁铁的磁通切割圆环内的短路绕组，在绕组内感应出电动势和电流。此电流和永久磁铁的磁场作用产生

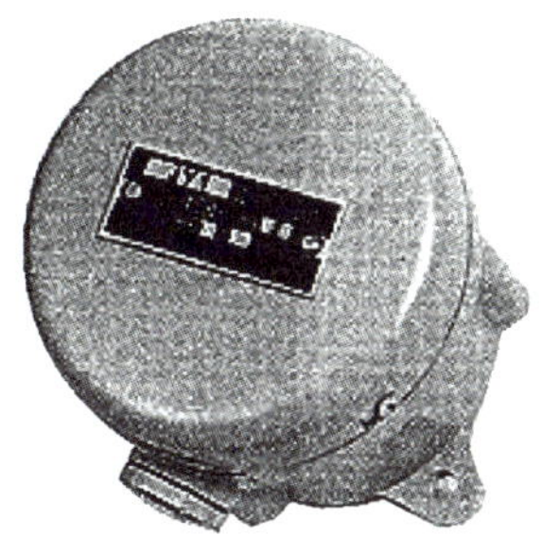
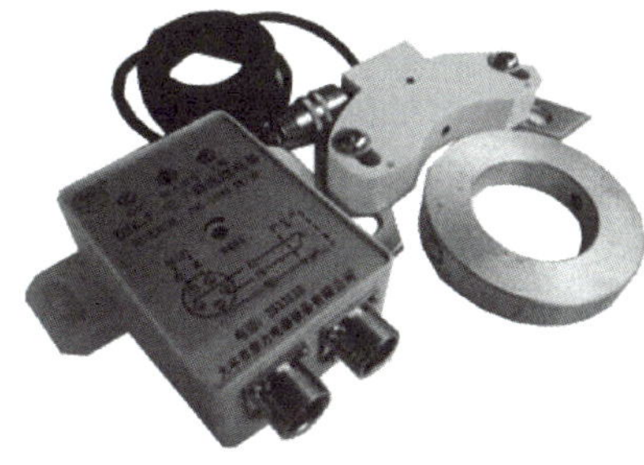

图 1-36　速度继电器

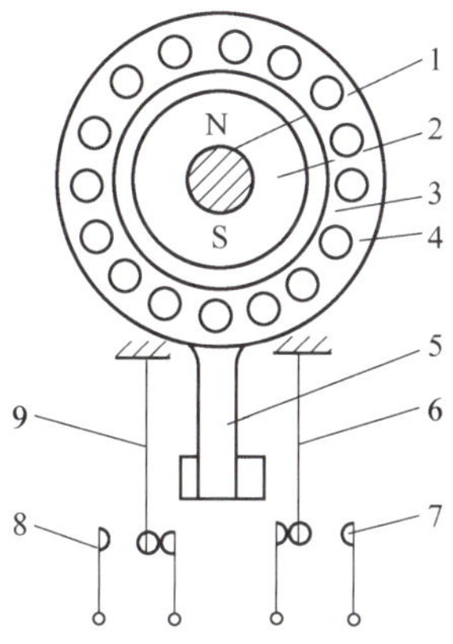

图 1-37　JY1 型感应式速度继电器原理示意图

1—电动机轴　2—转子　3—定子　4—绕组

5—摆锤　6、9—簧片　7、8—触点

转矩，使继电器定子轴上的摆锤向旋转方向转动，拨动簧片使常闭触点断开、常开触点闭合。

当电动机转速低于某一数值时，定子产生的转矩减小，触点在簧片作用下复位。

触点 8 在转子顺时针旋转时动作，而触点 7 在转子逆时针旋转时动作。一般速度继电器的动作转速为 120r/min，复位转速为 100r/min，转速在 3000 ~ 3600 r/min 以下能可靠动作。

速度继电器的国家标准符号如图 1-38 所示。

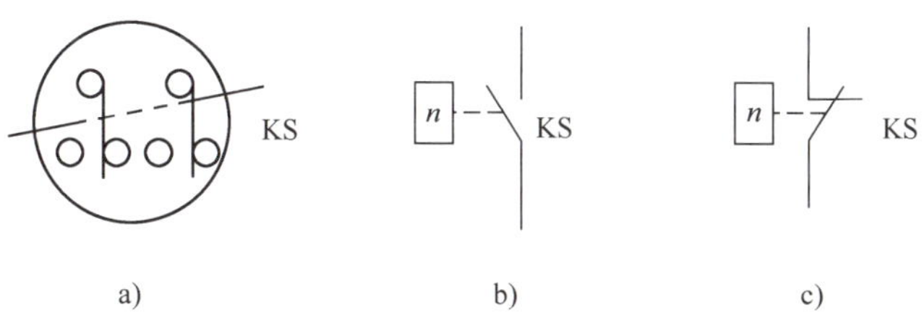

图 1-38　感应式速度继电器符号

a）转子　b）常开触点　c）常闭触点

4. 热继电器

热继电器是应用电流的热效应原理来工作的低压电器，主要用来防止电动机或其他负载过载以及作为三相电动机的断相保护，其外形如图 1-39 所示。

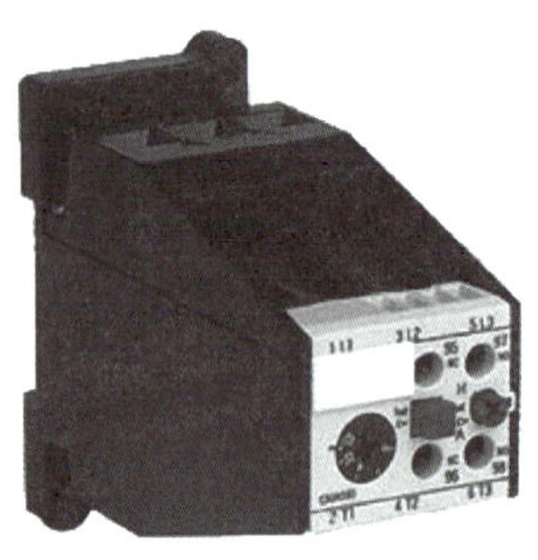

图 1-39　热继电器

热继电器的型号及含义如图 1-40 所示。

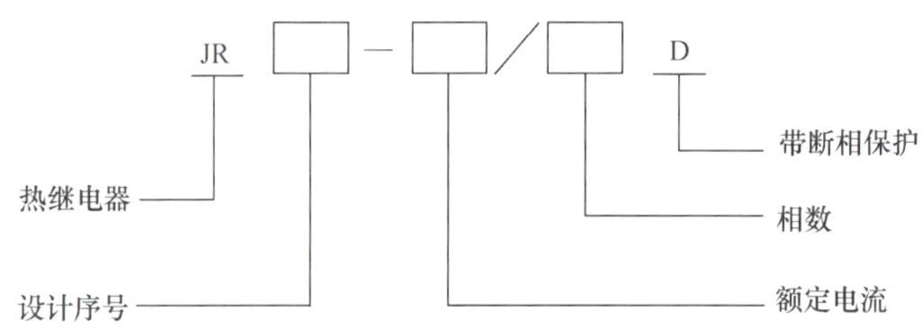

图 1-40　热继电器的型号及含义

下面分析热继电器的结构与工作原理。图 1-41a 所示为热继电器的结构原理图，它主要由发热元件、双金属片等组成。

双金属片是由两种不同膨胀系数的金属制成，左侧层为低膨胀系数的金属，右侧层为高膨胀系数的金属。当发热元件中的电流大到一定值并经过一段时间后，发热元件发出的热量使金属片 2 向左弯曲，带动连动片 3 向左移动，同时温度补偿片 4 的弯曲部分离开凸盘 9，凸盘在弹簧 5 的作用下顺时针转动，常闭触点 12 打开，常开触点 11 闭合，动作完毕。当发热元件中的电流小于额定电流时，发热元件发出的热量减少，双金属片恢复原位，温度补偿片 4 在弹簧的作用下要恢复原位，但此时被凸盘 9 的凸起部分挡住，故动触点不能恢复原状，即故障消除后，热继电器的触点不能自动复位。要复位必须按下复位按钮 10，使凸盘逆时针转动，凸起部分抬起，温度补偿片 4 在弹簧的作用下恢复原位，触点恢复原状，为下次工作做好准备。

电流调节盘 8 是用来调节热继电器的动作电流的。当电流调节盘逆时针转动时，电流调节盘上移，支架 7 在弹簧 5 的作用下，以 B 为支点向左移动。同时温度补偿片 4 在弹簧 6 的作用下也向左移动。这样，温度补偿片和连动片 3 凸起部分的距离就增大。此时，只有发热元件中流过更大电流时，连动片才能带动温度补偿片动作，使触点动作。与此相反，当电流调节盘顺时针转动时，热继电器的动作电流就要减小。

温度补偿片 4 的另一个重要作用是进行温度补偿，保证热继电器的动作电流与周围介质

的温度无关。

由于要将双金属片加热到一定温度时热继电器才会动作，所以脉冲电流不会使热继电器动作。甚至热元件流过短路电流时，热继电器也不会立即动作，所以它不能用作短路保护。

电动机等用电设备若长期过载运行，电流会超过额定电流值而使其过热，降低用电设备的使用寿命甚至损坏，热继电器是对其实行过载保护的低压电器。

热继电器的热元件和触点的电路符号如图 1-41b 所示。

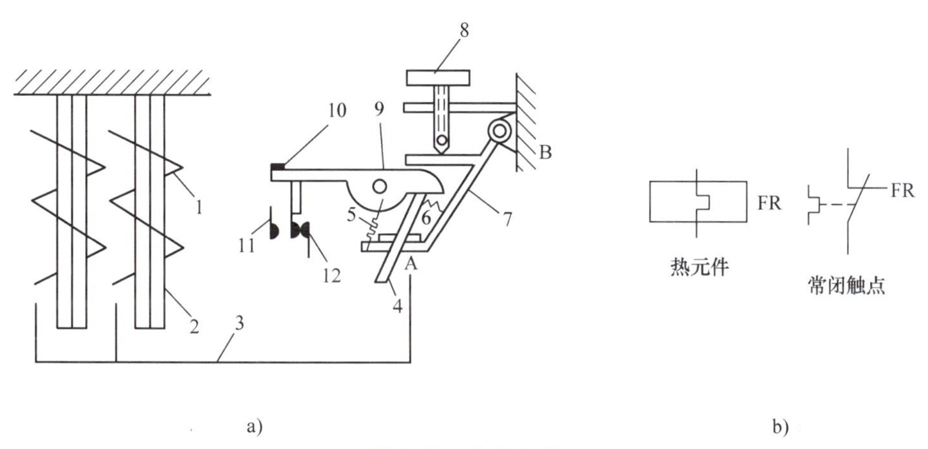

a) b)

图 1-41 热继电器

a）结构原理图 b）符号

1—发热元件 2—双金属片 3—连动片 4—温度补偿片 5、6—弹簧 7—支架
8—电流调节盘 9—凸盘 10—复位按钮 11—常开触点 12—常闭触点

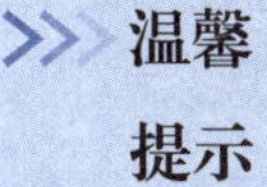

热继电器不能用来执行短路保护，这是由于要使双金属片加热到一定温度，热继电器才会动作，热元件流过脉冲电流甚至短路电流时，热继电器也不会立即动作。

1.3.4 熔断器

1. 熔断器的分类

熔断器是一种利用熔化作用而切断电路的保护电器，一般用瓷、玻璃或硬质纤维制成。熔断器主要由熔体和熔断管两部分组成，其中熔体是主要部分，它既是敏感元件又是执行元件，由易熔金属如铅、锌、锡等制成。

熔断器的种类很多，按熔体热惯性的大小可分为无热惯性、大热惯性、小热惯性三种，热惯性越小，熔化越快。

按熔体形状分为丝状、片状、笼状三种。

按支架结构分为插入式、螺旋式、管式三种。

熔断器的型号及含义如图 1-42 所示，其外形、熔体及符号如图 1-43 所示。

2. 熔断器的作用原理

熔断器的熔体与被保护的电路串联，当被保护的电路发生短路时，短路电流流过熔体将

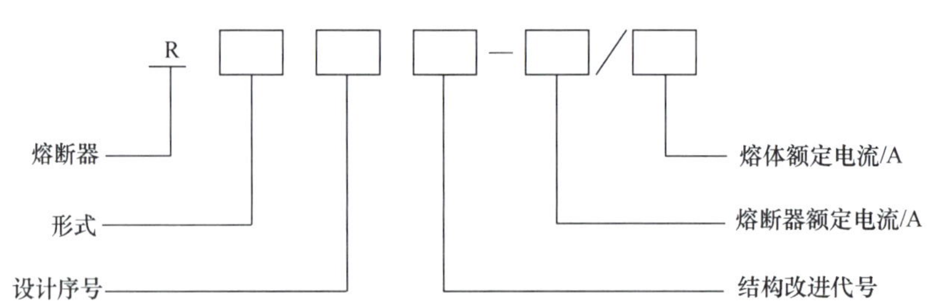

图 1-42 熔断器型号及含义

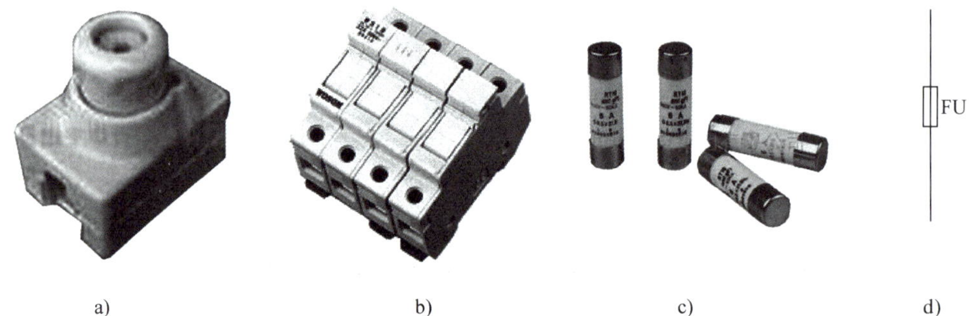

图 1-43 熔断器的外形、熔体及符号

a）旧式熔断器 b）底座 c）熔体 d）符号

其加热，部分熔体因过热而被熔断，并同时产生电弧，使熔体继续熔化。直到间隙足够大时，电弧熄灭，熔体断开，将被保护的电路与电源切断，达到保护的目的。

要求熔体在通过正常电流时不熔断，在短路时熔断。电气设备通过电流时所产生的热量与电流的平方和电流流过时间成正比。因此电流越大，要求熔断的时间越短，才能保证被保护的设备不超过允许的温升，即熔断器熔体的保护特性为安（A）—秒（s）特性。

3. 熔断器的技术参数

（1）额定电压：熔断器长期工作能承受的最大工作电压。

（2）熔断器额定电流：熔断器允许长期通过的最大工作电流。

（3）熔体额定电流：熔体能长期正常工作而不熔断的电流。熔体的额定电流不能大于熔断器的额定电流。

思考八

家里的断路器，在有短路故障时会自动断开，为什么会这样呢？

1.3.5 低压断路器

低压断路器相当于刀开关、熔断器、热继电器和欠电压继电器的组合，是一种既能手动开关操作又能自动进行欠电压、失电压、过载和短路保护的低压电器。

断路器的种类很多。根据其结构形式可分为框架式（万能式）和塑料外壳式（装置

式）；根据操作机构的不同可分为手动操作、电动操作和液压传动操作；根据触点数目可分为单极、双极和三极；根据动作速度可分为有延时动作、普通动作和快速动作等。尽管断路器种类很多，结构也非常复杂，但是不论哪一种断路器，它总是由触点系统、灭弧系统、保护装置和传动机构等组成。图 1-44 所示为断路器外形。常见的低压断路器如图 1-45 所示。

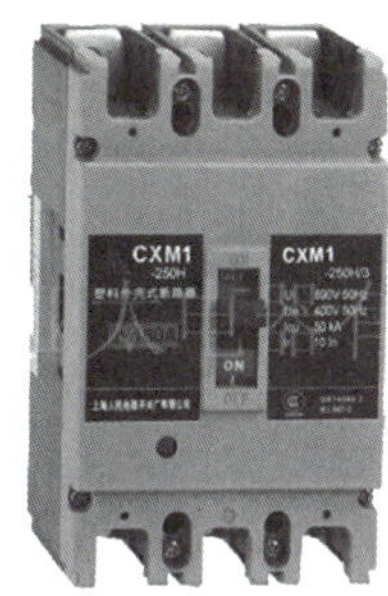

图 1-44　断路器外形

断路器的结构原理如图 1-46a 所示。断路器是靠操作机构手动或者电动合闸使触点闭合后，再由自由脱扣装置将触点锁在合闸位置上。当电路发生故障时，断路器通过各自的脱扣器使自由脱扣机构动作自动跳闸，实现保护作用。分励脱扣器则用来实现远距离控制分析电路。断路器的电气符号如图 1-46b 所示。

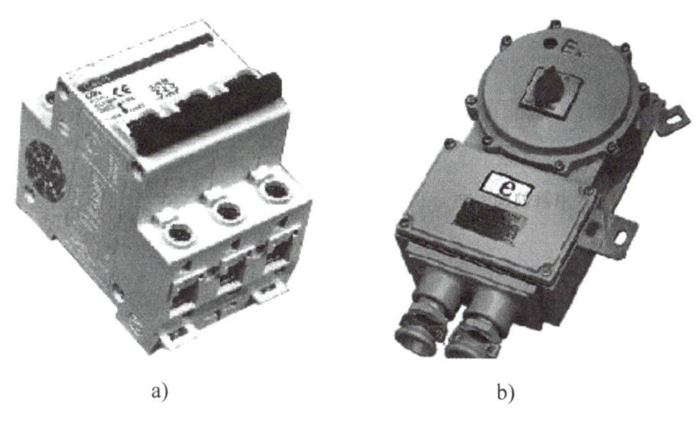

a)　　　　b)

图 1-45　常见的低压断路器

a）一般断路器　b）防爆断路器

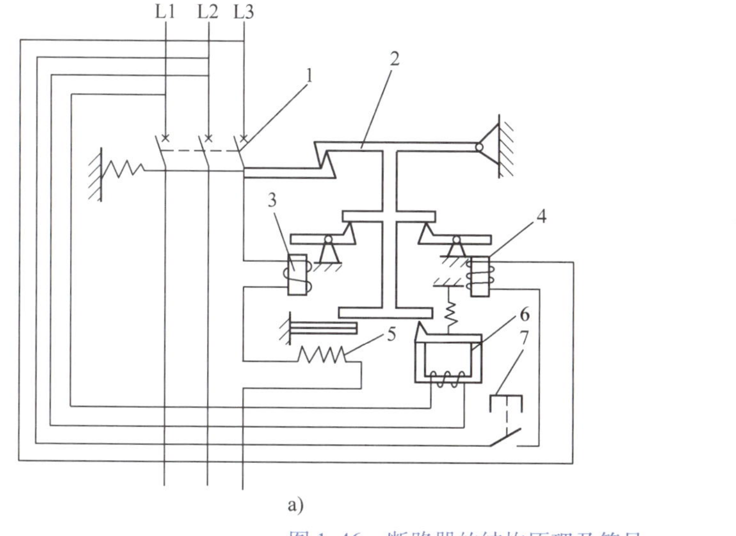

a)　　　　b)

图 1-46　断路器的结构原理及符号

a）结构原理　b）电气符号

1—主触点　2—自由脱扣机构　3—过电流脱扣器　4—分励脱扣器　5—热脱扣器　6—欠电压脱扣器　7—按钮

1.3.6 实训：时间继电器控制信号延时起停

思考九

时间继电器你会使用吗？时间继电器怎样进行定时设定呢？

学习目标

1. 掌握常用电器的使用方法；重点掌握时间继电器的使用方法。
2. 熟悉常用电器的接线方法。

1. 实训器材

实训器材包括断路器1个、熔断器1个、时间继电器1个、按钮2个、信号指示灯2个、万用表1块、工具1套、导线若干，如图1-47所示。

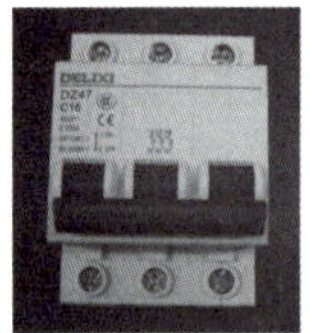

断路器1个

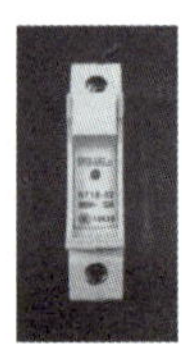

熔断器1个

时间继电器1个

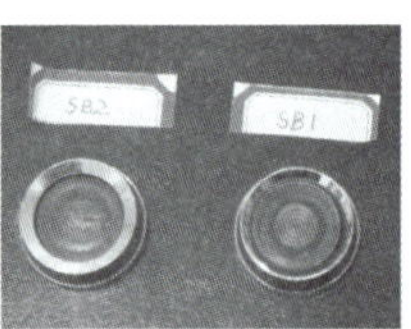

按钮2个

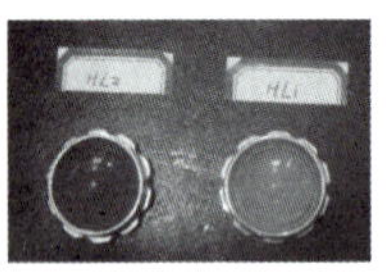

信号指示灯2个

万用表1块

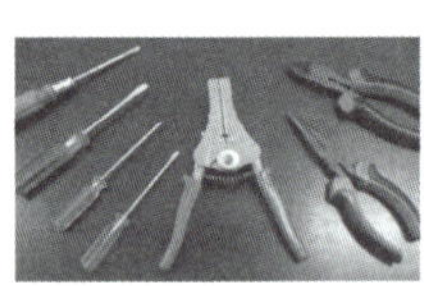

工具1套

导线，若干

图1-47 时间继电器控制信号延时起停实训器材

2. 认识电器

电子式时间继电器外形如图1-48所示，在其面板右下角有两个设置开关，通过这两个开关就可以设定时间继电器的定时时间，如图1-48b所示。开关在2、4位置时定时时间为0~1s，开关在1、4位置时定时时间为0~10s，开关在2、3位置时定时时间为0~60s，开关在1、3位置时定时时间为0~6min。例如，图1-48a所示开关位置在1、4，定时时间为0~10s，使用者可以根据需要自行调整设定时间。

a)

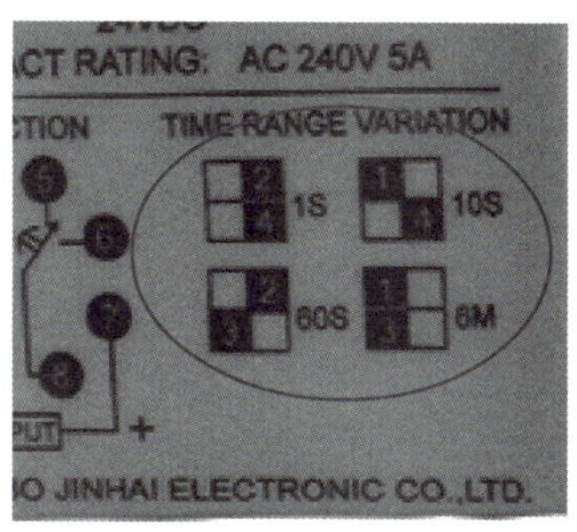

b)

图 1-48　电子式时间继电器

a）正面面板　b）侧面面板

思考十

怎样识别时间继电器的触点是否有延时？

时间继电器触点是否有延时，主要是看其触点的国标符号上是否有“ㅐ”或“⋂”，有就表示是延时触点。

有的时间继电器只有延时触点，如图 1-49a 所示，线圈触点为 7、2，7 进 2 出，延时常开触点为 1、3 和 6、8，常闭触点为 1、4 和 5、8；有的时间继电器则既有延时触点，也有瞬时触点，如图 1-49b 所示，线圈触点也为 7、2，7 进 2 出，延时常开触点为 6、8，延时常闭触点为 5、8，瞬时常开触点为 1、3，瞬时常闭触点为 1、4。

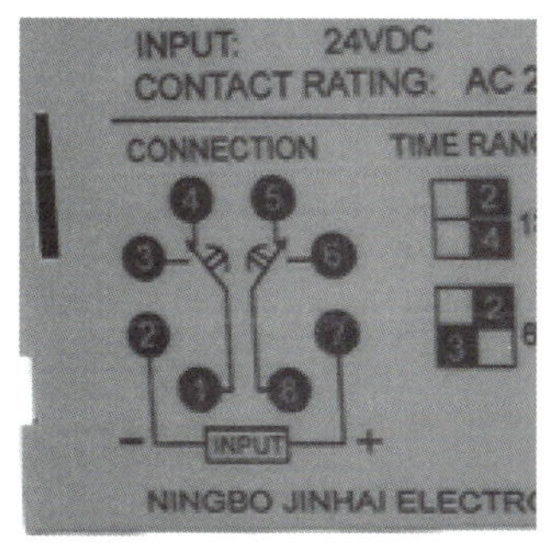

a)

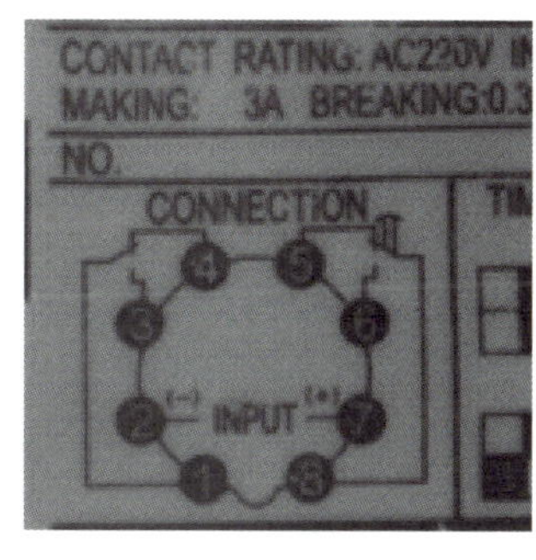

b)

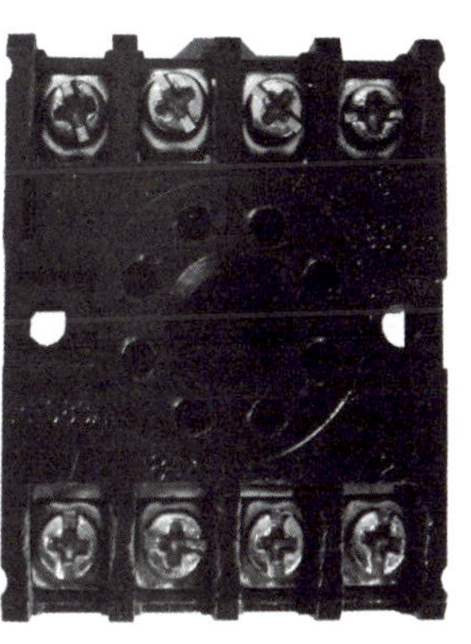

c)

图 1-49　时间继电器

a）时间继电器　b）延时触点和瞬时触点都有的时间继电器　c）底座

时间继电器是一种比较特殊的继电器，其底座如图 1-49c 所示。此继电器共有 8 个触点，集中在其底座上，每个触点上面都有相应的标号。

思考十一

时间继电器是否工作在计时状态能看出吗？

当时间继电器线圈得电时，如图 1-48a 所示的时间继电器正面面板上的“ON”灯亮，表示时间继电器正在工作。当时间继电器定时时间到时，面板上“UP”灯亮，表示时间继电器各触点都处于动作状态。

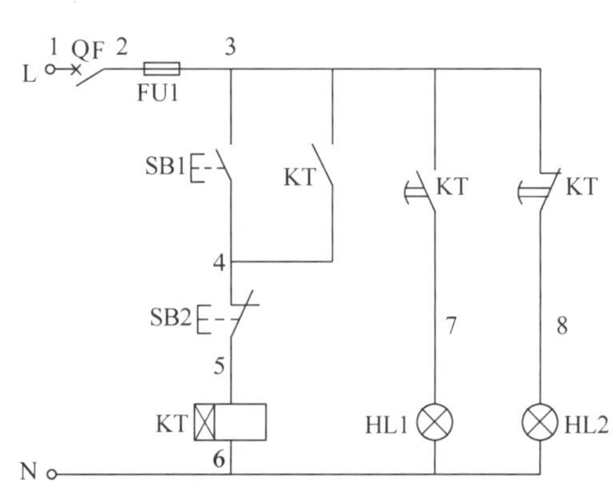

图 1-50　时间继电器控制信号起停控制电路

3. 实训电路

实训电路图如图 1-50 所示。

4. 实训步骤

安装电器

按照图 1-50 所示电路安装电器，在控制面板上安装按钮和信号指示灯并做好标记，如图 1-51 所示。

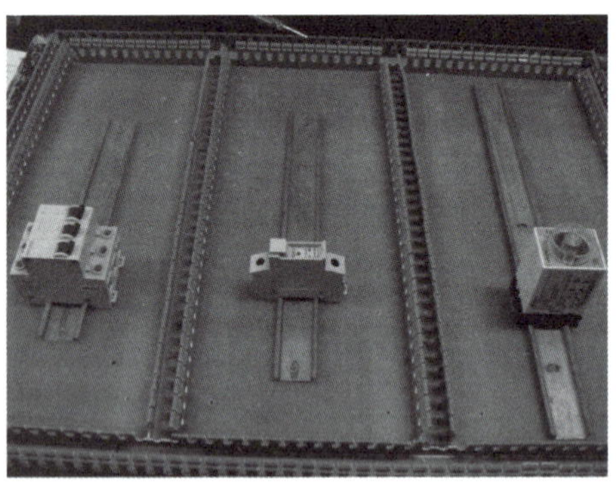

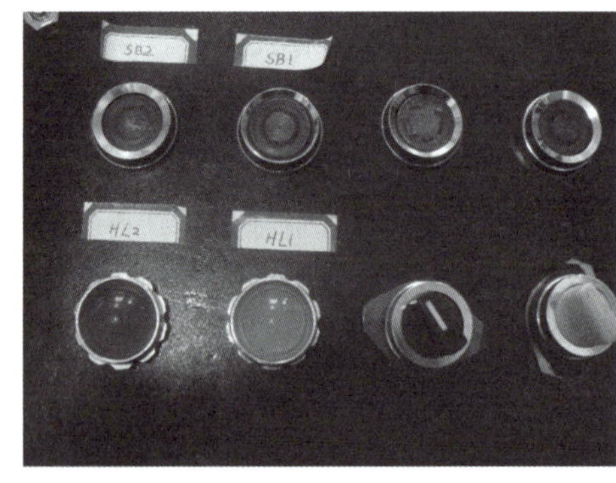

图 1-51　安装时间继电器控制信号起停电器

按图布线

（1）清点工具，分析电路，按图 1-50 所示电路接线。图中导线上所标数字为线号，即本电路图共有 8 根线，其实 3 号线 4 条，4 号线 2 条，其余均 1 条。

（2）检查电源及电路是否按要求接好。电路只使用了一根相线和零线，另外不用的两根相线在端子排上接好，以免通电时短接造成电源短路。如图 1-52 所示。

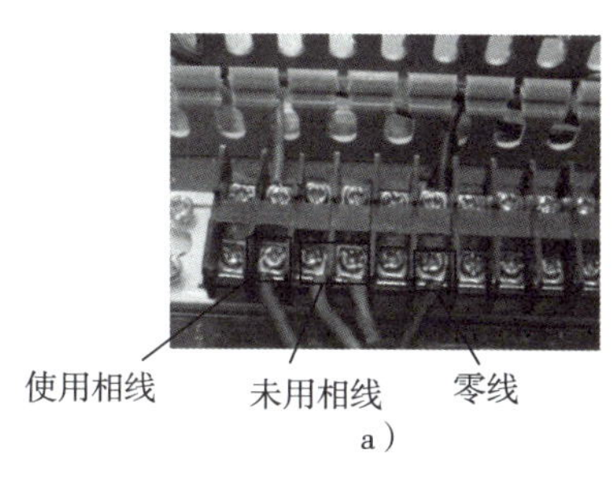

a)

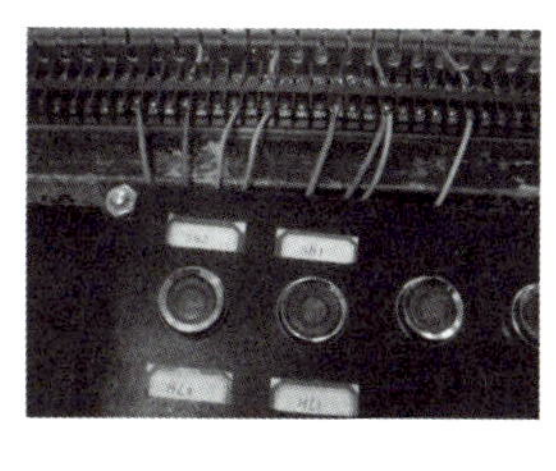
b)

c)

图 1-52 主要部位接线提示

a) 电源的接法 b) 按钮和灯的接法 c) 与 KT 的连接

常规检查

排除短路故障，并用万用表进行通电前主体电路检查。

(1) 合上断路器，整体电路短路排除方法。使用数字万用表的二极管挡或者指针式万用表的欧姆挡（“×1k”挡），将红、黑表笔分别接在 L、N 上，电路此时应该是断开的，若万用表显示“1.”，为正常；如果万用表显示为“0”，说明存在短路故障，需要检查电路。

(2) 通电试车前检查。由于时间继电器线圈电路有电容器，不能用万用表直接量出线圈内阻。

合上 QF 后，使用数字万用表的二极管挡或者指针式万用表的欧姆挡（“×1k”挡），将一表笔放在 L 处，另一表笔放在图 1-50 所示电路中 5 处（即时间继电器 7 脚），再按下起动按钮 SB1，若万用表由“1.”变为“0”，说明时间继电器线圈进线没有问题。如果万用表没有从“1.”变为“0”，放在 L 处表笔不动，将另一表笔从 1 到 5 逐段检查，直到正确位置。

将万用表两表笔分别放在 N 和 6 处（即时间继电器 2 脚），万用表显示“0”，则说明时间继电器线圈已经回零，可以通电。

通电试车

(1) 检查电路后在教师的指导下接通电源。

(2) 观察时间继电器动作以及信号灯的指示是否正常。合上 QF，灯 HL2 亮，按下 SB1，KT 面板上“ON”灯亮，延时 5 秒后，“UP”灯亮，同时灯 HL2 灭，HL1 亮。按下 SB2，KT 断电，灯 HL1 灭，HL2 亮。

清理工位

调试完毕后关闭电源，清理工作台位，清点工具。经指导教师同意后拆线，去掉控制面板上的标记。

完成报告

完成实训报告。

>>> 温馨提示

1. 在选择时间继电器时，要选择如图1-49b所示类型的，因为电路图中既包含延时触点，也包含瞬时触点。

2. 在连接时间继电器线圈时，5号线连接到时间继电器的7脚，6号线连接到时间继电器的2脚，这个很少会出现问题。但是连接到时间继电器各触点时经常会出现错误。

3. 电路图中时间继电器的延时常开触点和延时常闭触点有一端是同电位点，并与3号线相连。从图1-49b中我们很容易看出，该端只能使用时间继电器的8脚，也就是说，3号线需要连接时间继电器8脚，那么7号线只能接时间继电器的6脚、8号线接时间继电器的5脚。

4. 电路图中时间继电器还有1个瞬时常开触点（1、3脚），在此电路中，时间继电器的瞬时常开触点的1脚或3脚均可与3号线相连的，但是从图1-49c中可以看到时间继电器的1脚和8脚在其底座的同侧，如果选择将其1脚与3号线相连，使用导线少，更经济实用。因此建议时间继电器1脚与3号线相接，那么其3脚与4号线相接。

5. 常见故障现象与检修方法

时间继电器练习常见故障及相应的检修方法见表1-10。

表1-10 时间继电器练习常见故障现象与检修方法

序号	故障现象	检修方法
1	按下起动按钮SB1，时间继电器“ON”灯不亮	① 检查断路器QF是否闭合 ② 断电按电阻法逐段检查时间继电器线圈电路接线是否正确，所用电器是否正常 ③ 使用AC500V挡位，检查相线L和零线N之间是否有电压
2	按SB1后时间继电器“ON”灯亮，但延时时间到后“UP”灯不亮	① 检查时间继电器设置的时间 ② 更换时间继电器
3	起动后时间继电器“ON”灯亮，但HL2灯不亮	① 检查3—8和8—6之间电路和电器是否接错 ② 检查HL2是否损坏
4	时间继电器“UP”灯亮，但HL2依然亮	① 检查KT延时常闭触点是否正常 ② 检查3—8和8—6之间电路和电器是否接错
5	时间继电器“UP”灯亮，但HL1不亮	① 检查3—7和7—6之间电路和电器是否接错 ② 检查HL1是否损坏 ③ 检查KT延时常开触点是否正常

6. 实训考核及评分标准

实训考核及评分标准见表1-11。

表1-11 时间继电器练习实训考核及评分标准

内容	考核要求	配分	评分标准	扣分	得分
接线	布线合理、正确	55	每错一处扣2分		
	导线平直、美观，不交叉，不跨接		布线不美观、导线不平直、交叉架空跨接，每处扣1分		
	接线正确、牢固		裸露导线过长或者接点压接不紧，每处扣1分		
调试	时间继电器未设定或设定错误	30	每错一处扣4分		
	通电试车成功		一次不成功扣10分，三次不成功本项不得分		
文明操作	工作台面清洁、工具摆放整齐	10	凡违反有关规定，酌扣2～4分，但对发生严重事故者，则取消实训资格		
时间	1h按时完成	5	每超时5min酌扣3～5分		
总分		100			

本章小结

低压电器种类繁多，本章主要介绍了各种常见低压电器的用途、基本结构和原理、产品外形与图形符号，为正确使用和维护低压电器打下了一定的基础。常见低压电器符号见表1-12。

保护电器（如断路器、熔断器、热继电器、电流继电器、电压继电器等）及某些控制电器（如时间继电器）的使用，除了要根据保护要求、控制要求正确选用电器类型外，还要根据被保护、被控制电路的具体条件，进行必要的调整整定动作值。

表1-12 常用低压电器符号

电器名称	符　号	电器名称	符　号
按钮	SB	熔断器	FU
接触器	KM	隔离开关	QS
行程开关	SQ	电压继电器	KV
电流继电器	KI	中间继电器	KA
速度继电器	KS	时间继电器	KT
热继电器	FR	断路器	QF

复习与思考

1. 连连看：将实物图与相应的文字符号以及名称连接在一起。

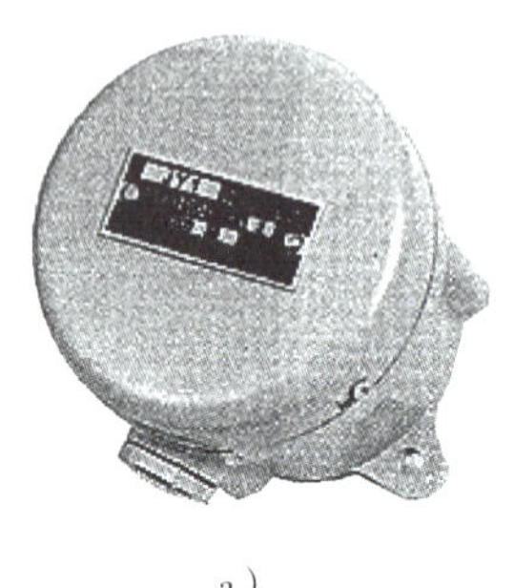

a)

b)

c)

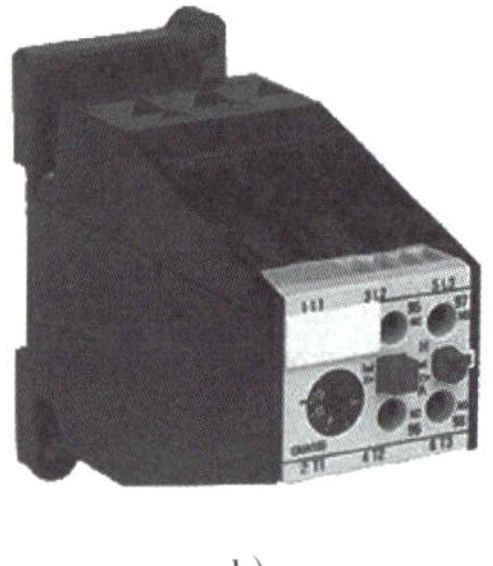

d)

e)

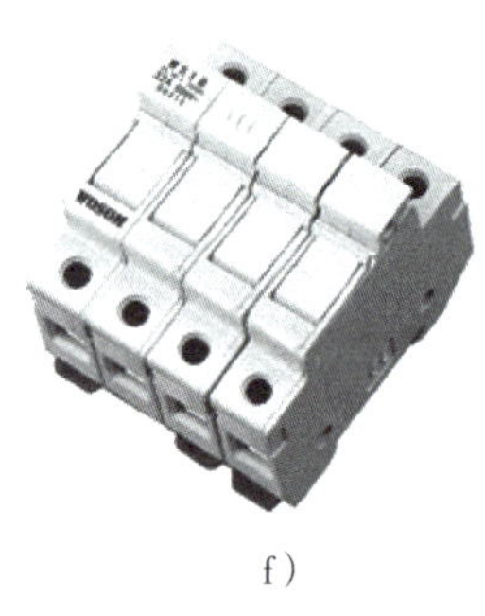

f)

(1) FU	(2) KT	(3) SB	(4) KS	(5) KM	(6) FR
按钮	速度继电器	时间继电器	接触器	热继电器	熔断器

2. 电气原理图中，QS、FU、KM、FR、KA、KI、KV、KT、KS、SB、SQ、SA 分别是什么电气元件的文字符号？

3. 中间继电器和接触器有何异同？

4. 如何识别时间继电器的触点是延时触点还是瞬时触点？

第2章 电气控制基本电路

在长期实践中，人们将一些控制电路总结成最基本的控制单元供选用和组合。本章主要介绍应用广泛的三相异步电动机的起动、运行、调速和制动的基本控制电路，以及电路中常用的保护环节。

2.1 电气控制系统图

思考一

相同的电气元件在很多地方都有不同的符号表示，电气元件符号是否有统一的标准呢？

学习目标

1. 了解电气系统图的组成。
2. 熟悉电气原理图的绘制原则和符号表示。
3. 了解电气安装接线图的应用。

电气控制系统是由许多电气元件按照一定的要求连接而成的。为了表达生产机械电气控制系统的结构、原理等设计意图，同时也为了便于电气控制系统的安装、调整、使用和维修，需要将电气控制系统中各电气元件及其连接关系用一定图形表达出来，这就是电气控制系统图。

电气控制系统图一般包括电气原理图、电气布置图、电气安装接线图。图中用不同的图形符号表示不同的电气元件，用不同的文字符号表示电气元件的名称、序号和电气设备或电路的功能、状况和特征，同时还要标上表示导线的线号与接点编号等。不同种类的图纸有其不同的用途和规定的画法，下面分别加以说明。

2.1.1 电气控制系统图中的图形符号和文字符号

电气控制系统图中，电气元件的图形符号和文字符号必须符合统一的国家标准。近年来，各部门都相应引进了许多国外的先进设备和技术，为了便于掌握先进技术以及进行国际交流，国家规定从1990年1月1日起，电气控制系统图中的文字符号和图形符号必须符合新的国家标准，新旧标准对照详见附录A。

2.1.2 电气原理图

为了便于阅读与分析控制电路，根据生产机械运动形式对电气控制系统的要求，绘出所有电气元件的导电部件和接线端点，而不考虑实际位置的一种简图即为电气原理图。

电气原理图具有结构简单、层次分明、便于分析电路工作原理等优点，得到了广泛的应用。现以图2-1所示的某一机床的电气原理图为例来说明电气原理图的规定画法和应注意的事项。

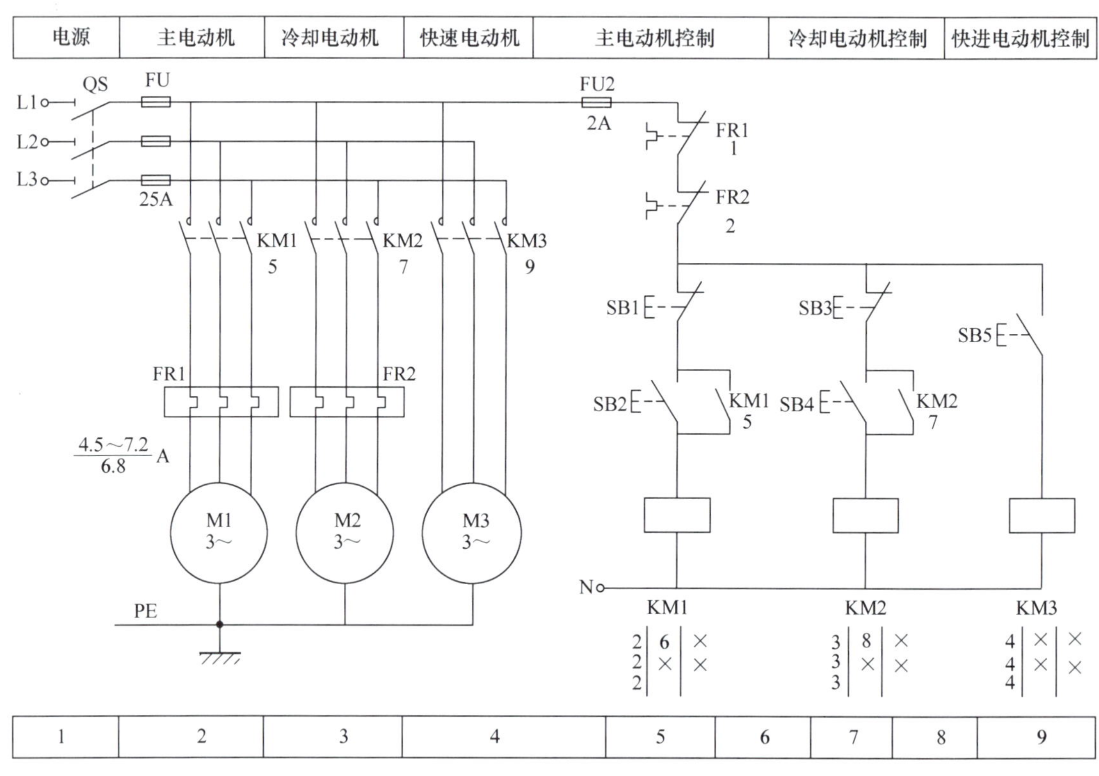

图2-1 某机床电气原理图

1. 绘制电气原理图的原则

（1）原理图一般分主电路、控制电路和辅助电路三部分。其中主电路就是从电源到电动机的大电流的通路，通常包括接触器主触点、热继电器热元件、熔断器、电动机等电气元件。控制电路是电气控制的实现，主要包括继电器和接触器的线圈、继电器的触点、接触器的辅助触点、按钮等电气元件。辅助电路包括照明电路、信号电路及保护电路等，通常由照明灯、控制变压器等电气元件组成。

（2）原理图中，各电气元件不画实际的外形图，而采用国家规定的统一标准电气符号。

（3）原理图中，同一电器的各部件根据需要可以不画在一起，应根据便于阅读的原则安排，但必须标注相同的文字符号。

（4）图中所有电器的触点，都应按没有通电或没有外力作用时的常态位置画出。例如继电器、接触器的触点，应按吸引线圈不通电时的状态画出；按钮、行程开关触点按不受外力作用时的状态画出等。分析电路原理时，从触点的常态位置出发。

（5）原理图中，尽量减少线与线的交叉。有直接电联系的交叉导线连接点，要用小黑圆点表示；无直接联系的交叉导线的连接点则不画小黑圆点。

（6）原理图中，无论是主电路还是辅助电路，各电器一般按动作顺序从上到下、从左到右依次排列，可水平布置或垂直布置。

2. 图内区域的划分

图区下方的1、2、3等数字是图区编号，它是为了便于检索电气电路、方便阅读分析及避免遗漏而设置的。

图区上方的“电源开关及保护”等字样，表明对应区域下方元件或电路的功能，使读者能清楚地知道某个元件或某部分电路的功能，便于理解全电路的工作原理。

3. 符号位置的索引

符号位置的索引用图号、页次和图区编号的组合索引法，索引代号的组成如图2-2a所示。当某一元件相关的各符号元素出现在只有一张图纸的不同区域时，索引代号只用图区号表示，如图2-2b所示。

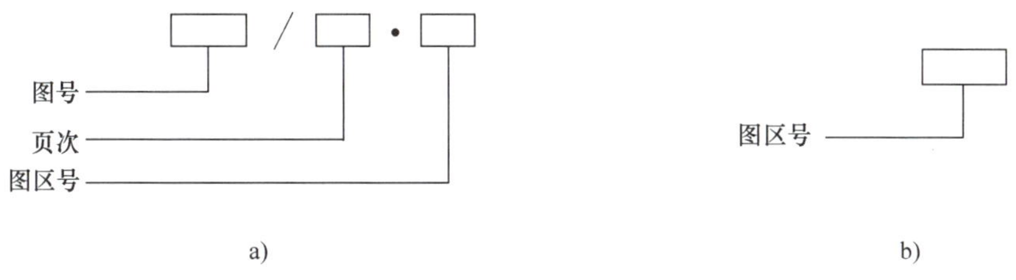

图2-2　索引图号

a）组合索引法　b）简易索引

图2-1所示电气控制系统图图区8中KM2下面的“7”即为最简单的索引代号，指出接触器KM2的线圈位置在图区7；接触器KM线圈下方的是接触器KM相应触点的索引。

电气原理图中，接触器和继电器线圈与触点的从属关系应用附图来表示，即在原理图中相应线圈的下方，给出触点的图形符号，并在其下面注明相应触点的索引代号，对未使用的触点用“×”表明，有时也可采用上述省去触点的表示法，如图2-3所示。

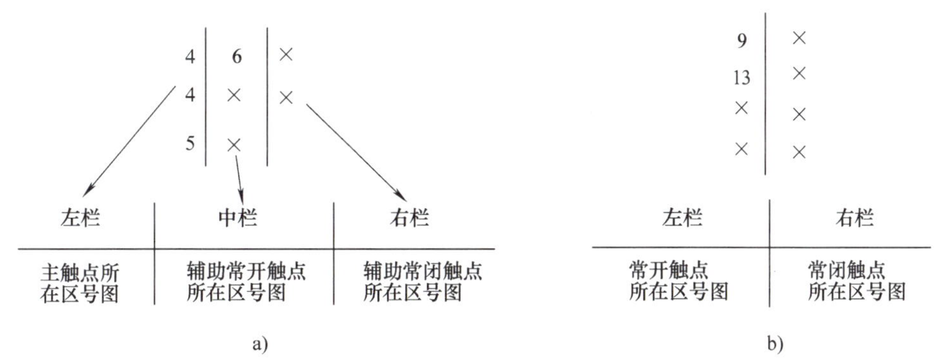

图2-3　触点的索引代号

a）接触器　b）继电器

对接触器，上述表示法中各栏的含义如图 2-3a 所示；对继电器，上述表示法中各栏的含义如图 2-3b 所示。

4. 电气原理图中技术数据的标注

电气元件的数据和型号，一般用小号字体注在电气元件附近，图 2-4 所示就是热继电器动作电流值范围和整定值的标注方法。

2.1.3 电气元件布置图

电气元件布置图主要是用来表明电气设备上所有电动机、电器的实际位置，为生产机械电气控制设备的制造、安装、维修提供必要的资料。以机床电气元件布置图为例，它主要有机床电气设备布置图、控制柜及控制板电气设备布置图、操纵台及悬挂操纵箱电气设备布置图等组成。电气元件布置图可按电气控制系统的复杂程度集中绘制或单独绘制。但绘制这类图形时，机床轮廓线用细实线或点画线表示，所有能见到的以及需要表示清楚的电气设备，均用粗实线绘制出简单的外形轮廓。

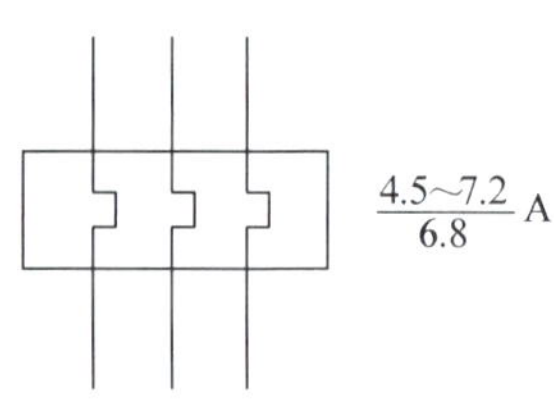

图 2-4　技术数据的标注

2.1.4 电气安装接线图

电气安装接线图是为安装电气设备以及电气元件进行配线或检修故障服务的。在图中可显示出电气设备中各元件的空间位置和接线情况，安装或检修时可对照原理图使用。在绘制时根据电器位置布置合理、经济等原则进行。图 2-5 所示是根据图 2-1 所示电气原理图绘制的电气安装接线图。

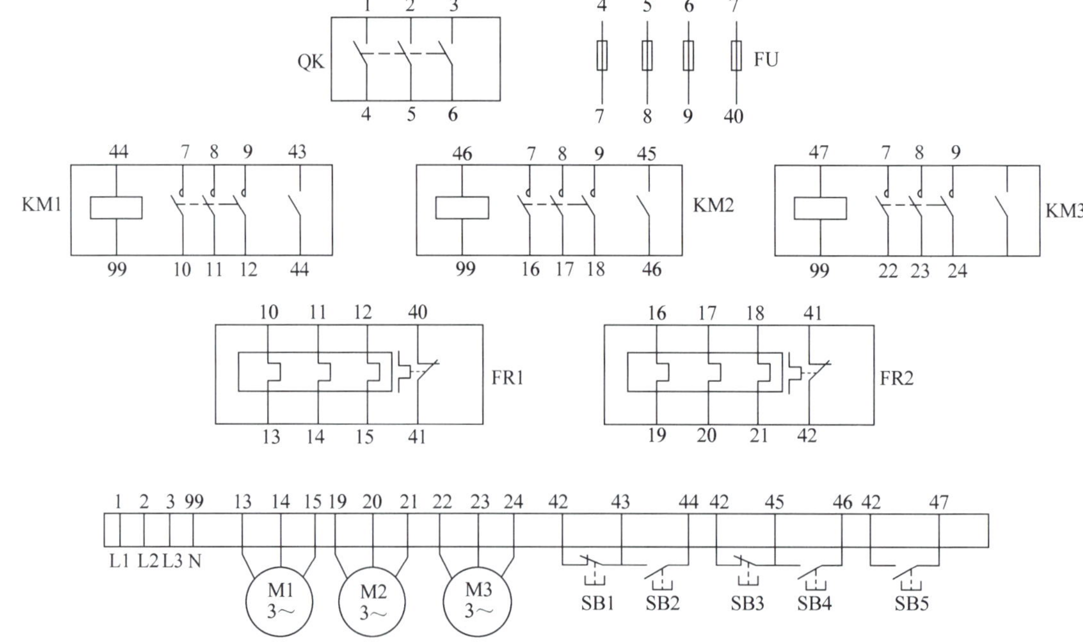

图 2-5　某机床电气安装接线图

接触器和热继电器没有使用的触点可以不画；线路较多时可以不画出导线，只标出线号即可；相同线号是等电位点，接线时必须全部连接在一起。

实际工作中电气设备较多时，还可单独画出电气元件布置图。接线图常与原理图结合起来使用，接线图中的线号，需要先在电气原理图中编号，编号原则在第4章中会着重讲解。

2.2 三相笼型异步电动机全压起动控制电路

思考二

学了那么多的具体电器，这些电器组成怎样的电气电路才能让电动机转起来呢？

学习目标

1. 分析全压起动及点动控制电路。
2. 熟悉自锁的概念及应用。
3. 了解电路中的电气保护环节。

2.2.1 单向全压起动控制电路

小功率电动机（5kW以下）通常采用全压直接起动，实际使用时，10kW以下的电动机一般都可以采用全压起动。图2-6所示为最简单的三相笼型异步电动机单向全压起动控制电路。由隔离开关QS、熔断器FU1、接触器KM的主触点、热继电器FR的热元件与电动机M构成主电路。由起动按钮SB2、停止按钮SB1、接触器KM的线圈及其辅助常开触点、热继电器FR的常闭触点和熔断器FU4构成控制电路。

1. 工作原理

起动时，合上QS，按下SB2，交流接触器KM线圈通电，接触器主触点闭合，电动机接通三相电源直接起动运转。同时与SB2并联的辅助常开触点KM闭合，使接触器线圈经此路保持通电的状态。

当SB2复位时，接触器KM的线圈仍可通过KM辅助常开触点继续通电，从而保持电动机的连续运行。这种依靠接触器自身辅助触点而使其线圈保持通电的现象称为自锁。

按下停止按钮SB1，将控制电路断开。接触器KM线圈失电，主触点复位，将三相电源切断，电动机M停止旋转。当手松开按钮后，SB1的常闭触头在复位弹簧的作用下，虽又恢复到原来的闭合状态，但接触器线圈已不再能依靠自锁

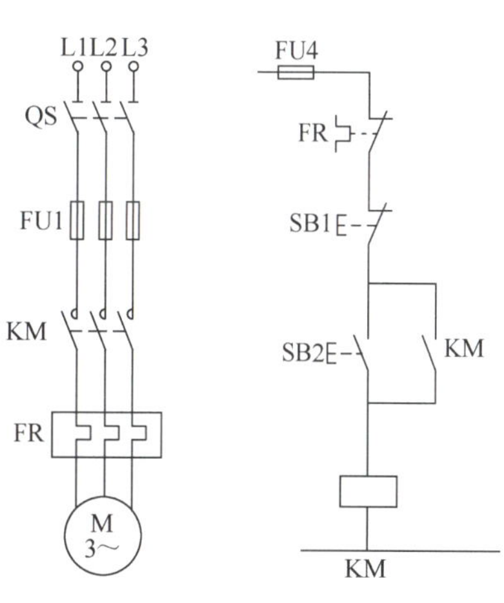

图2-6 全压起动控制电路

触点通电了。控制过程流程如下：

起动过程：$SB2^{\pm}$→KM^{+}（自锁）→电动机起动

停车过程：$SB1^{+}$→KM^{-}→电动机停车

其中，控制按钮“+”表示被按下，“-”表示松开，“±”表示按钮被按下再松开后依旧有电器得电动作；电器“+”表示线圈得电、触点动作，“-”表示线圈断电、触点复位。

2. 电路的保护环节

（1）熔断器 FU 作电路短路保护，但达不到过载保护的目的。其中 FU1 实现主电路短路保护，FU4 实现控制电路短路保护。

（2）热继电器 FR 具有过载保护作用。由于热继电器的热惯性比较大，即使热元件流过几倍额定电流，热继电器也不会立即动作。因此在电动机起动时间不太长的情况下，热继电器是经得起电动机起动电流冲击而不动作的。只有在电动机长时间过载时 FR 才动作，其常闭触点断开控制电路，使接触器断电释放，电动机停止旋转，实现电动机过载保护。

（3）欠电压保护与失电压保护是依靠接触器本身的电磁机构来实现的。当电源电压由于某种原因而严重欠电压或失电压时，接触器的衔铁自行释放，电动机停止旋转。当电源电压恢复正常时，只有在操作人员再次按下起动按钮 SB2 后电动机才会起动，这个功能叫零电压保护。

温馨提示

控制电路具备了欠电压和失电压保护能力之后，有如下三个方面的优点：

第一，防止电压严重下降时电动机低压运行；

第二，避免电动机同时起动而造成的电压严重下降；

第三，防止电源电压恢复时电动机突然起动运转造成设备和人身事故。

思考三

工厂里有些机床操作需要一直用手按住按钮，很多榨汁机也是这样，这是什么功能呢？

2.2.2 电动机点动控制电路

生产实际中，有的生产机械需要点动控制，还有些生产机械在进行调整工作时采用点动控制，如机床的快速移动多数为点动控制。

图 2-7 所示为最基本的点动控制电路。当按下点动起动按钮 SB 时，接触器 KM 线圈通电吸合，主触点闭合，电动机接通电源。当手松开按钮时，接触器 KM 断电释放，主触点断开，电动机被切断电源而停止旋转。

比较图 2-6 和图 2-7，可以发现点动与长动的区别就在于控制电动机的接触器线圈电路是否有自锁。

图2-8所示为既能点动又能长动的电气控制电路。图2-8a所示为主电路，与图2-6及图2-7中的主电路完全相同，即由接触器KM的主触点控制电动机的起停。

图2-8b和图2-8c所示是由不同电器构成的控制电路。图2-8b中增加了一个转换开关SA，当需要点动时将开关SA打开，操作SB2即可实现。当需要长动时合上SA，将自锁触头接入即可实现。

图2-8c所示控制电路中增加了一个复合按钮SB3。按下SB2，KM线圈通电，主触点闭合，电动机起动运行，辅助常开触点闭合实现自锁，因此SB2是长动控制按钮。需要停车时按下控制按钮SB1即可。

若按下按钮SB3，其常闭触头先断开自锁电路，常开触头后闭合，接通起动控制电路，KM线圈通电，主触点闭合，电动机起动旋转。当松开SB3时，KM线圈断电，主触点断开，电动机停止转动。因此SB3是点动控制按钮。

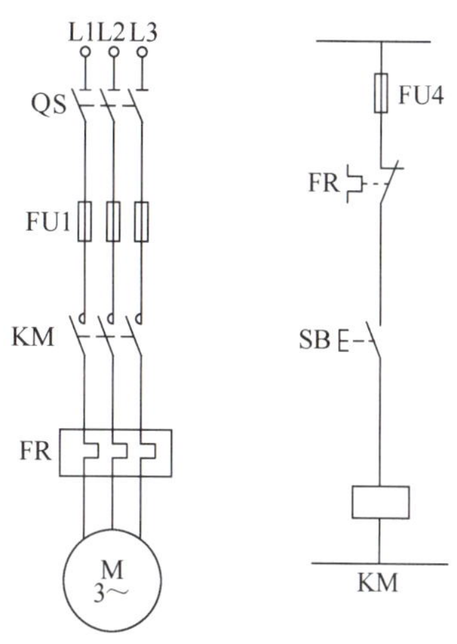

图2-7 基本点动控制电路

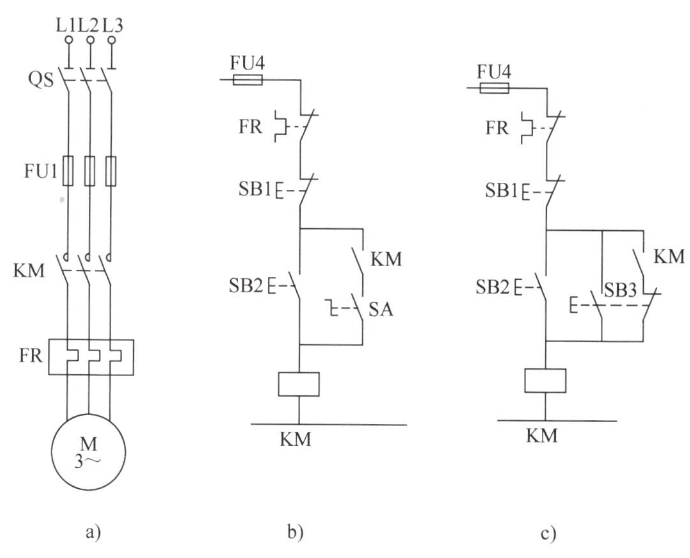

图2-8 既能点动又能长动的电气控制电路

a）主电路 b）转换开关控制 c）复合按钮控制

2.2.3 实训：三相异步电动机全压起动

思考四

怎样才能让电动机真的转起来呢？通电试车前用万用表能检查哪些故障呢？通电试车后如果出现故障怎样检修呢？

学习目标

1. 能按图连接三相异步电动机的全压起动电路。
2. 了解通电试车前的初步检查方法。
3. 掌握常见故障的检修方法。

1. 实训器材

实训器材包括三相异步电动机1台、断路器1个、熔断器4个、热继电器1个、接触器1个、按钮2个、万用表1块、工具1套、导线若干，如图2-9所示。

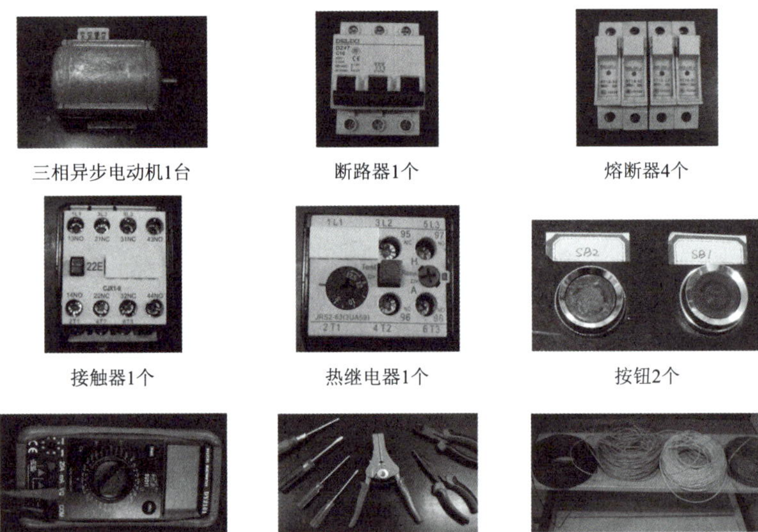

三相异步电动机1台　断路器1个　熔断器4个

接触器1个　热继电器1个　按钮2个

万用表1块　工具1套　导线若干

图2-9　全压起动实训器材

2. 实训电路

三相异步电动机全压起动实训电路如图2-10所示。

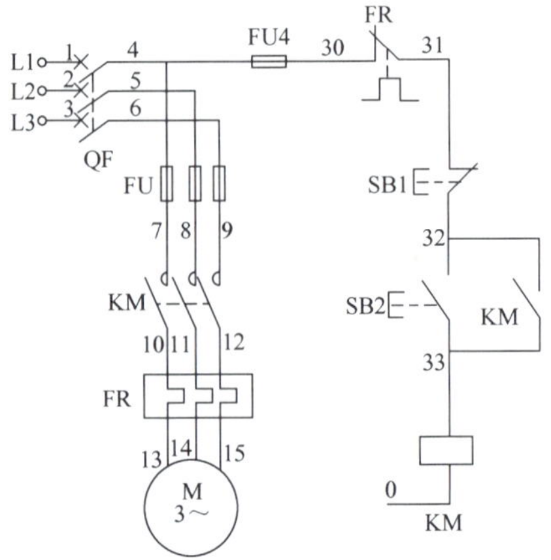

图2-10　三相异步电动机全压起动实训电路

>>> 温馨提示

图中的0号线与零线还是与相线相接，是由接触器线圈的工作电压决定的：如果接触器工作电压是220V，则0号线接零线；如果接触器工作电压为380V，则0号线接另一相线；如果接触器工作电压为110V，则需要使用变压器。

3. 实训步骤

安装电器

按图2-11所示准备电器，检查电器是否完好并安装到配电盘上，同时观察接触器的工作电压，如图2-12所示，这里选用的交流接触器工作电压为220V，因此0号线接零线。然后在配电盘上安装电器。在控制面板上安装按钮，做好标记。

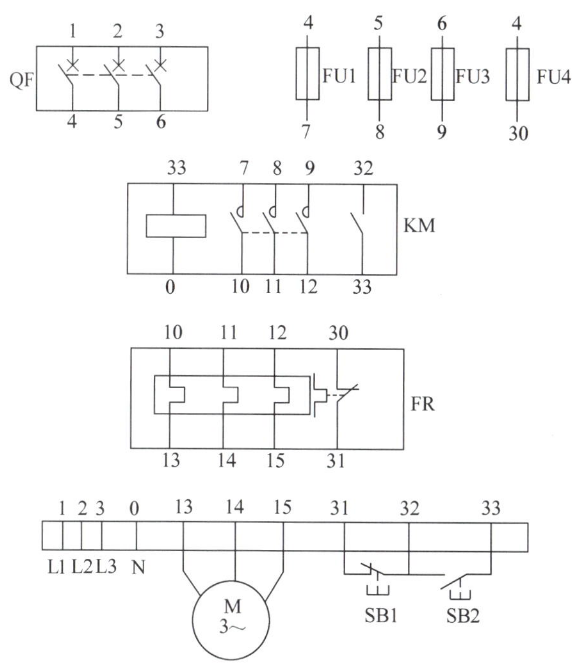

图2-11 三相异步电动机全压起动实训接线图

按图布线

（1）按照先主后辅、从上到下、从左到右的顺序进行接线，注意布线合理、正确，导线平直、美观，接线正确牢固，接线时不可跨接，也不可露出裸线太长，如图2-13a所示为裸线过长的不合格接法，图2-13b所示为电源和电动机的接线。

（2）检查三相异步电动机接线是否安全，接到端子排上。观察电动机4个接线端子，注意要从连接到电动机电枢绕组的三个端子上引线，如图2-14所示。

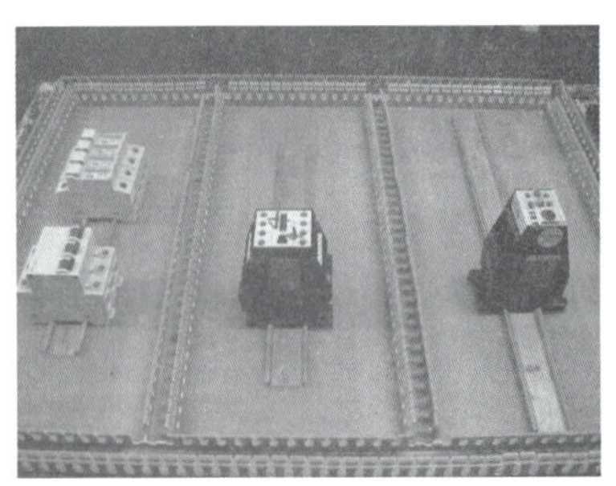

图 2-12 安装全压起动控制电器

a）

b）

图 2-13 布线提示

a）不合格接线 b）电源及电动机的接线

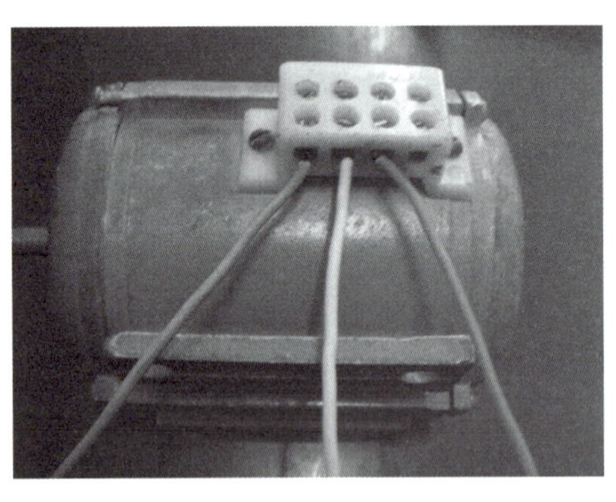

图 2-14 电动机的接线

常规检查

通电试车前用万用表进行控制电路常规检查，检查流程如图 2-15 所示，检查步骤如下。

（1）合上断路器，判断整体电路是否有短路故障。使用数字万用表的二极管挡或者指针式万用表的欧姆挡（“×1k”挡），将红、黑表笔分别接三根相线中的任意两根，两相间

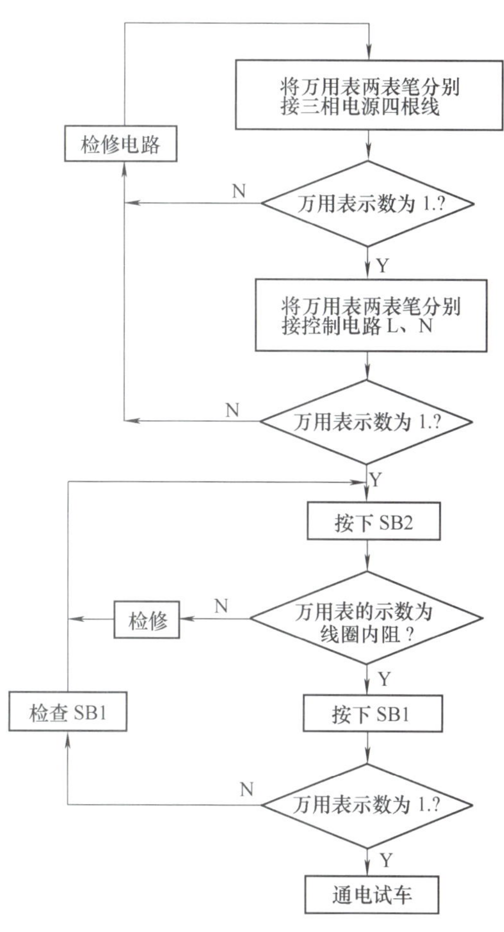

图 2-15　全压起动控制通电试车前检查流程图

应该是绝缘的，万用表显示“1.”为正常，如图 2-16 所示；如果有两相间万用表指示为“0”，说明该两相存在短路故障需要检修。

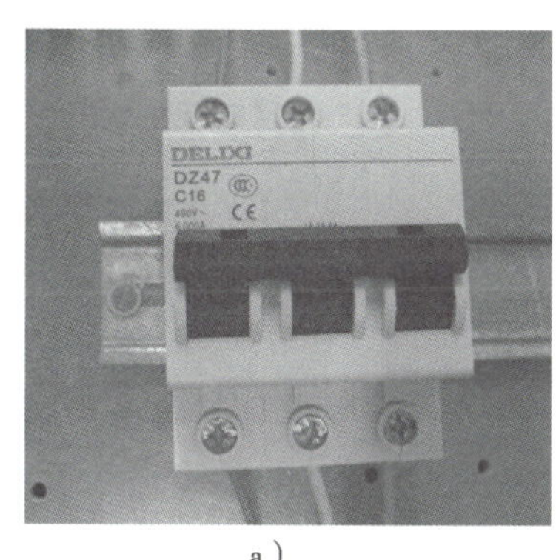

a）

b）

图 2-16　检查三相电源

a）合上断路器　b）检查三相电源中任意两相

（2）找到控制电路相线。方法是将万用表一只表笔接热继电器 FR 常闭触点的输入端（95 端），另一表笔分别接触电源三根相线，万用表显示数为“0”的那相即是控制电路所用的相线。如图 2-17b 所示中万用表的红色表笔所接那相即为控制电路所用相线。

a）

b）

图 2-17　找控制电路所用相线

a）非控制回路所用相线　b）控制回路所用相线

（3）找到控制电路相线后，将万用表一只表笔接控制电路相线，另一表笔接零线，电路此时应该是断的，万用表显示“1.”为正常，如图 2-18 所示，到步骤（4）；如果万用表指示为“0”，说明控制电路存在短路故障，需要检查电路之后回到步骤（3）重新检查。

图 2-18　检查控制电路相线和零线之间

（4）保持两表笔位置不动，按下起动按钮 SB2。如果万用表显示数值等于接触器线圈内阻（一般为 400 ~ 600Ω），如图 2-19a 所示，说明正常；再按下 SB1，万用表显示“1.”，如图 2-19b 所示，说明控制电路基本没有问题，可以通电。否则检修电路，并重复此步骤检查，直到正常方允许通电试车。

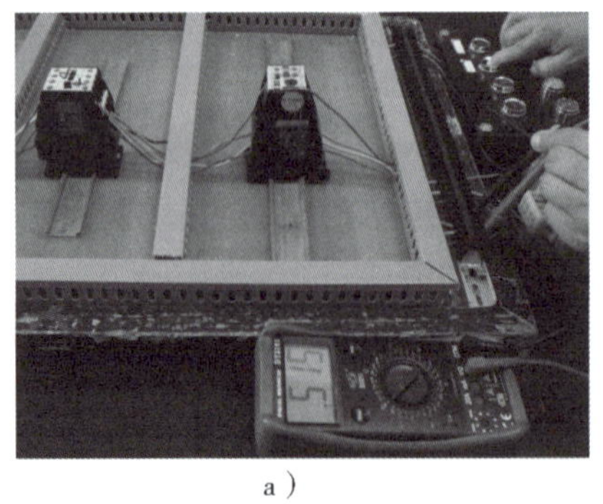

a）

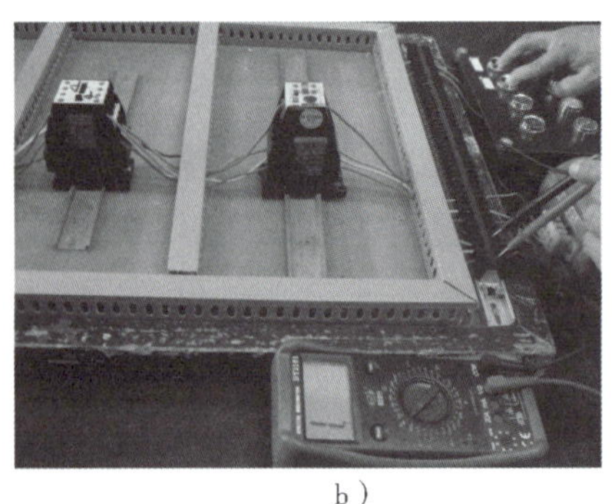

b）

图 2-19　检查控制电路

a）按下 SB2　b）按下 SB2 后再同时按下 SB1

通电试车

（1）在指导教师监护下试车。按下起动按钮 SB2，电动机起动运行，如发现电器动作异常、电动机不能正常运转时，必须马上按下 SB1 停车，并断电进行检修，注意不允许带电检查。

（2）按下 SB1，电动机停车。

清理工位

调试成功后，停车，关闭电源，清理工作台位，清点工具。经指导教师同意后拆线，去掉控制面板上的标记。

完成报告

完成实训报告。

思考五

这个实训电路中通电试车后经常会出现哪些故障呢？又需要怎样排除呢？

4. 故障现象与检修方法

三相异步电动机全压起动常见的故障现象及相应的检修方法见表 2-1。

表 2-1　三相异步电动机全压起动常见故障现象与检修方法

序号	故障现象	检修步骤
1	按下起动按钮 SB2 后，接触器不动作	① 教师用万用表 AC500V 挡位检查实验台电源插座是否有电 ② 断电，检查断路器 QF 是否闭合 ③ 将万用表两表笔分别放在 4 号线和 30 号线上，如果万用表的示数为“0”，则正常，到步骤④继续检查；如果万用表显示“1.”，再将两表笔分别放在熔断器两端，如果万用表仍显示“1.”，则更换熔断器熔芯，如果万用表显示“0”，说明熔断器没有问题，检查 4 号线和 30 号线是否存在接触不良，回到步骤③ ④ 万用表两表笔分别放在 4 号线和 31 号线，如果示数为“0”，则正常，到步骤⑤继续检查；如果万用表显示“1.”，检查热继电器是否复位，热继电器常闭触点和 31 号线是否存在接触不良，回到步骤④ ⑤ 万用表两表笔分别放在 4 号线和 32 号线，万用表显示“0”为正常，到步骤⑥；如果万用表显示“1.”，检查 SB1 常闭触点和 32 号线，回到步骤⑤ ⑥ 万用表两表笔分别放在 4 号线和 33 号线，按下 SB2，万用表显示“0”为正常，到步骤⑦；否则检查按钮 SB2 常开触点和 33 号线，回到步骤⑥ ⑦ 万用表两表笔分别放在按钮出线端 33 号线和零线，显示接触器线圈内阻为正常，可以重新试电，否则检查接触器线圈和 0 号线是否存在接触不良，回到步骤⑦

（续）

序号	故障现象	检修步骤
2	松开 SB2 后接触器即失电	① 说明接触器不能自锁，检查接触器自锁触点两条线（即 32 号线和 33 号线）是否接错 ② 如果电路没有错，换另外一对常开触点试试
3	起动后，接触器动作，电动机不动或者嗡嗡响，旋转不流畅	① 立即断电，检查熔断器 FU1 ~ FU3 是否有熔断 ② 检查主电路是否有夹皮子、有线断开或者接错 ③ 拆下电动机，按下起动按钮 SB2，指导教师使用万用表 AC500V 挡检查端子排上 13、14 和 15 号线，看线电压是否为 380V，如果是，说明电动机线圈接触不良，检查更换后重新试电；否则说明电动机缺相，到步骤④ ④ 检查 1、2、3 号线线间电压，正常到步骤⑤，不正常检修，回到步骤④ ⑤ 检查 4、5、6 号线线间电压，正常到步骤⑥，不正常检修，回到步骤⑤ ⑥ 检查 7、8、9 号线线间电压，正常到步骤⑦，不正常检修，回到步骤⑥ ⑦ 检查 10、11、12 号线线间电压，正常重新通电试车，不正常检修，回到步骤⑦

>>> **温馨提示**

通电试车时如果电动机不动或者嗡嗡作响，电动机有可能处于缺相状态下工作，请马上切断电源，否则电动机很容易被烧毁。

5. 实训考核及评分标准

实训考核及评分标准见表 2-2。

表 2-2 三相异步电动机全压起动考核及评分标准

内容	考核要求	配分	评分标准	扣分	得分
接线	布线合理、正确	55	每错 1 处扣 2 分		
	导线平直、美观，不交叉，不跨接		布线不美观、导线不平直、交叉架空跨接，每处扣 1 分		
	接线正确、牢固		裸露导线过长或者接点压接不紧，每处扣 1 分		
试车	试车尽量一次成功，电动机空载运转正常	30	试运行步骤方法不正确扣 2 ~ 4 分；试运行一次不成功扣 10 分，三次不成功此项不得分		
文明操作	工作台面清洁、工具摆放整齐	10	凡违反有关规定，酌扣 2 ~ 4 分，但对发生严重事故者，则取消实训资格		
时间	1.5h 按时完成	5	每超时 5min 酌扣 3 ~ 5 分		
总分		100			

技术升级：PLC 控制的全压起动

I/O口分配

这里使用的 PLC 是西门子公司 S7-200，该 PLC 有 14 个输入点，10 个输出点。

如图 2-10 所示三相异步电动机全压起动控制电路中控制按钮有 2 个，起动按钮 SB2，停车按钮 SB1，占用 2 个 PLC 输入点，被控接触器 1 个，占用 1 个 PLC 输出点。具体端口分配见表 2-3。

表 2-3　I/O 分配

序　号	状　态	名　称	作　用	I/O 口
1	输入	按钮 SB1	控制 KM 停车	I0. 1
2	输入	按钮 SB2	控制 KM 起动	I0. 0
3	输出	接触器 KM	控制电动机	Q0. 0

电路改造

PLC 控制的三相异步电动机全压起动控制电路图如图 2-20 所示。

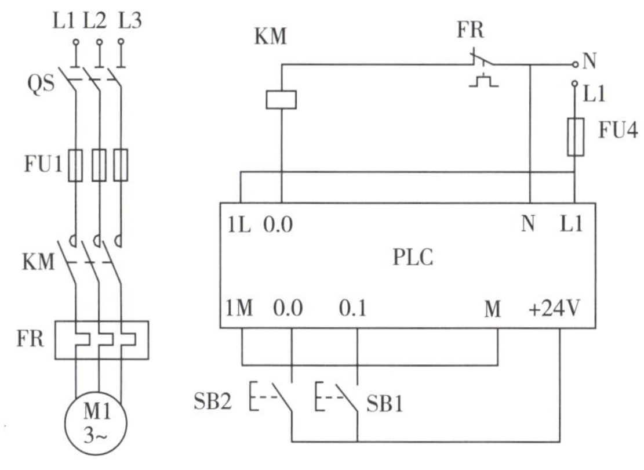

图 2-20　PLC 控制的三相异步电动机全压起动控制电路图

梯形图设计

PLC 控制的全压起动控制程序梯形图如图 2-21 所示。

图 2-21　PLC 控制的全压起动控制程序梯形图

2.3 三相笼型异步电动机正反转控制电路

思考六

电梯能上能下是怎样控制的呢?

学习目标

1. 能分析常见电动机正、反转控制电路;
2. 了解互锁的意义及使用;
3. 熟悉电路中的电气保护环节。

在生产加工过程中,往往要求运动部件能正、反两个方向运动,如机床工作台的前进与后退、主轴的正转与反转等,这就要求电动机可以实现正反转。

当把通入电动机定子绕组三相电源进线中的任意两相对调后,便可实现三相异步电动机反转控制。

2.3.1 接触器联锁正反转控制电路

图 2-22 所示为电动机正反转控制电路。此电路利用两个接触器的常闭触点 KM1、KM2 起相互控制作用,即一个接触器通电时,利用其辅助常闭触点来断开对方线圈所在电路。

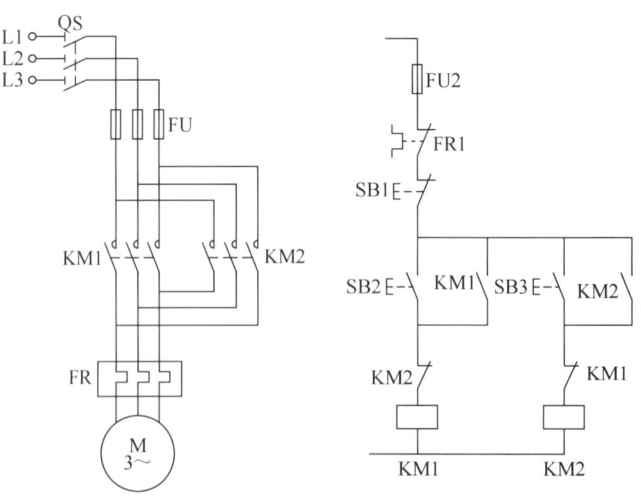

图 2-22 三相异步电动机正反转控制电路

当一个接触器得电时,通过其辅助常闭触点使另一个接触器不能得电,这种相互制约的作用称为互锁。实现互锁的辅助常闭触点称为互锁触点。

1. 正向起动过程

正向起动过程如下：

$SB2^{\pm}$→$KM1^{+}$（自锁）→电动机正向起动

按下正向起动按钮SB2，接触器KM1线圈得电，其辅助常闭触点先断开KM2线圈电路实现互锁；然后主触点闭合，电动机正向起动运行，同时辅助常开触点闭合实现自锁。

2. 反向起动过程

反向起动过程如下：

$SB3^{\pm}$→$KM2^{+}$（自锁）→电动机反向起动

同理，按下反向起动按钮SB3，接触器KM2线圈得电，其辅助常闭触点先断开KM1线圈电路实现互锁；然后主触点闭合，电动机反向起动运行，同时辅助常开触点闭合实现自锁。

3. 停车过程

停车过程如下：

$SB1^{+}$→$KM1^{-}$（$KM2^{-}$）→电动机停转

无论电动机正向运行还是反向运行，按下停车按钮SB1，KM1或KM2线圈失电，接触器主触点复位，电动机与三相电源断开，慢慢停车。

接触器联锁正反转控制电路安全可靠，但是操作不便，当电动机从正转变为反转时，由于接触器的互锁作用，必须先按下停车按钮，才能再按反转起动按钮。为了改善这一不足，可采用双重联锁的正反转控制电路。

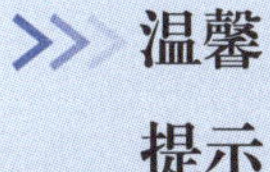

温馨提示

电路的保护环节与全压起动类似：FU实现主电路短路保护，FU2实现控制电路短路保护，FR实现电动机的过载保护，接触器的线圈实现失电压、欠电压保护，复位按钮与接触器的自锁实现零电压保护。

2.3.2 双重联锁正反转控制电路

双重联锁正反转控制电路如图2-23所示，电路采用两只复合按钮SB2和SB3。电路中既有接触器的互锁，又有按钮的互锁，保证了电路可靠地工作，为电力拖动控制系统所常用。

正转起动按钮SB2的常开触点用来使正转接触器KM1的线圈瞬时通电，其常闭触点则串联在反转接触器KM2线圈的电路中，用来实现互锁。反转起动按钮SB3也同样安排。即当按下SB2或SB3时，首先是该按钮的常闭触点断开，然后才是常开触点闭合。这样在需要改变电动机运转方向时，就不必按停止按钮了，可直接操作正反转按钮来实现电动机运转情况的改变。

正向起动：$SB2^{\pm}$→ $KM2^{-}$ / $KM1^{+}$（自锁） →电动机正向起动

反向起动：$SB3^{\pm}$→ $KM1^{-}$ / $KM2^{+}$（自锁） →电动机反向起动

停车：SB1$^+$→KM1$^-$（KM2$^-$）→电动机停车

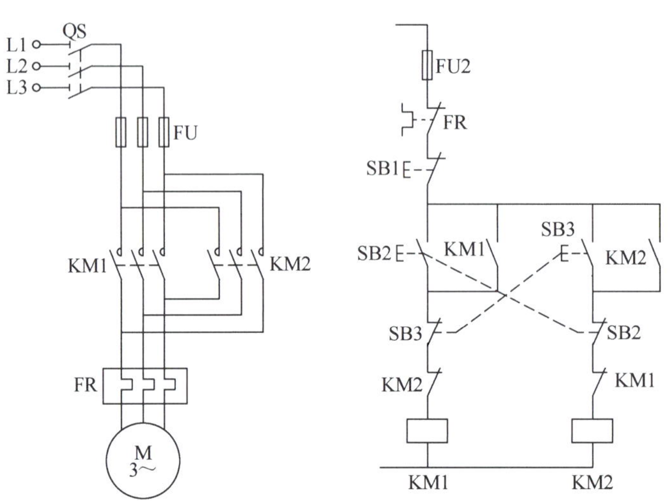

图 2-23　双重联锁电动机正反转控制电路

2.3.3　自动往复行程控制电路

在生产实践中，有些生产机械的工作台需要自动往复运动，如龙门刨床、导轨磨床等。图 2-24 所示即为最基本的自动往复循环控制电路，它是利用行程开关实现往复运动控制的，通常被叫做行程控制原则。

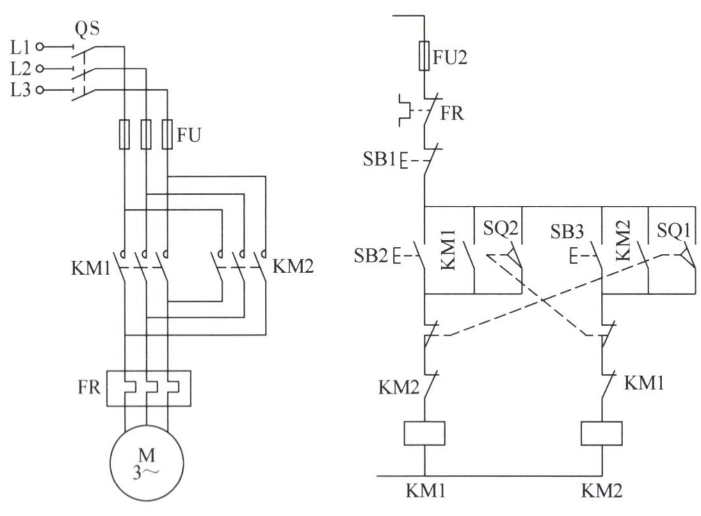

图 2-24　自动往复循环控制电路

在工作台的两边装有两个限位开关，其中开关 SQ1 放在左端需要反向的位置，SQ2 放在右端需要反向的位置，机械挡铁装在运动部件上。

按正转按钮 SB2，KM1 通电吸合并自锁，电动机作正向旋转带动机床运动部件左移。当运动部件移至左端并碰到 SQ1 时，将 SQ1 压下，其常闭触点先断开，切断 KM1 接触器线圈

电路；然后其常开触点闭合，接通反转接触器 KM2 线圈电路，电动机由正向旋转变为反向旋转。电动机再带动运动部件向右移动，直到压下 SQ2 限位开关，电动机由反转又变成正转，驱动运行部件进行往复循环运动。

需要停止时，按停止按钮 SB1 即可停止运转。工作过程如下：

起动：$\text{SB2}^{\pm}\rightarrow\text{KM1}^{+}$（自锁）→电动机正向起动运行$\xrightarrow{\text{SQ1}^{+}}\begin{matrix}\text{KM1}^{-}\\\text{KM2}^{+}\end{matrix}$→电动机反向运行$\xrightarrow{\text{SQ2}^{+}}\begin{matrix}\text{KM2}^{-}\\\text{KM1}^{+}\end{matrix}$→电动机正向运行，往复循环

停车：$\text{SB1}^{+}\rightarrow\begin{matrix}\text{KM1}^{-}\\\text{KM2}^{-}\end{matrix}$→电动机停车

由上述控制情况可以看出，运动部件每经过一个自动往复循环，电动机要进行两次反接制动过程，将出现较大的反接制动电流和机械冲击。因此，这种电路只适用于电动机容量较小、循环周期较长、电动机转轴具有足够刚性的拖动系统。

温馨提示 在自动往复控制电路中，为防止工作台超过限定位置而造成事故，经常需要设置限位保护，常用的限位保护电器是行程开关。

2.3.4 实训：三相异步电动机正反转控制

思考七

机床左右加工是怎样实现电动机正反转控制呢？通电试车前用万用表能检查哪些故障呢？

学习目标

1. 能按图连接三相异步电动机的正反转电路。
2. 了解通电试车前的初步检查方法。
3. 掌握三相异步电动机正反转控制过程中的常见故障及检修方法。

1. 实训器材

实训器材包括三相异步电动机 1 台、断路器 1 个、熔断器 4 个、热继电器 1 个、接触器 2 个、按钮 3 个、万用表 1 块、工具 1 套、导线若干，如图 2-25 所示。

2. 实训电路

三相异步电动机正反转控制电路如图 2-26 所示。

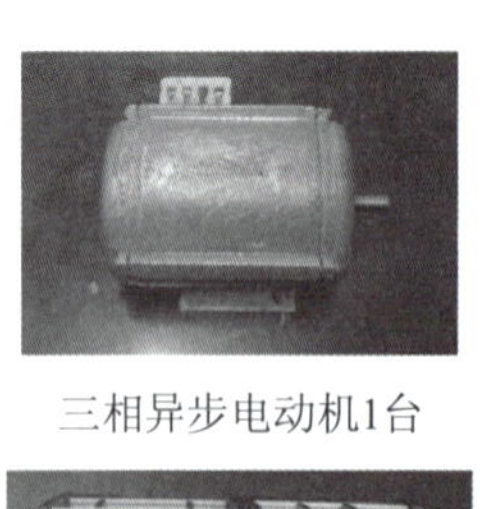
三相异步电动机1台

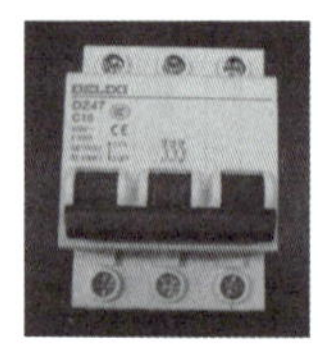
断路器1个

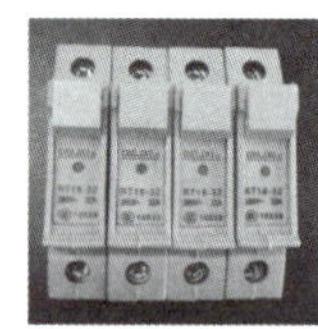
熔断器4个

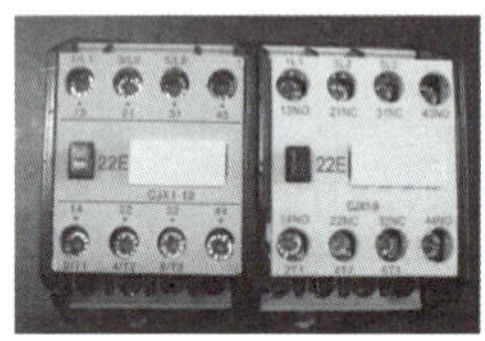
接触器2个

热继电器1个

按钮3个

万用表1块

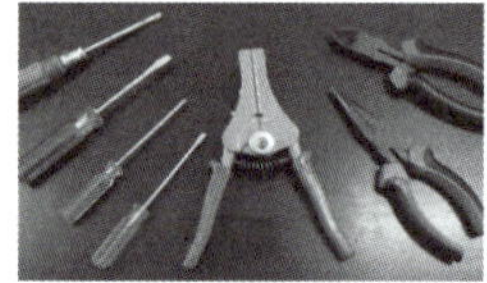
工具1套

导线若干

图 2-25 正反转控制电路实训器材

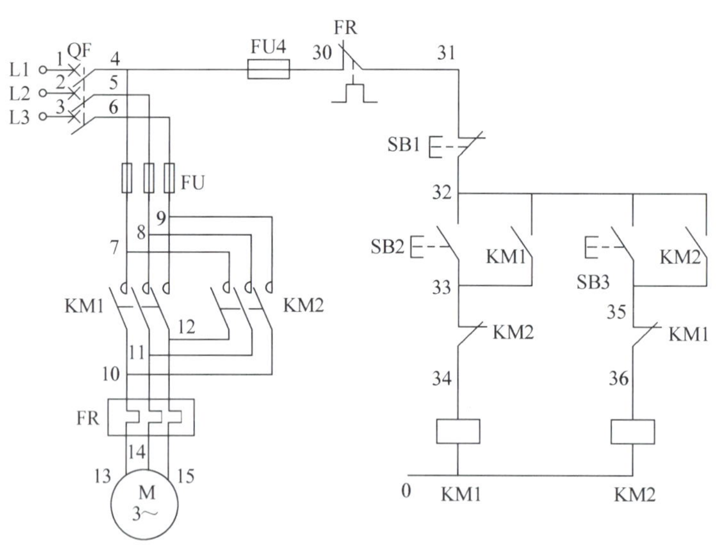

图 2-26 三相异步电动机正反转控制电器

3. 实训步骤

安装电器

按图 2-27 准备电器，检查电器是否完好，观察接触器的工作电压，在配电盘上安装电器，注意电器不可以倒置。在控制面板上安装按钮，做好标记，如图 2-28 所示。

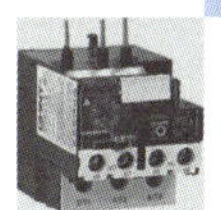

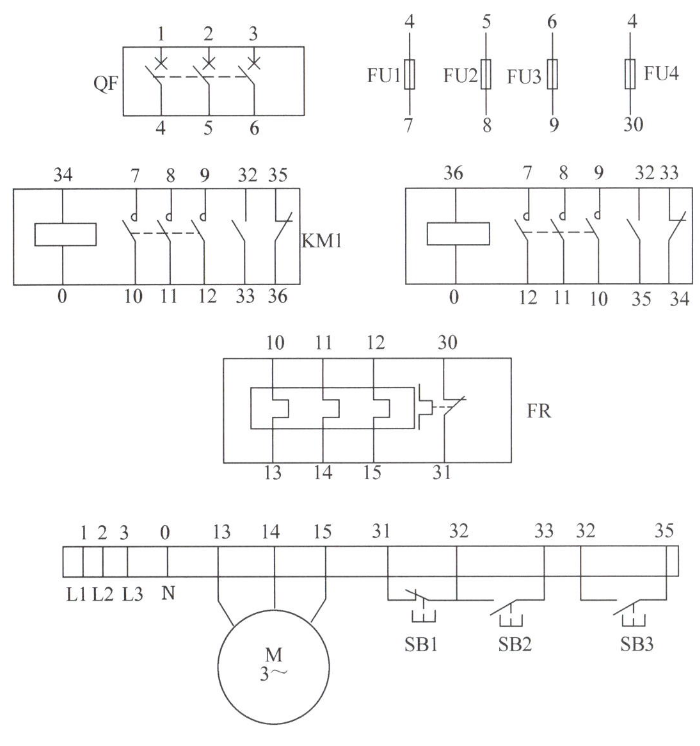

图 2-27　三相异步电动机正反转实训接线图

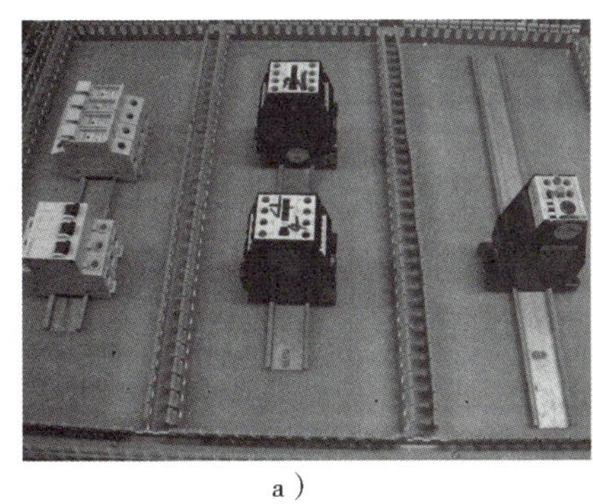

a）

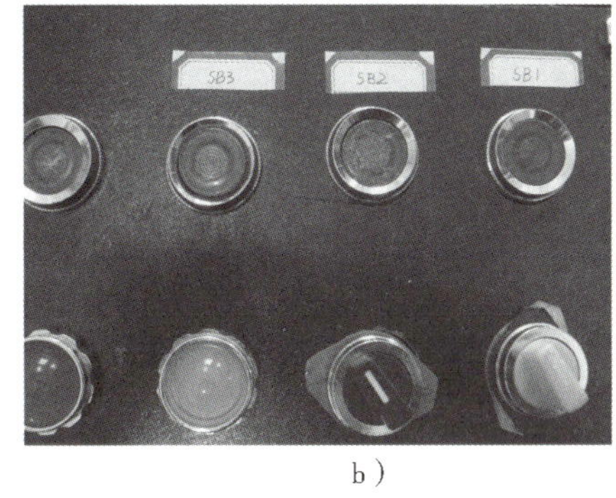

b）

图 2-28　安装电动机正反转控制电器

a）电器安装　b）标记按钮

按图布线

（1）按照图 2-26 电路所示，依据先主后辅、从上到下、从左到右的顺序按图布线，注意布线合理、正确，导线平直、美观，接线正确、牢固。通过改变通入电动机定子绕组三相电源中的任意两相相序对调来实现电动机正反转是主回路中最容易接错的线。如图 2-29 所示，接触器主触点进线没有相序改变，主触点出线 1、3 相序对调。

a）

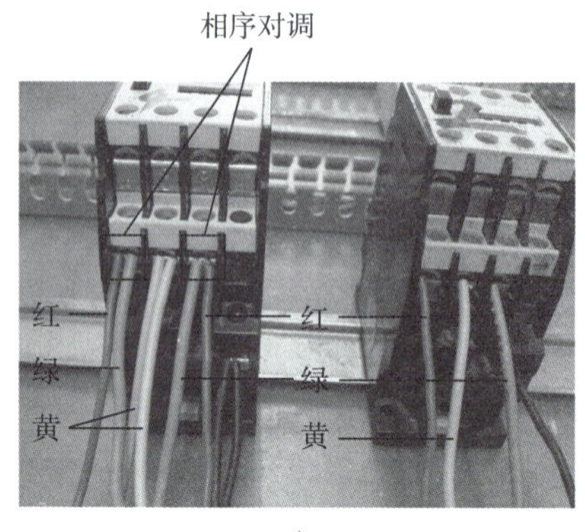

b）

图 2-29 实现正反转的接触器主触点接线

a）接触器主触点进线 b）接触器主触点出线

（2）检查三相异步电动机接线是否安全，接到端子排上。观察电动机 4 个接线端子，注意要从连接到电动机电枢绕组的三个端子上引线，如图 2-30 所示。

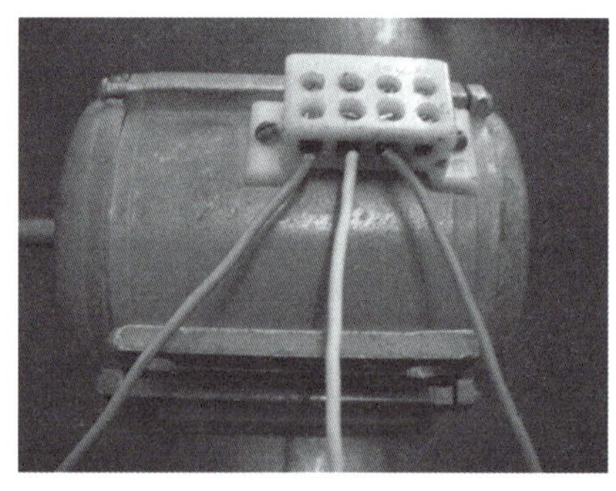

图 2-30 电动机接线

常规检查

通电试车前用万用表进行控制电路常规检查，其流程如图 2-31 所示，经指导教师允许后方可接通电源。通电试车前检查步骤如下。

（1）合上断路器，如图 2-32a 所示，判断整体电路是否有短路故障。将数字万用表拨至二极管挡或者将指针式万用表拨至欧姆挡（“×1k”挡），并将红、黑表笔分别接在三根相线中的任意两根，两相间应该是断开的，万用表显示为“1.”为正常，如图 2-32b 所示；如果万用表显示为“0”，说明该两相存在短路故障，需要检查电路。

（2）找到控制电路相线。方法是将万用表一只表笔接热继电器 FR 的常闭触点的输入端（95 端），另一表笔分别接触电源三条相线，示数为“0”的那相即是控制电路所用的相线。图 2-33b 中万用表的红色表笔所接那相即为控制电路所用相线。

（3）找到控制电路相线后，将万用表一只表笔接控制电路相线，另一表笔接零线，电路此时应该是断开的，万用表显示“1.”为正常，如图 2-34 所示，到步骤（4）继续检查；如果万用表显示为“0”，说明存在短路故障，需要检查电路之后回步骤（3）继续检查。

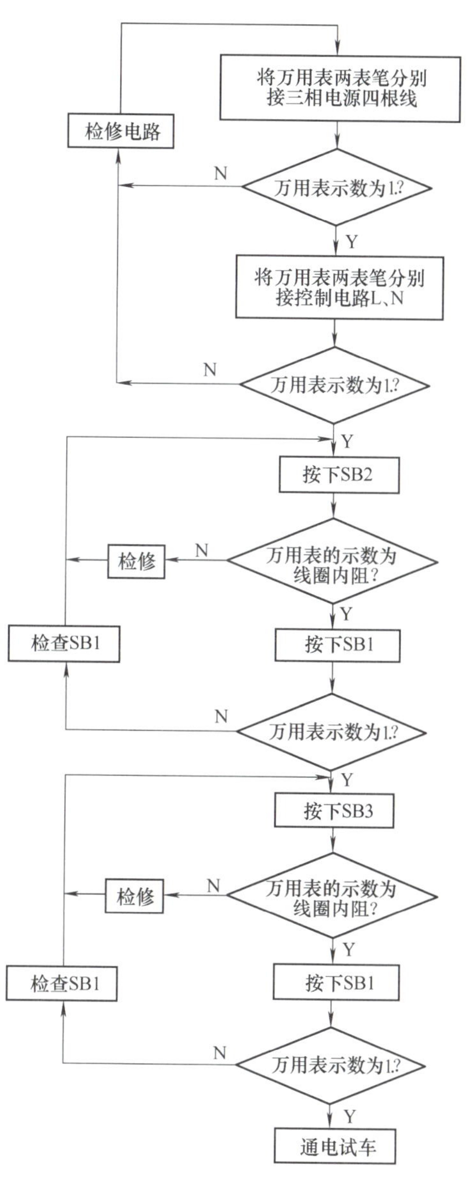

图 2-31　电动机正反转通电试车前检查流程图

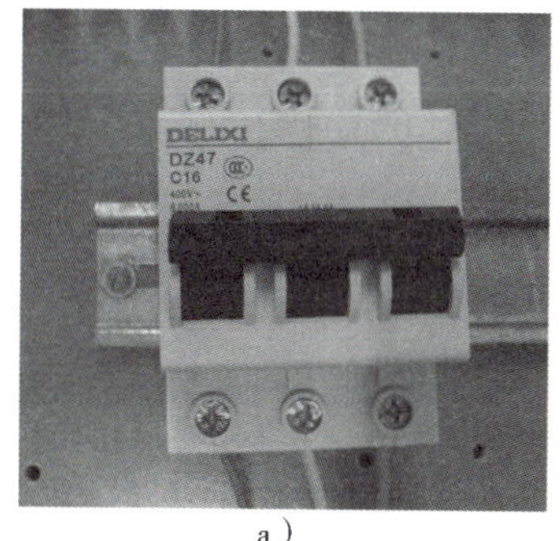

a）　　　　　　　　　　　　　　　　　　b）

图 2-32　检查三相电源

a）合上断路器　b）检查三相电源中任意两相

a）

b）

图 2-33 找控制电路所用相线

a）非控制回路所用相线 b）控制回路所用相线

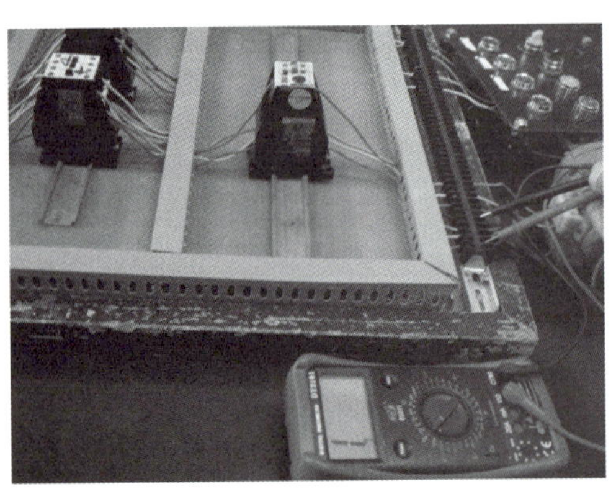

图 2-34 检查控制电路相线和零线之间

（4）保持两表笔位置不动，按下起动按钮 SB2，如果万用表显示数值等于接触器线圈内阻（一般为 400 ~ 600Ω），说明正常，如图 2-35a 所示，到步骤（5）继续检查。如果万用表显示“1.”，说明 KM1 线圈电路断路；如果万用表显示“0”，说明 KM1 线圈电路短路，需要检修电路之后回步骤（4）继续检查。

a）

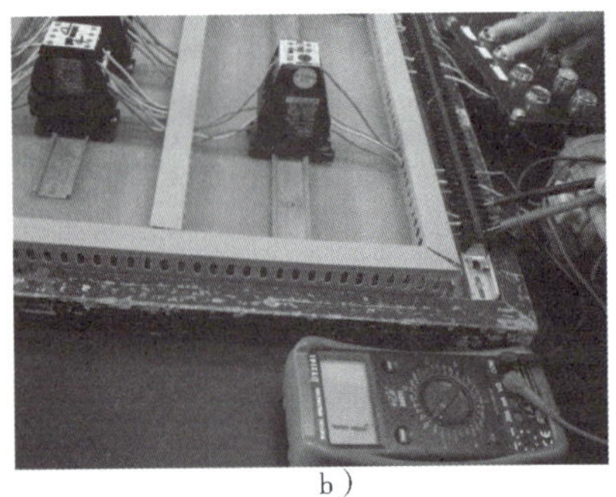

b）

图 2-35 检查控制电路 KM1 支路

a）按下 SB2 b）按下 SB2 后同时再按下 SB1

（5）按住 SB2 别松，再按下 SB1，万用表显示数值从线圈内阻变为“1.”，如图 2-35b 所示，说明 KM1 电路基本没有问题，如果依然显示线圈内阻，说明 SB1 常闭触点接触不良或者接错线。

（6）方法同步骤（4）和（5），按 SB3，如果万用表显示数值等于接触器线圈内阻，说明正常，再按下 SB1，显示“1.”，如图 2-36 所示，说明 KM2 电路也基本没有问题，可以通电。

a）

b）

图 2-36　检查控制电路 KM2 支路

a）按下 SB3　b）按下 SB3 后同时再按下 SB1

通电试车

（1）在指导教师监护下试车。先按下起动按钮 SB2 让电动机正转，松开 SB2，电机依旧正转为正常，否则说明自锁接错；如发现电器动作异常、电动机不能正常运转时，必须马上按下 SB1 停车，断电进行检修，注意不允许带电检查。

（2）再按下 SB3，由于互锁没有电器动作为正常，如果有电器动作，说明互锁接错。

（3）按下 SB1 电动机停车，再按下 SB3 电动机反转，松开 SB3 电动机依旧反转为正常，否则检修电路。按下 SB1，电动机停车。

注意观察正、反转时电动机的转向，如果电动机转向没有改变，说明主电路相序对调有错误，应进行断电检修。

清理工位

调试成功后，停车，关闭电源，清理工作台位，清点工具。经指导教师同意后拆线，去掉控制面板标记。

完成报告

完成实训报告。

思考八

这个实训电路中通电试车后经常会出现哪些故障呢？又需要怎样排除呢？

4. 故障现象与检修方法

三相异步电动机正反转控制电路常见的故障现象及相应的检修方法见表 2-4。

表 2-4　三相异步电动机正反转控制电路常见故障现象与检修方法

序号	故 障 现 象	检 修 方 法
1	按下起动按钮 SB2 后，接触器不动作	① 教师用万用表 AC500V 挡位检查实验台电源插座是否有电 ② 断电，检查断路器 QF 是否闭合 ③ 将万用表两表笔分别放在 4 号线和 30 号线上，万用表显示“0”为正常，到步骤④继续检查；如果万用表显示“1.”，再将两表笔分别放在熔断器两端，如果万用表仍显示“1.”，更换熔断器熔芯，如果万用表显示“0”，说明熔断器没有问题，检查 4 号线和 30 号线是否接触不良，回到步骤③ ④ 万用表两表笔分别放在 4 号线和 31 号线，如果万用表显示“0”为正常，到步骤⑤继续检查；如果万用表显示“1.”，检查热继电器是否复位，热继电器常闭触点和 31 号线是否接触不良，回到步骤④ ⑤ 将万用表两表笔分别接 4 号线和 32 号线，如果万用表显示“0”，则为正常，到步骤⑥；如果万用表显示“1.”，检查 SB1 常闭触点和 32 号线，回到步骤⑤ ⑥ 将万用表两表笔分别接 4 号线和 33 号线，按下 SB2，万用表显示“0”为正常，到步骤⑦；否则检查按钮 SB2 常开触点和 33 号线，回到步骤⑥ ⑦ 万用表两表笔分别接按钮出线端 33 号线和 34 号线，如果万用表的示数为“0”则为正常，到步骤⑧继续检查；如果万用表显示“1.”，检查接触器 KM2 常闭触点是否接触不良，回到步骤④ ⑧ 万用表两表笔分别放在按钮出线端 33 号线和零线，万用表显示接触器线圈内阻为正常，可以重新试电，否则检查接触器线圈和 0 号线是否接触不良，回到步骤⑧
2	松开 SB2 后接触器 KM1 即失电	① 检查接触器 KM1 自锁触点两条线（即 32、33 号线）是否接错 ② 如果电路没有错，换另外一对常开触点试试
3	电动机正向起动后，按下 SB1 不能停车	检查连接接触器 KM1 自锁触点两条线，即 32 号线和 33 号线是否接错位置，尤其是 32 号线
4	正转起动停车后，按下反转起动按钮 SB3，接触器 KM2 不工作	① 检查按钮 SB3 进线，即 32 号线是否接入 SB3 ② 检查 KM2 线圈出线端是否回零线 ③ 将万用表两表笔分别放 32 号线和零线之间，按下 SB3，若万用表的示数为接触器线圈内阻，则正常，可以再次试电；如果万用表的示数为“1.”，继续到步骤④ ④ 将表笔从 32 号线移到 35 号线，另一表笔不动，如果万用表显示为接触器线圈内阻，则说明按钮 SB3 坏，更换按钮重新试电；如果万用表的示数仍为“1.”，继续到步骤⑤ ⑤ 将表笔从 35 号线移到 36 号线，另一表笔不动，如果万用表显示为接触器线圈内阻，则说明 KM1 常闭触点有问题，更换接触器 KM1，重新试电；如果万用表的示数仍为“1.”，说明接触器 KM2 线圈接触不良或损坏，更换 KM2 后试电
5	松开 SB3 后接触器 KM2 即失电	① 检查接触器 KM2 自锁触点两条线（即 32、35 号线）是否接错 ② 如果电路没有错，换另外一对常开触点试试
6	电动机反向起动后，按下 SB1 不能停车	检查连接接触器 KM2 自锁触点的两条线，即 32 号线和 35 号线是否接错位置，尤其是 32 号线

（续）

序号	故障现象	检修方法
7	起动后，接触器动作，电动机不动或者嗡嗡响，转动不流畅	① 立即断电，检查熔断器 FU1 ~ FU3 是否有熔断 ② 检查主电路是否有夹皮子、有线断开或者接错 ③ 拆下电动机，按下起动按钮 SB2，指导教师使用万用表 AC500V 挡检查端子排上 13、14 和 15 号线，看线电压是否为 380V，如果是，说明电动机线圈接触不良，检查更换后重新试电；否则说明电动机缺相，到步骤④ ④ 检查 1、2、3 号线线间电压，正常到步骤⑤，不正常检修，回到步骤④ ⑤ 检查 4、5、6 号线线间电压，正常到步骤⑥，不正常检修，回到步骤⑤ ⑥ 检查 7、8、9 号线线间电压，正常到步骤⑦，不正常检修，回到步骤⑥ ⑦ 检查 10、11、12 号线线间电压，正常重新通电试车，不正常检修，回到步骤⑦
8	电动机正转正常，反转异常	检查主电路 KM2 主触点连接的 6 条线，判断是否有断开、接触不良、漏线等问题
9	按下 SB3，电动机依然正转	主电路接触器 KM1 和 KM2 主触点，任意两相相序对调有问题，常见有以下三种情况：没有相序对调；两次相序对调，即进线对调后出线又对调；三相互相对调

5. 实训考核及评分标准

实训考核及评分标准见表 2-5。

表 2-5　三相异步电动机正反转控制考核及评分标准

内容	考核要求	配分	评分标准	扣分	得分
接线	布线合理、正确，导线平直、美观	25	不符合要求每处扣 2 分，布线不美观扣 5 ~ 8分		
	接线正确、牢固	20	接触不良每处扣 2 ~ 4 分		
	电路接线正确，联锁保护齐全	20	接线有错每处扣 4 分，控制功能不全每处扣 4 分		
试车	电动机正反转运转正常	20	试运行的步骤方法不正确扣 2 ~ 4 分；经两次试运行才成功扣 10 分，三次不成功扣 20 分		
文明操作	工作台面清洁、工具摆放整齐	10	凡违反有关规定，酌扣 2 ~ 4 分，但对发生严重事故者，则取消实训资格		
时间定额	3h 按时完成	5	每超时 5min 酌扣 3 ~ 5 分		
总分		100			

技术升级：PLC 控制的正反转电路

I/O口分配

这里使用的 PLC 是西门子公司 S7-200，该 PLC 有 14 个输入点，10 个输出点。

如图 2-26 所示三相异步电动机正反转控制电路中控制按钮有 3 个，正向起动按钮 SB2，反向起动按钮 SB3，停车按钮 SB1，占用 3 个 PLC 输入点。控制电动机正转接触器 KM1，控制电动机反转接触器 KM2，占用 2 个 PLC 输出点。具体端口分配见表 2-6。

表 2-6　I/O 分配

序号	状态	名称	作用	I/O 口
1	输入	按钮 SB1	控制 KM 停车	I0. 0
2	输入	按钮 SB2	控制 KM1 工作	I0. 1
3	输入	按钮 SB3	控制 KM2 工作	I0. 2
4	输出	接触器 KM1	控制电动机正转	Q0. 0
5	输出	接触器 KM2	控制电动机反转	Q0. 1

电路改造

PLC 控制的三相异步电动机正反转控制电路图如图 2-37 所示。提醒注意的是，采用 PLC 控制的三相异步电动机正反转控制电路中，除了在程序中互锁外，在硬件电路上也要用接触器辅助触点互锁。这是因为 PLC 扫描周期很短，而接触器触点不能在这么短时间内完成机械动作，必须用接触器辅助触点在硬件电路上进行互锁，保证电路可靠工作。

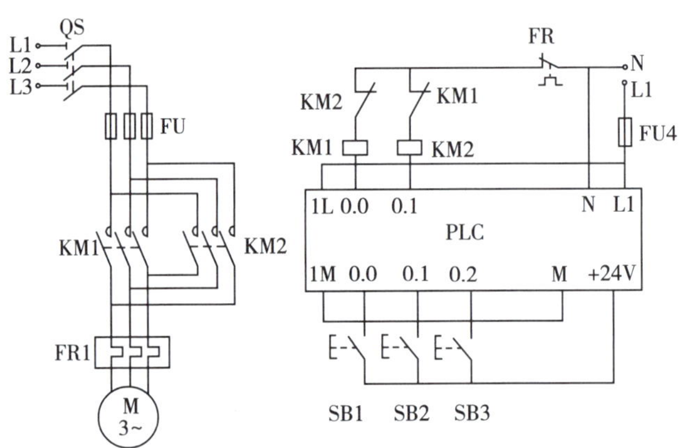

图 2-37　PLC 控制三相异步电动机的正反转控制电路图

梯形图设计

正反转控制程序梯形图如图 2-38 所示。

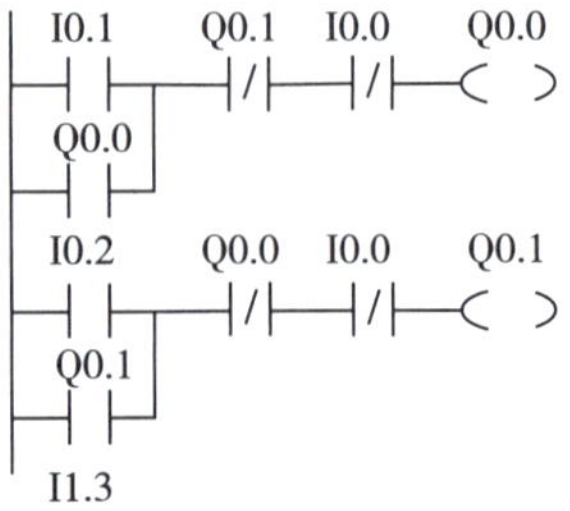

图 2-38　正反转控制梯形图

2.4　三相笼型异步电动机减压起动控制电路

思考九

所有的电动机都可以采用全压起动吗？

学习目标

1. 了解常用减压起动方法的实现。
2. 能分析常见几种减压起动控制电路。
3. 能分析电路中的电气保护环节。

较大容量的笼型异步电动机（大于 10kW）因起动电流较大，一般都采用减压起动方式来起动，起动时降低加在电动机定子绕组上的电压，起动后再将电压恢复到额定值，使之在正常电压下运行。由于电枢电流和电压成正比例，所以降低电压可以减小起动电流，不致在电路中产生过大的电压降，减少对电路电压的影响。

本节只介绍较常用的定子串电阻（或电抗）、星形—三角形换接、自耦变压器等减压起动方法。

2.4.1　定子串电阻减压起动控制电路

图 2-39 所示为定子串电阻减压起动控制电路。电动机起动时在三相定子电路中串接电阻，使电动机定子绕组电压降低，起动结束后再将电阻短接，保证电动机在额定电压下正常

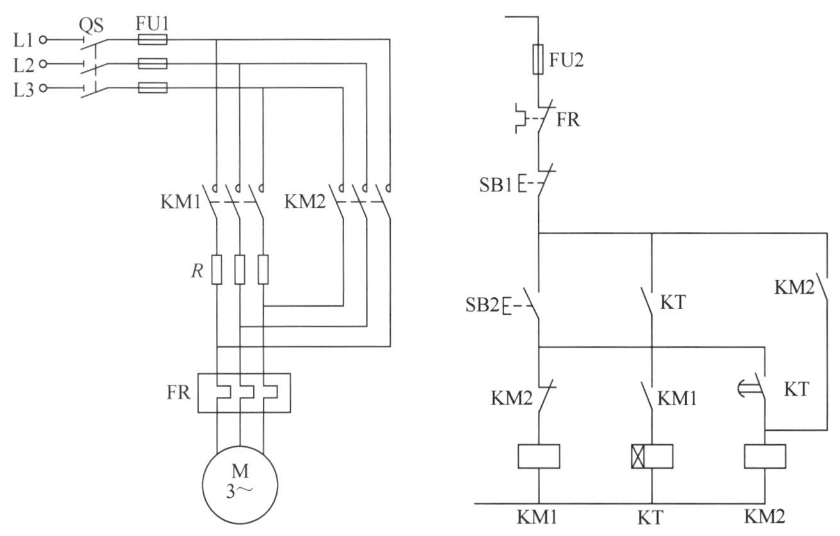

图 2-39　定子串电阻减压起动控制电路

运行。这种起动方式由于不受电动机接线形式的限制，设备简单，在中小型生产机械中应用较广。

合上电源开关 QS，按起动按钮 SB2，KM1 得电吸合，电动机串电阻 R 起动；同时时间继电器 KT 得电吸合，其延时闭合常开触点的延时闭合使接触器 KM2 不能马上得电。

经一段延时后，KM2 线圈得电动作，其辅助常闭触点先将 KM1 及 KT 线圈电路切断，然后 KM2 主触点动作，将主电路电阻 R 短接，电动机在全电压下稳定正常运转，同时其辅助常开触点保证 KM2 线圈自锁。工作过程如下：

起动：SB2$^{\pm}$→KM1^{+}→
- 电动机串电阻减压起动
- KT^{+}(自锁) —延时时间到→ KM2^{+}(自锁)→
  - R 被短接
  - KM1^{-}→KT^{-}

  →电动机全压运行

停车：SB1^{+}→KM2^{-}→电动机断电停车

起动电阻一般采用由电阻丝绕制的板式电阻或铸铁电阻，电阻功率大，能够通过较大电流，但能量损耗较大。为了节省能耗可采用电抗器代替电阻，但其价格较贵，成本较高。

2.4.2 实训：三相异步电动机串电阻减压起动

思考十

大功率电动机经常采用何种减压起动方式呢？

学习目标

1. 能按图连接电动机串电阻减压起动控制电路。
2. 了解通电试车前的初步检查方法。
3. 掌握常见故障的检修方法。

1. 实训器材

实训器材包括三相异步电动机 1 台、断路器 1 个、熔断器 4 个、热继电器 1 个、接触器 2 个、时间继电器 1 个、电阻器 3 个、按钮 2 个、万用表 1 块、工具 1 套、导线若干，如图 2-40 所示。

2. 实训电路

实训电路图如图 2-41 所示。

3. 实训步骤

安装电器

按图 2-42 准备电器，检查电器是否完好，观察接触器的工作电压，并在配电盘上安装电器。注意电器不可以倒置，尤其是时间继电器容易放反。在控制面板上安装按钮，做好标记，如图 2-43 所示。

三相异步电动机1台

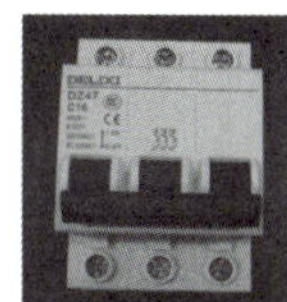

断路器1个

熔断器4个

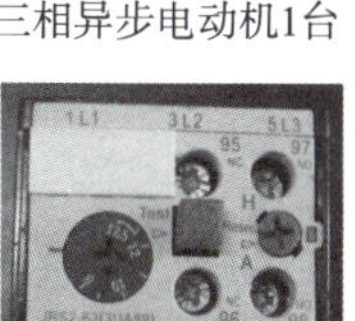

热继电器1个

接触器2个

时间继电器1个

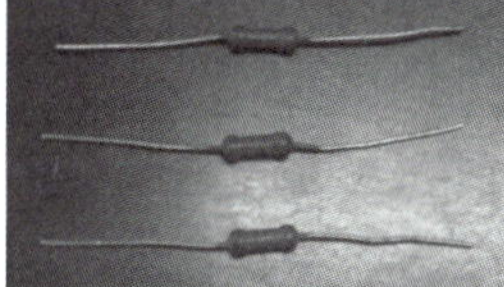

电阻器3个

按钮2个

万用表1块

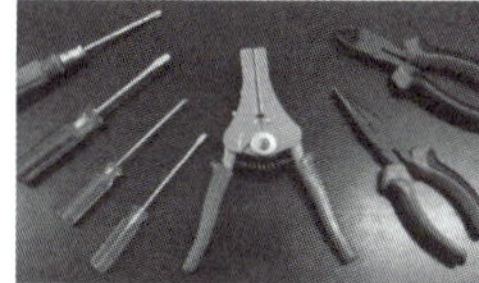

工具1套

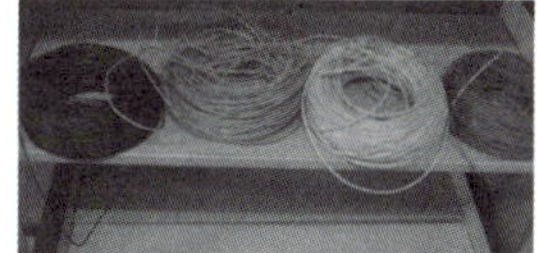

导线若干

图 2-40　串电阻减压起动实训器材

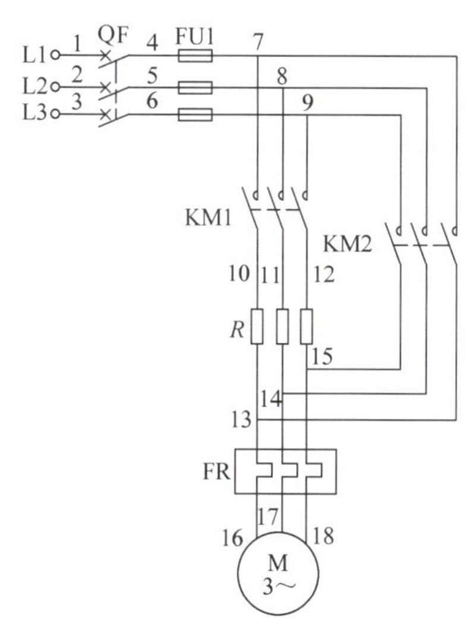

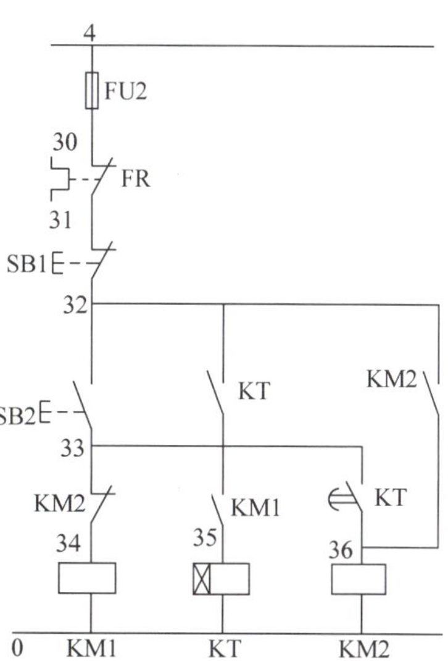

图 2-41　串电阻减压起动实训电路图

第2章 电气控制基本电路

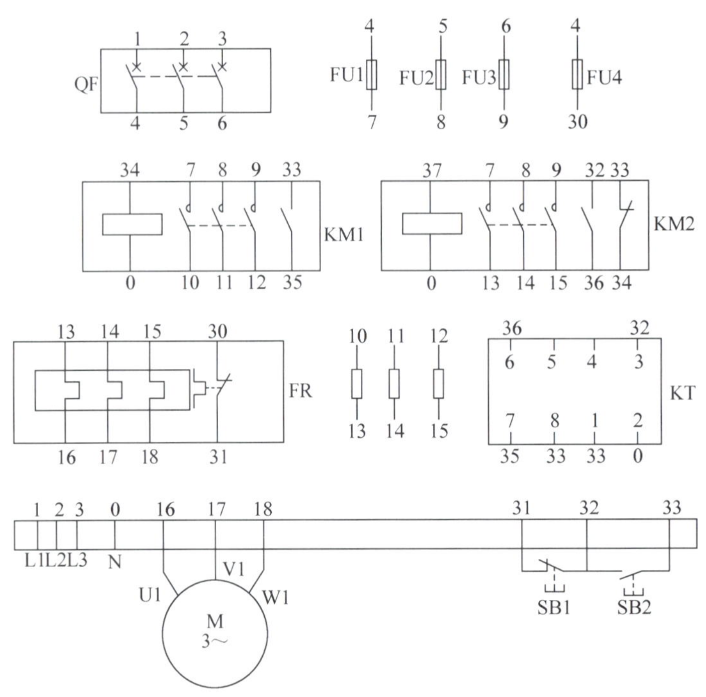

图 2-42 串电阻减压起动实训接线图

a） b）

图 2-43 安装串电阻减压起动实训电器

按图布线

依据先主后辅、从上到下、从左到右的顺序按图 2-41 接线，注意按布线合理、正确，导线平直、美观，接线正确、牢固。检查三相异步电动机接线是否安全，接到端子排上。如图 2-44a 所示接法存在安全隐患，容易造成电源短路，图 2-44b 所示为正确接线方法。观察电动机 4 个接线端子，注意要从连接到电动机电枢绕组的三个端子上引线。

电器整定

将时间继电器延时时间调为 5s，将热继电器复位，如图 2-45 所示。

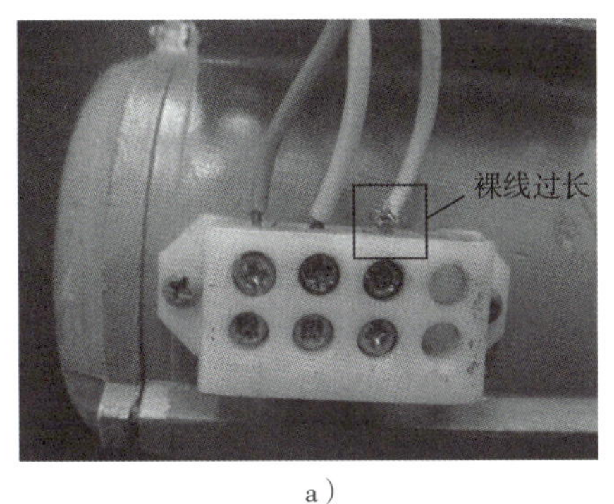

a）

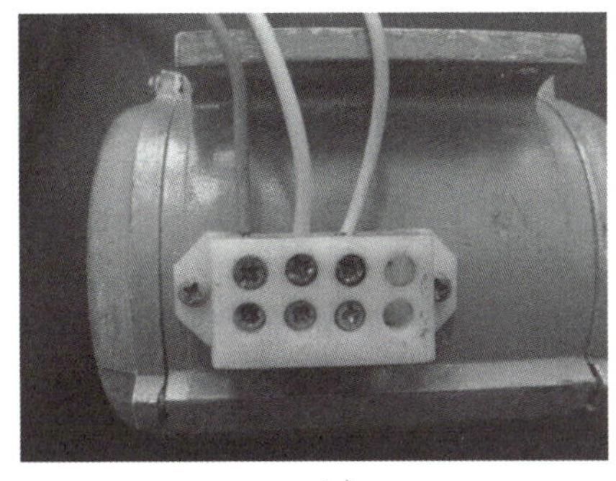

b）

图 2-44　电动机接线

a）错误接法　b）正确接法

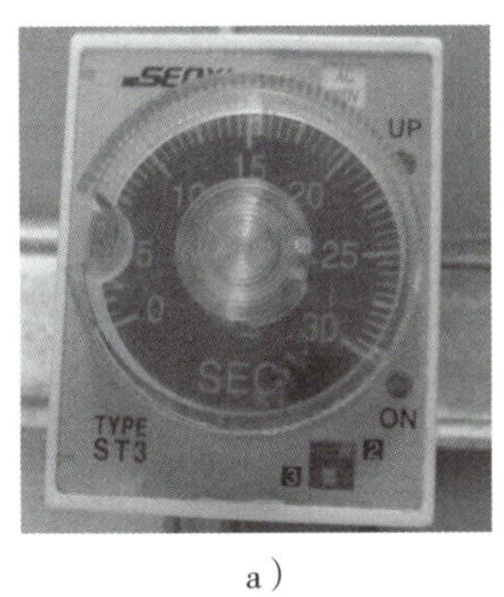

a）

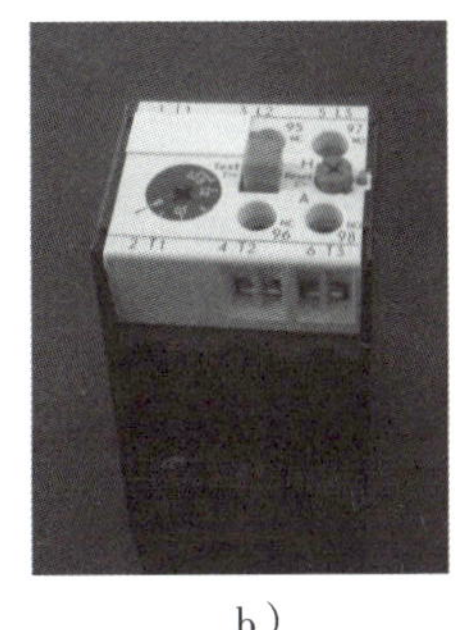

b）

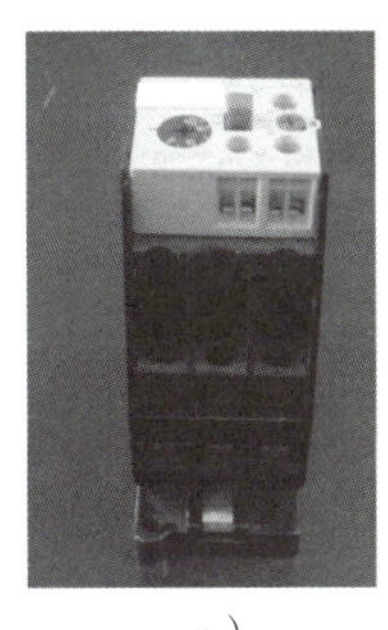

c）

图 2-45　电器整定

a）定时 5s　b）热继电器过载状态　c）热继电器复位

常规检查

通电试车前用万用表进行控制电路常规检查，其流程如图 2-46 所示，经指导教师允许后方可接通电源。通电试车前检查步骤如下。

（1）合上断路器，判断整体电路是否有短路故障。如图 2-47 所示，将数字万用表拨至二极管挡或者将指针式万用表拨至欧姆挡（“×1k”挡），并将红、黑表笔分别接在三根相线中的任意两根，两相间应该是断开的，万用表显示为“1.”为正常；如果万用表指示为“0”，说明该两相存在短路故障，需要检查电路。

（2）找到控制电路相线。方法是将万用表一只表笔接热继电器 FR 常闭触点的输入端（95 端），另一表笔分别接触三根相线，万用表显示数为“0”的那相即是控制电路所用的相线。图 2-48b 中万用表的红色表笔所接那相即为控制电路所有相线。

（3）找到控制电路相线后，将万用表一只表笔接控制电路相线，另一表笔接零线，电路此时应该是断开的，万用表显示“1.”为正常，如图 2-49 所示，到步骤（4）进行检查；如果万用表显示为“0”，说明存在短路故障，需要检查电路之后返回步骤 3）。

（4）保持两表笔位置不动，按下起动按钮 SB2，如果万用表显示数值等于接触器线圈内阻（一般为 400 ~ 600Ω），说明正常，如图 2-50 所示，到步骤（5）继续检查；如果万用表

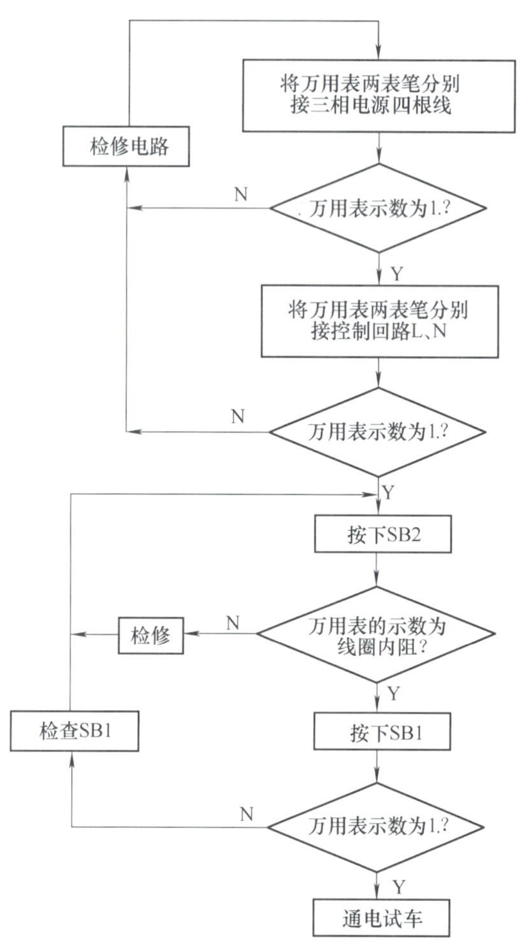

图 2-46　串电阻减压起动通电试车前检查流程图

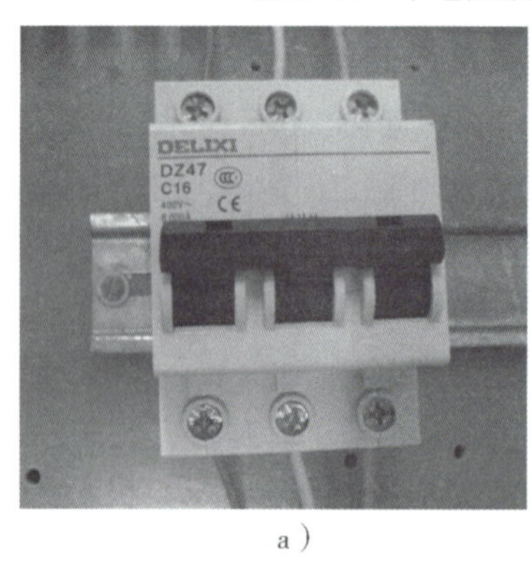

a）

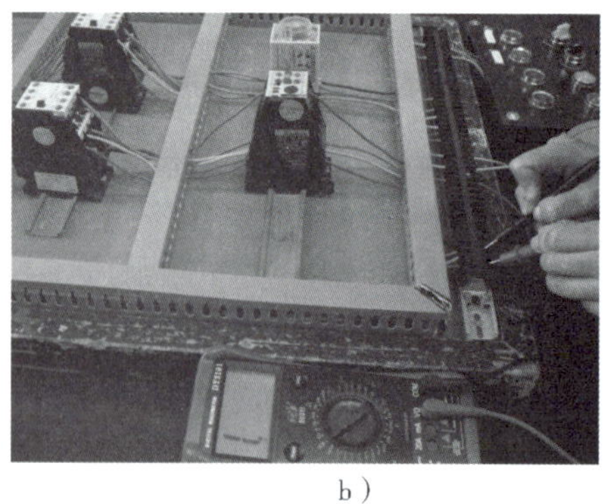

b）

图 2-47　检查三相电源图

a）合上断路器　b）检查三相电源中任意两相

显示“1.”，说明 KM1 线圈电路断路，如果万用表显示“0”，说明线圈电路短路，需要检修电路之后返回步骤（4）。

（5）按住 SB2 别松，再按下 SB1，万用表显示数值从线圈内阻变为“1.”，如图 2-50b

a）

b）

图 2-48　找控制电路所用相线

a）非控制回路所用相线　b）控制回路所用相线

图 2-49　检查控制电路相线和零线之间

所示，说明 KM1 电路基本没有问题，如果依然显示线圈内阻，说明 SB1 常闭触点接触不良或者接错线。其他条支路无法使用万用表整体检查，可以尝试通电试车，发现故障后再进线分析检修。

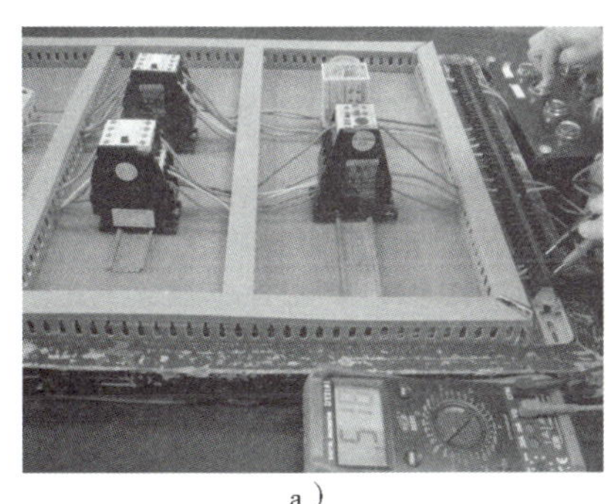

a）

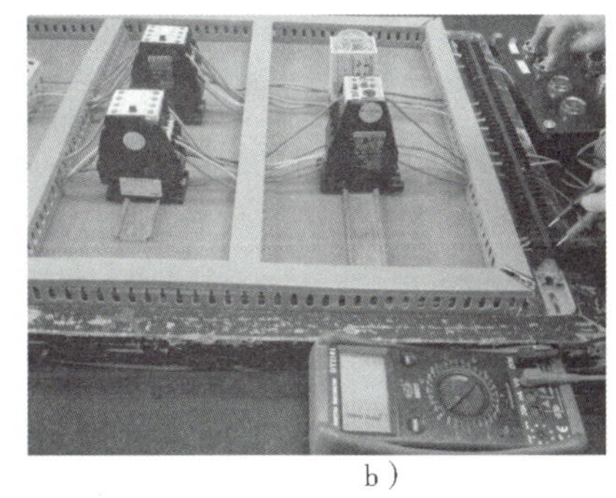

b）

图 2-50　检查控制电路 KM1 支路

a）按下 SB2　b）按下 SB2 后同时再按下 SB1

通电试车

（1）在指导教师监护下通电试车。按下起动按钮 SB2 再松开，KM1 和 KT 线圈得电

（KT 正面面板上“ON”灯亮），电动机串电阻减压起动；5s 后 KT 面板上“UP”灯亮，KM2 线圈得电动作，KM1 断电复位，电动机全压运行。如发现电器动作异常、电动机不能正常运转时，必须马上按下 SB1 停车，断电后再进行检修，注意不允许带电检查。

（2）按下 SB1，电动机停车。

清理工位

调试成功后，停车，关闭电源，清理工作台位，清点工具。经指导教师同意后拆线，去掉控制面板标记。

完成报告

完成实训报告。

思考十一

这个实训电路中通电试车后经常会出现哪些故障呢？又需要怎样排除呢？

4. 故障现象与检修方法

通电试车过程中，不管出现什么故障现象，必须关闭 QF，切断电源后进行电路分析和检修，必要时可以请指导教师协助检修。

串电阻减压起动常见的故障现象及相应的检修方法见表 2-7。

表 2-7 串电阻减压起动常见故障现象与检修方法

序号	故障现象	检修方法
1	按下起动按钮 SB2 后，接触器 KM1 不动作	① 教师用万用表 AC500V 挡位检查实验台电源插座是否有电 ② 断电，检查断路器 QF 是否闭合 ③ 将万用表两表笔分别接 4 号线和 30 号线上，如果万用表的示数为“0”，正常，到步骤④继续检查；如果万用表显示“1.”再将两表笔分别接熔断器两端，如果万用表仍显示“1.”则更换熔断器熔芯，如果万用表显示“0”，说明熔断器没有问题，检查 4 号线和 30 号线是否接触不良，回到步骤③ ④ 万用表两表笔分别接 4 号线和 31 号线，如果万用表的显示“0”为正常，到步骤⑤继续检查；如果万用表显示“1.”，检查热继电器是否复位，热继电器常闭触点和 31 号线是否接触不良，回到步骤④ ⑤ 万用表两表笔分别接 4 号线和 32 号线，如果万用表显示“0”，正常，到步骤⑥；如果万用表显示“1.”，检查 SB1 常闭触点和 32 号线，回到步骤⑤ ⑥ 万用表两表笔分别接 4 号线和 33 号线，按下 SB2，万用表显示“0”为正常，到步骤⑦；否则检查按钮 SB2 常开触点和 33 号线，回到步骤⑥ ⑦ 万用表两表笔分别接按钮出线端 33 号线和 34 号线，如果万用表显示“0”为正常，到步骤⑧继续检查；如果万用表显示“1.”，检查接触器 KM2 常闭触点是否接触不良，回到步骤⑦ ⑧ 万用表两表笔分别接按钮出线端 33 号线和零线，万用表显示接触器线圈内阻为正常，可以重新试电，否则检查接触器线圈和 0 号线是否接触不良，回到步骤⑧

（续）

序号	故障现象	检修方法
2	按下起动按钮 SB2 后，KM1 工作，但是 KT 不工作	① 检查 KM1 辅助常开触点进出线，即 33 和 35 号线是否接错 ② 检查时间继电器线圈进出线，即 35 号线接 KT 的 7 号端，0 号线接 KT 的 2 号线，并接零线 ③ 电路没有错误的话，换 KM1 的辅助常开触点 ④ 换时间继电器 KT
3	松开 SB2 后 KM1、KT 即失电	① KT 没有完成自锁，检查 KT 瞬时常开触点进出线，32 号线接到 KT 的 3 端，33 号线接到 KT 的 1 端，检查线是否接触不良 ② 电路没有错误的话，换时间继电器 KT
4	延时时间到后，KM2 没有工作	① 检查接触器 KM3 辅助常闭触点是否接触不良，35 和 37 号线是否接错，尤其是 35 号线是否与前面 35 号线均已连接 ② 检查时间继电器延时常开触点进出线，进线 33 号线接时间继电器 8 号端，出线 36 号线接时间继电器 6 号端；尤其是 33 号线，要重点检查，共有 4 条 33 号线，是否都连接上 ③ 接线如果都没有错，换时间继电器
5	电动机起动后，按下 SB1 不能停车	检查按钮 SB1 两条线，即 31 号线和 32 号线是否接错位置，尤其是 32 号线
6	起动后，接触器动作，但电动机不动或者嗡嗡响，转动不流畅	① 立即断电，检查熔断器 FU1 ~ FU3 是否有熔断 ② 检查主电路是否有夹皮子、线断开或者接错 ③ 拆下电动机，按下起动按钮 SB2，指导教师使用万用表 AC500V 检查 1、2、3 号线线间电压，正常到步骤④，不正常检修，回到步骤③ ④ 检查 4、5、6 号线线间电压，正常到步骤⑤，不正常检修，回到步骤④ ⑤ 检查 7、8、9 号线线间电压，正常到步骤⑥，不正常检修，回到步骤⑤ ⑥ 检查 10、11、12 号线线间电压，正常到步骤⑦，不正常检修，回到步骤⑥ ⑦ 检查 13、14、15 号线线间电压，正常到步骤⑧，不正常检修，回到步骤⑦ ⑧ 检查 16、17、18 号线线间电压，正常重新通电试车，不正常检修，回到步骤⑧

5. 实训考核及评分标准

实训考核及评分标准见表 2-8。

表 2-8 串电阻减压起动考核及评分标准

内容	考核要求	配分	评分标准	扣分	得分
电器安装及检查	检查电器好坏 正确安装电器	10	电气元件漏检每处扣 2 分 布局不合理、不准确扣 5 分		

（续）

内容	考核要求	配分	评分标准	扣分	得分
接线	布线合理、正确	45	每错一处扣2分		
	导线平直、美观，不交叉，不跨接		布线不美观、导线不平直、交叉架空跨接每处扣1分		
	接线正确、牢固		裸露导线过长或者接点压接不紧，每处扣1分		
试车	热继电器、时间继电器未整定或整定错误	30	每错一处扣4分		
	操作顺序正确		操作不正确扣2～4分		
	通电试车成功		一次不成功扣10分，三次不成功本项不得分		
文明操作	工作台面清洁、工具摆放整齐	10	凡违反有关规定，酌扣2～4分，但对发生严重事故者，则取消资格		
时间定额	3h按时完成	5	每超时5min酌扣3～5分		
总分		100			

技术升级：PLC控制的串电阻减压起动

I/O口分配

这里使用的PLC是西门子公司S7-200，该PLC有14个输入点，10个输出点。

如图2-51所示三相异步电动机串电阻减压起动控制电路中控制按钮有2个，起动按钮SB2，停车按钮SB1，占用2个PLC输入点。控制电动机的接触器KM1、KM2，占用2个PLC输出点。具体端口分配见表2-9。

表2-9 I/O分配

序号	状态	名称	作用	I/O口
1	输入	按钮SB1	控制KM停车	I0.1
2	输入	按钮SB2	控制KM1工作	I0.0
3	输出	接触器KM1	控制电动机减压起动	Q0.0
4	输出	接触器KM2	控制电动机全压运行	Q0.1

电路改造

PLC控制的三相异步电动机串电阻减压起动控制电路图如图2-51所示。

梯形图设计

串电阻减压起动控制程序梯形图如图2-52所示。

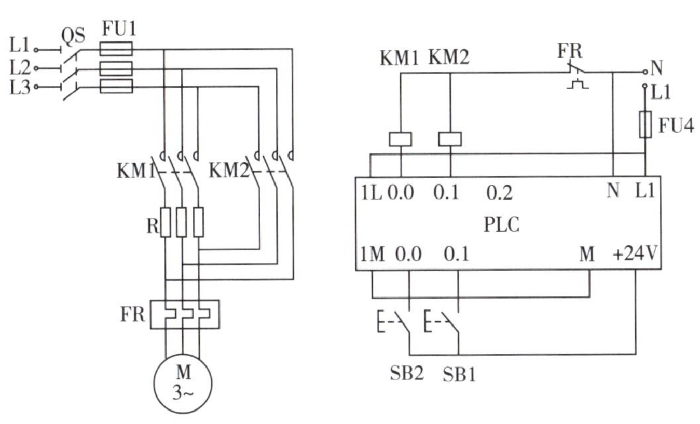

图 2-51　PLC 控制的三相异步电动机串电阻减压起动控制电路图

图 2-52　串电阻减压起动控制程序梯形图

2.4.3　星形—三角形换接减压起动控制电路

正常运行时定子绕组接成三角形，而且三相绕组 6 个抽头均引出的笼型异步电动机，常采用星形（Y）—三角形（△）减压起动方法来达到限制起动电流的目的。

起动时，定子绕组首先接成星形，待转速上升到接近额定转速时，将定子绕组的接线由星形改接成三角形，电动机便进入全电压正常运行状态。因功率在 4kW 以上的三相笼型异步电动机一般均为三角形接法，故都可以采用Y—△起动方法。图 2-53 所示为Y—△减压起动常采用的控制电路。

合上总开关 QS，按起动按钮 SB2，KT、KM3 线圈通电吸合，KM3 触点动作使 KM1 也通电吸合并自锁，电动机定子绕组作星形联结进行减压起动。随着电动机转速的升高，起动电流下降，这时时间继电器 KT 延时时间到，其延时常闭触点断开，因而 KM3 断电释放，KM2 通电吸合，电动机定子绕组作三角形联结正常全压运行，KM3 失电导致 KT 也同时断电释放。工作过程如下：

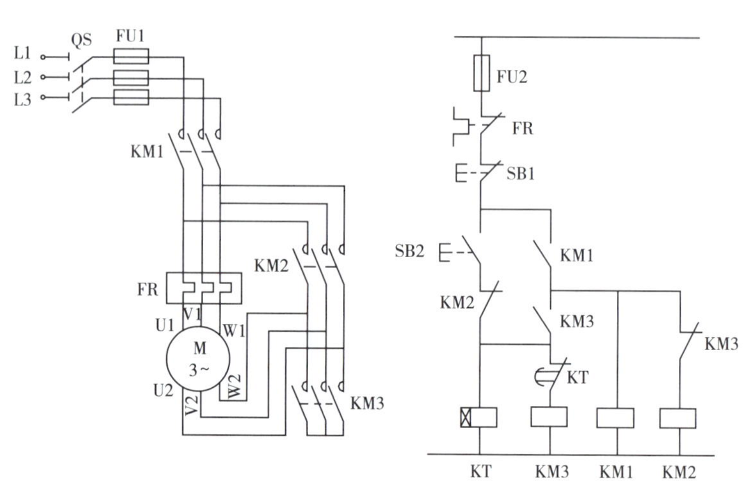

图 2-53 Y—△减压起动控制电路

起动：SB2$^+$→KT$^+$、KM3$^+$→KM1$^+$→电动机星形联结减压起动 $\xrightarrow{\text{延时时间到}}$ KM3$^-$→ KM2$^+$ / KT$^-$ →电动机三角形联结全压运行

停车过程：SB1$^+$→ KM1$^-$ / KM2$^-$ →电动机断电停车

与其他减压起动方式相比，Y—△减压起动投资少、电路简单、操作方便，但起动转矩较小。这种方法适用于空载或轻载起动，因为机床多为轻载和空载起动，因而这种起动方法应用较普遍。

2.4.4 实训：三相异步电动机Y—△减压起动控制

学习目标

1. 能按图连接三相异步电动机的Y—△减压起动控制电路。
2. 了解通电试车前的初步检查方法。
3. 掌握三相异步电动机的Y—△减压起动控制过程中的常见故障及检修方法。

1. 实训器材

实训器材包括三相异步电动机 1 台、断路器 1 个、熔断器 4 个、热继电器 1 个、接触器 3 个、时间继电器 1 个、按钮 2 个、万用表 1 块、工具 1 套、导线若干，如图 2-54 所示。

2. 实训电路

实训电路图如图 2-55 所示。

三相异步电动机1台

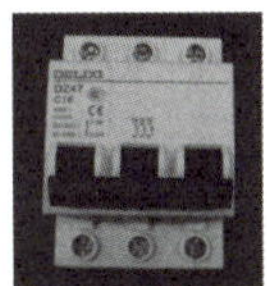

断路器1个

熔断器4个

接触器3个

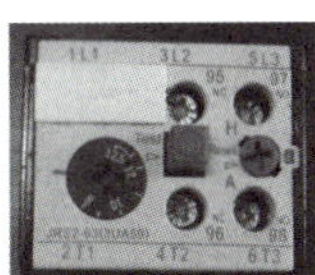

热继电器1个

按钮2个

万用表1块

时间继电器1个

导线若干

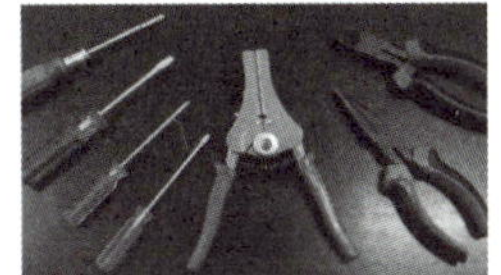

工具1套

图 2-54　Y—△减压起动控制实训器材

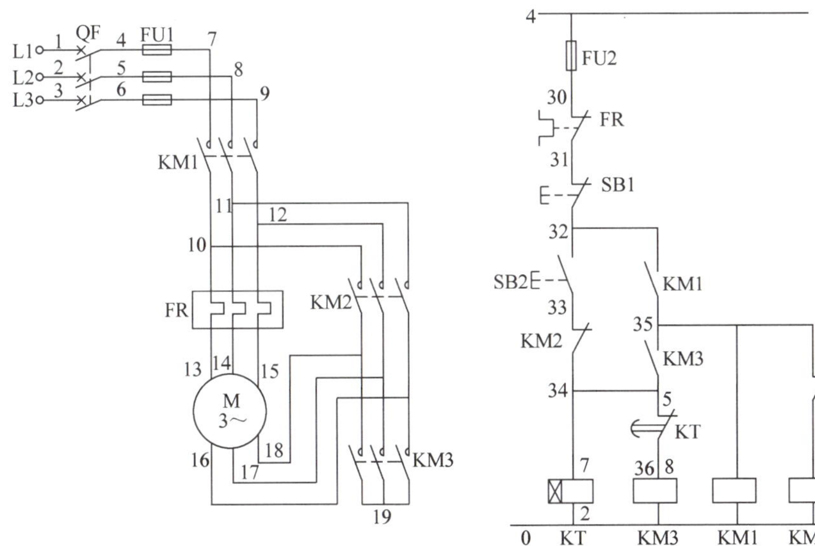

图 2-55　Y—△减压起动实训原理图

3. 实训步骤

安装电器

按图 2-56 准备电器，检查电器是否完好，观察接触器的工作电压，在配电盘上安装电器，注意电器不可以倒置，尤其是时间继电器容易放反。在控制面板上安装按钮，做好标记，如图 2-57 所示。

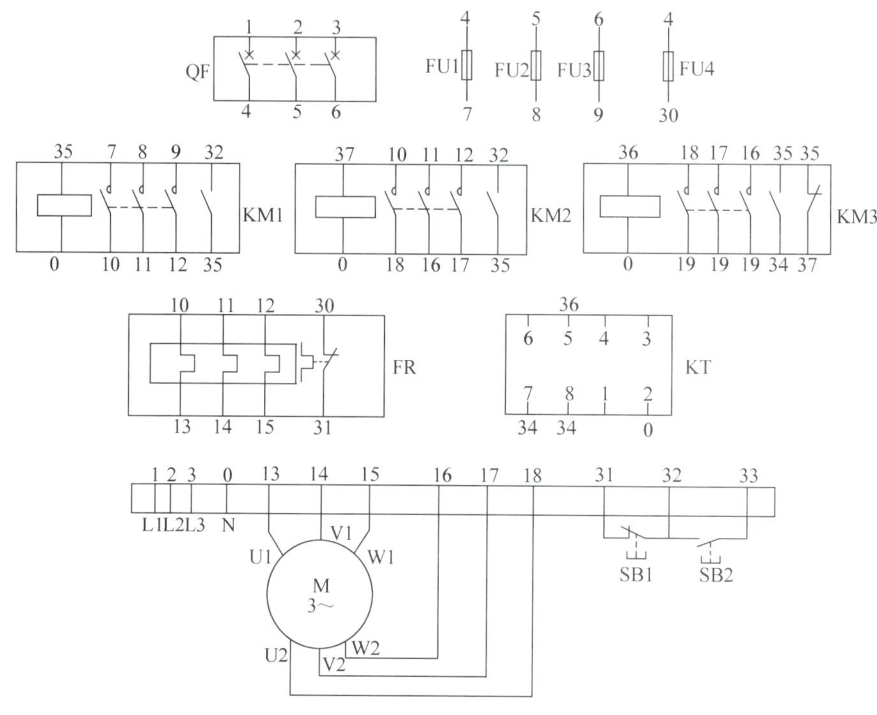

图 2-56 Y—△减压起动实训接线图

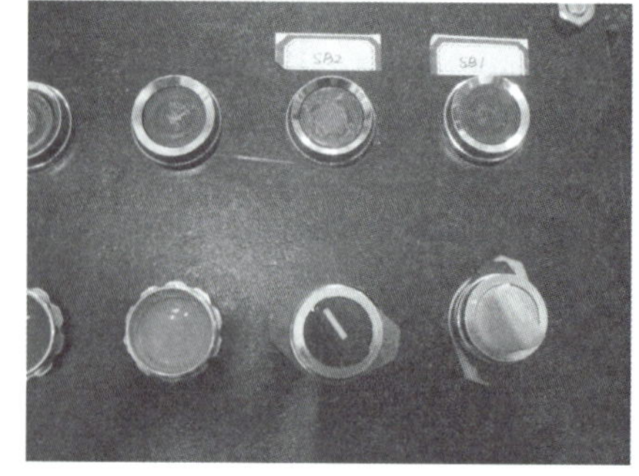

图 2-57 安装Y—△减压起动控制电器

按图布线

依据先主后辅、从上到下、从左到右的顺序按图接线，注意布线合理、正确，导线平

直、美观，接线正确、牢固。检查三相异步电动机接线是否安全，接到端子排上。如图2-58所示。

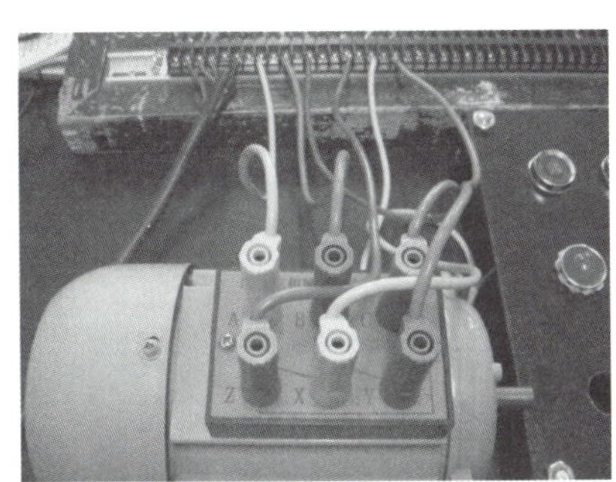

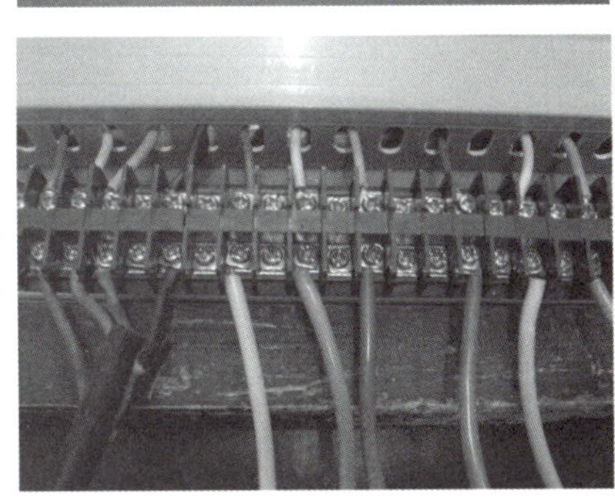

图2-58　按图布线示意

电器整定

将时间继电器延时时间调为5s，将热继电器复位，如图2-59所示。

a）

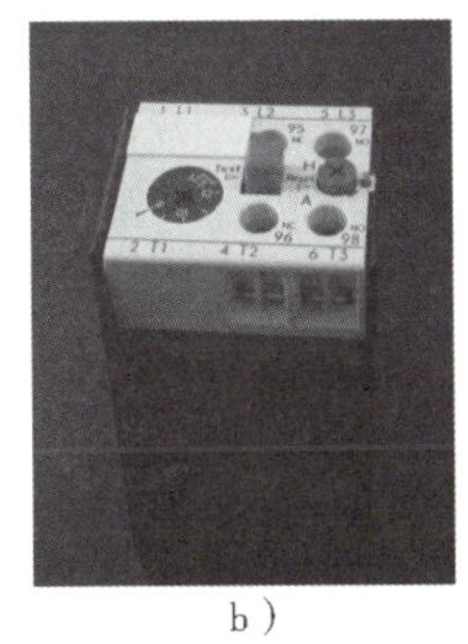

b）

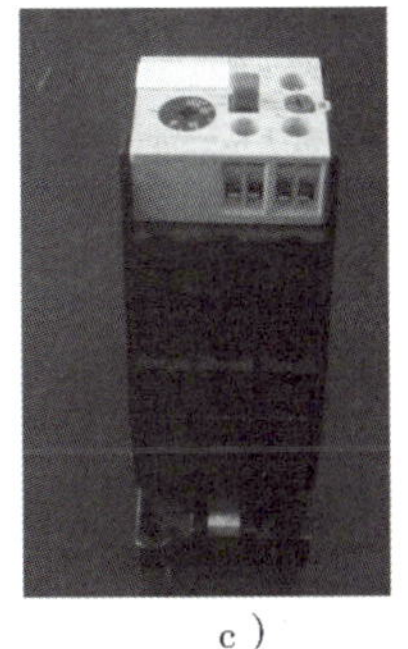

c）

图2-59　电器整定

a）定时5s　b）热继电器过载状态　c）热继电器复位后

常规检查

通电试车前用万用表进行控制电路常规检查，其流程如图2-60所示，经指导教师允许后方可接通电源。通电试车前检查步骤如下。

（1）合上断路器，判断整体电路是否有短路故障，如图2-61所示，将数字万用表拨至

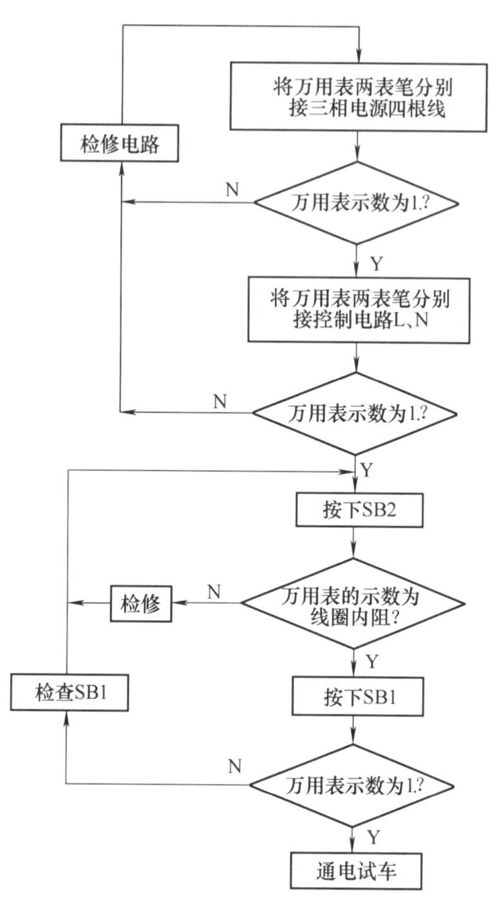

图 2-60　Y—△减压起动通电试车前检查流程图

二极管挡或者将指针式万用表拨至欧姆挡（“×1k”挡），并将红、黑表笔分别接在三根相线中的任意两根，两相间应该是断开的，万用表显示“1.”为正常；如果万用表指示为“0”，说明该两相存在短路故障，需要检查电路。

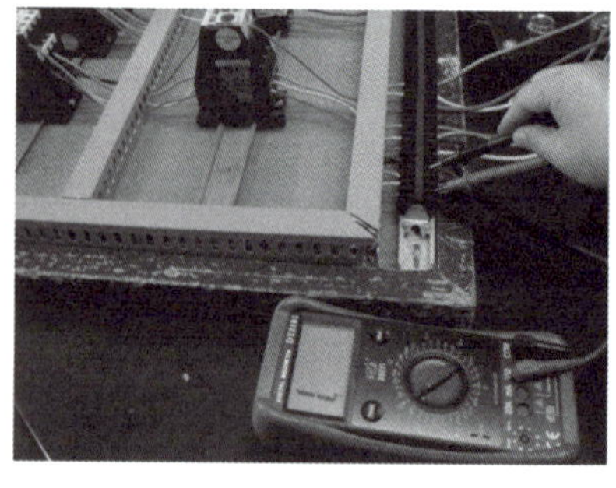

图 2-61　检查三相电源

（2）找到控制电路相线。方法是将万用表一只表笔接热继电器 FR 常闭触点的输入端（95 端），另一表笔分别接触电源三根相线，万用表示数为“0”时对应的那相即是控制电路所用的相线。如图 2-62b 所示红表笔所接相线即是控制电路所用的相线。

a）

b）

图 2-62　找控制电路所用相线

a）FR 的 95 端和电源相线之间　b）找到控制回路相线

（3）找到控制电路相线后，将万用表一只表笔接控制电路相线，另一表笔接零线，此时电路应该是断开的，万用表显示“1.”为正常，如图 2-63 所示，到步骤（4）继续检查；如果万用表显示为“0”，说明存在短路故障，需要检查电路之后返回步骤（3）。

图 2-63　检查控制电路相线与零线之间

（4）保持两表笔位置不动，按下起动按钮 SB2，如果万用表显示数值等于接触器线圈内阻（一般为 400～600Ω），说明正常，如图 2-64a 所示，到步骤（5）继续检查；如果万用表显示“1.”，说明 KM3 线圈电路断路，如果万用表显示“0”，说明 KM3 线圈电路短路，需要检修电路之后返回步骤（4）。

（5）按住 SB2 别松，再按下 SB1，万用表显示数值从线圈内阻变为“1.”，如图 2-64b 所示，说明 KM3 线圈电路基本没有问题，如果依然显示线圈内阻，说明 SB1 常闭触点接触不良或者接错线。

a）

b）

图 2-64　检查控制电路

a）按下 SB2　b）按下 SB2 后再同时按下 SB1

其他支路无法使用万用表整体检查，可以尝试通电试车，发现故障后再具体进行分析检修。

通电试车

在指导教师监护下通电试车。

（1）按下起动按钮 SB2 再松开，KM3、KM1 和 KT 线圈得电（KT 正面面板上“ON”灯亮），电动机减压起动；5s 后 KM2 线圈得电，KM3 和 KT 线圈失电，电动机全压运行。如发现电器动作异常、电动机不能正常运转时，必须马上按下 SB1 停车，断电进行检修，注意不允许带电检查。

（2）按下 SB1，电动机停车。

清理工位

调试成功后，停车，关闭电源，清理工作台位，清点工具。经指导教师同意后拆线，去掉控制面板粘贴的标记。

完成报告

完成实训报告。

思考十二

这个实训电路中通电试车后经常会出现哪些故障呢？又需要怎样排除呢？

4. 故障现象与检修

通电试车过程中，不管出现什么故障现象，必须关闭断路器 QF，切断电源后再进行电路分析和检修，必要时可以请指导教师协助检修。

Y—△减压起动电路常见的故障现象及相应的检修方法见表 2-10。

表 2-10 Y—△减压起动电路常见故障现象与检修方法

序号	故障现象	检修方法
1	按下起动按钮 SB2 后，时间继电器不动作	① 教师用万用表 AC500V 挡位检查实验台电源插座是否有电 ② 断电，检查断路器 QF 是否闭合 ③ 将万用表两表笔分别放在 4 号线和 30 号线上，如果万用表显示“0”，为正常，到步骤④继续检查；如果万用表显示“1.”，将两表笔分别放在熔断器两端仍显示“1.”则更换熔断器熔芯，如果万用表显示“0”，说明熔断器没有问题，检查 4 号线和 30 号线是否接触不良，回到步骤③ ④ 万用表两表笔分别接 4 号线和 31 号线，如果万用表显示“0”为正常，到步骤⑤继续检查；如果万用表显示“1.”，检查热继电器是否复位，热继电器常闭触点和 31 号线是否接触不良，回到步骤④ ⑤ 万用表两表笔分别接 4 号线和 32 号线，如果万用表显示“0”，正常，到步骤⑥；如果万用表显示“1.”，检查 SB1 常闭触点和 32 号线，回步骤⑤ ⑥ 万用表两表笔分别放在 4 号线和 33 号线，按下 SB2，万用表显示“0”为正常，到步骤⑦；否则检查按钮 SB2 常开触点和 33 号线，回到步骤⑥ ⑦ 万用表两表笔分别放在按钮出线端 33 号线和 34 号线（即时间继电器 7 号端），如果万用表显示“0”为正常，到步骤⑧继续检查；如果万用表显示“1.”，检查接触器 KM2 常闭触点是否接触不良，回到步骤④ ⑧ 万用表两表笔分别放在时间继电器 2 号端和零线，万用表显示“0”为正常，可以重新试电，否则检查接 0 号线是否接触不良，回到步骤⑧

（续）

序号	故障现象	检修方法
2	时间继电器工作，但是KM3不动作	① 检查时间继电器延时常闭触点进出线，进线34号线接时间继电器8号端，出线36号线接时间继电器5号端 ② 接线如果没有错，换个时间继电器试试
3	松开SB2后接触器KM1、KM3即失电	① 检查接触器KM1和KM3的自锁触点（即32、35、36号线）是否接错 ② 如果电路没有错，换另外一对常开触点试试
4	定时时间后，电动机定子绕组不能切换到△联结	① 检查接触器KM3辅助常闭触点是否接触不良，35和37号线是否接错，尤其是35号线是否与前面35号线均已连接 ② 检查时间继电器延时常闭触点进出线，进线34号线接时间继电器8号端，出线36号线接时间继电器5号端 ③ 接线如果都没有错，换个时间继电器试试
5	电动机起动后，按下SB1不能停车	检查与按钮SB1相连的两条线，即31号线和32号线是否接错位置，尤其是32号线
6	起动后，接触器动作，电动机不动或者嗡嗡响，转动不流畅	① 立即断电，检查熔断器FU1～FU3是否有熔断 ② 检查主电路是否有夹皮子、线断开或者接错 ③ 拆下电动机，按下起动按钮SB2，指导教师使用万用表AC500V挡检查端子排上电动机进线线间电压，如果是Y联结，16、17、18线间电压应该为220V，△联结时13、14和15号线间电压应该为380V，如果电压正常，说明电动机绕组接触不良，检查更换后重新试电；否则说明电动机缺相，回到步骤④ ④ 检查1、2、3号线线间电压，正常到步骤⑤，不正常检修，回到步骤④ ⑤ 检查4、5、6号线线间电压，正常到步骤⑥，不正常检修，回到步骤⑤ ⑥ 检查7、8、9号线线间电压，正常到步骤⑦，不正常检修，回到步骤⑥ ⑦ 检查10、11、12号线线间电压，正常重新通电试车，不正常检修，回到步骤⑦

5. 实训考核及评分标准

实训考核及评分标准见表2-11。

表2-11　Y—△减压起动考核及评分标准

内容	考核要求	配分	评分标准	扣分	得分
电器安装及检查	检查电器好坏，正确安装电器	10	电气元件漏检每处扣2分 布局不合理、不美观扣5分		
接线	布线合理、正确	45	每错1处扣2分		
	导线平直、美观，不交叉，不跨接		布线不美观、导线不平直、交叉架空跨接每处扣1分		
	接线正确、牢固		裸露导线过长或者接点压接不紧，每处扣1分		
试车	热继电器、时间继电器未整定或整定错误	30	每错一处扣4分		
	操作顺序正确 通电试车成功		试运行的步骤方法不正确扣2～4分 一次不成功扣10分，三次不成功本项不得分		
文明操作	工作台面清洁、工具摆放整齐	10	凡违反有关规定，酌扣2～4分，但对发生严重事故者，则取消实训资格		
时间	3h按时完成	5	每超时5min酌扣3～5分		
总分		100			

技术升级：PLC 控制的Y—△减压起动

I/O口分配

这里使用的 PLC 是西门子公司 S7-200，该 PLC 有 14 个输入点，10 个输出点。

如图 2-55 所示三相异步电动机Y—△减压起动控制电路中控制按钮有 2 个，起动按钮 SB2，停车按钮 SB1，占用 2 个 PLC 输入点。控制电动机的接触器 KM1、KM2、KM3，占用 3 个 PLC 输出点。具体端口分配见表 2-12。

表 2-12　I/O 分配

序　号	状　态	名　称	作　用	I/O 口
1	输入	按钮 SB1	控制 KM 停车	I0. 1
2	输入	按钮 SB2	控制 KM1 工作	I0. 0
3	输出	接触器 KM1	控制电动机	Q0. 0
4	输出	接触器 KM2	与 KM1 一起控制电动机△联结	Q0. 1
5	输出	接触器 KM3	与 KM1 一起控制电动机Y联结	Q0. 2

电路改造

PLC 控制的三相异步电动机Y—△减压起动控制电路图如图 2-65 所示。

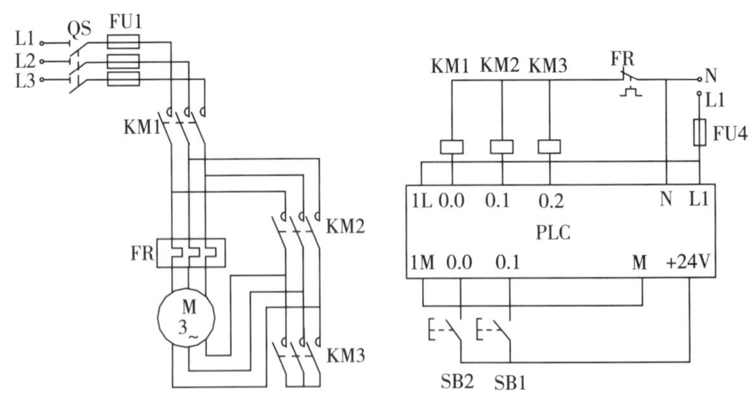

图 2-65　PLC 控制的三相异步电动机Y—△减压起动控制电路图

梯形图设计

Y—△减压起动控制程序梯形图如图 2-66 所示。

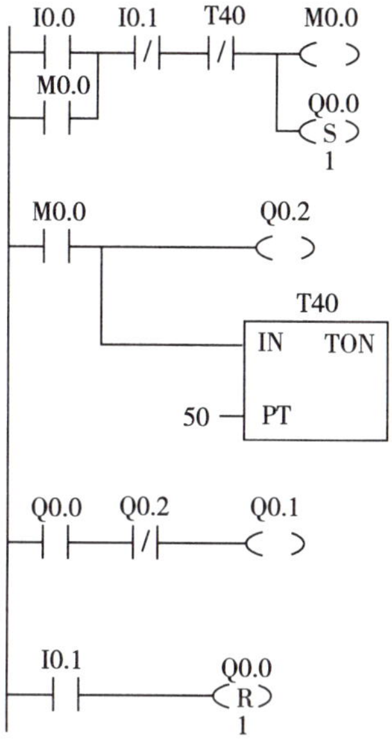

图 2-66 Y—△减压起动控制程序梯形图

2.4.5 自耦变压器减压起动控制电路

可以利用自耦变压器来降低加在电动机三相定子绕组上的电压，达到限制起动电流的目的。当电动机起动时，将三相电源加在自耦变压器的高压绕组上，低压绕组与电动机的定子绕组相连，进行减压起动；当电动机转速接近额定转速时，将自耦变压器切除，电动机定子绕组直接与电源连接，在全电压下稳定运行。

采用自耦变压器起动比Y—△减压起动时的起动转矩大，但需要一个庞大的自耦变压器，且不允许频繁起动，适用于容量较大但不能用Y—△减压方法起动的电动机。

常用自耦变压器减压起动控制电路如图 2-67 所示。按下起动按钮 SB2，接触器 KM2 和 KM3

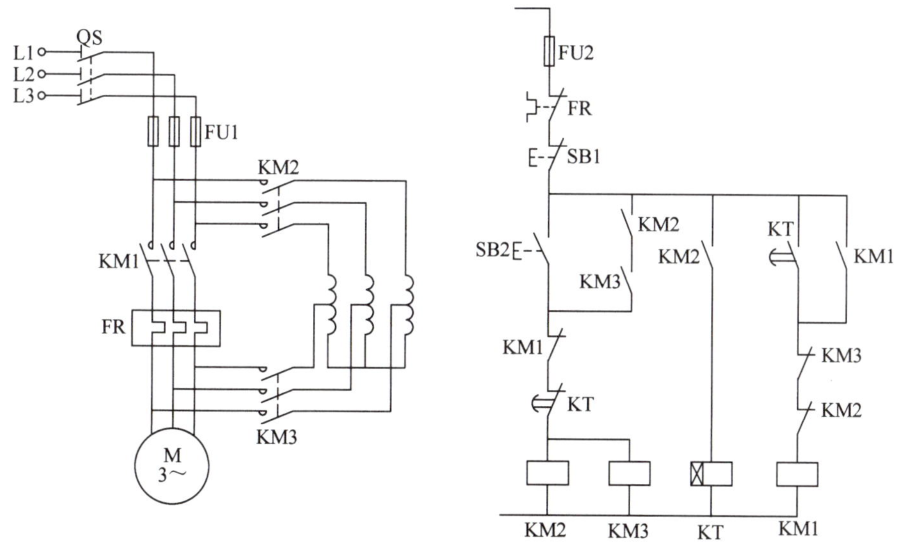

图 2-67 自耦变压器减压起动控制电路

线圈得电，KM2 和 KM3 的辅助常闭触点断开 KM1 线圈电路，然后 KM2 和 KM3 的辅助常开触点进行自锁，同时主触点闭合，三相电源经自耦变压器加到电动机上，进行减压起动。

接触器 KM2 另一辅助常开触点闭合，时间继电器 KT 线圈得电。当时间继电器 KT 延时时间到时，其延时常闭触点首先断开 KM2 和 KM3 线圈，自耦变压器被切除；然后 KT 延时常开触点闭合，接触器 KM1 线圈得电，KM1 辅助触点进行互锁、自锁，主触点闭合，电动机定子绕组直接接三相电源，电动机全电压稳定运行。当接触器 KM2 线圈失电时，时间继电器 KT 线圈也随之失电。

停车时，按下 SB1，所有接触器的线圈失电，电动机停止工作。过程如下：

起 动：$SB2^{+}$ → $KM2^{+}$ / $KM3^{+}$ （自 锁） → 电动机减压起动 / KT^{+} —延时时间到→ $KM2^{-}$、$KM3^{-}$ / $KM1^{+}$（自锁） → 电动机全压运行 / KT^{-}

停车：$SB1^{+}$→$KM1^{-}$→电动机断电，停车

温馨提示 三种减压起动控制电路的保护环节：FU 实现主电路的短路保护，FU2 实现控制电路的短路保护，FR 实现电动机的过载保护，接触器和时间继电器的线圈具有失电压、欠电压保护，按钮与接触器的自锁实现零电压保护。

2.5 三相异步电动机的调速控制电路

思考十三

如果想控制电动机的转速怎么来实现呢？

学习目标

1. 了解常用电动机调速的方法。
2. 了解双速电动机调速原理。
3. 能分析双速电动机调速控制电路。

三相异步电动机的转速 $n=\frac{60f(1-s)}{p}$，可知异步电动机的调速方法主要有下面几种：依靠改变定子绕组的极对数调速、改变转子电路中的电阻调速、变频调速和串级调速等。这些方法目前在工厂应用都很广泛。其中通过改变转子电路电阻来改变转差率的调速方法只适

用于绕线转子异步电动机；变频调速和串级调速比较复杂。本节仅介绍通过改变笼型异步电动机极对数的方法实现调速控制的基本控制电路。

笼型异步电动机往往采用下列两种方法来变更绕组的极对数：第一种，改变定子绕组的连接方法；第二种，在定子上设置具有不同极对数的两套互相独立的绕组。有时同一台电动机为了获得更多的速度等级（如需要得到 3 个以上的速度等级），上述两种方法往往同时采用。

图 2-68 所示为 4/2 极的双速异步电动机定子绕组接线示意图。图 2-68a 所示电路中将电动机定子绕组的 U1、V1、W1 三个接线端接三相交流电源，而将定子绕组的 U2、V2、W2 三个接线端悬空，三相定子绕组接成三角形。此时每相绕组中的①、②线圈串联，电流方向如图 2-68a 中虚线箭头所示，电动机以 4 极低速运行。

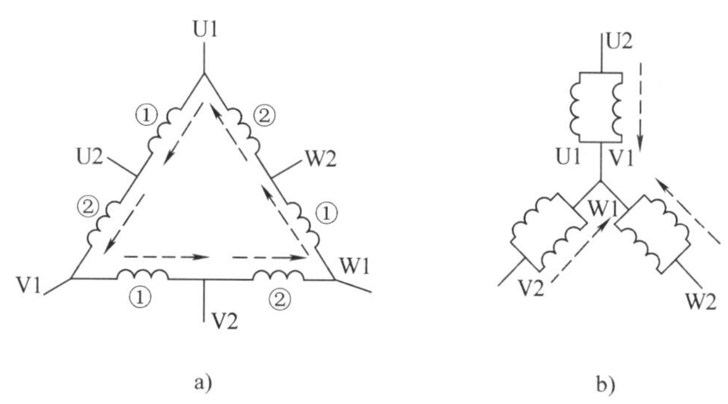

图 2-68　4/2 极双速异步电动机定子绕组接线示意图

a）三角形接线　b）双星形接线

若将电动机定子绕组的三个接线端子 U1、V1、W1 连在一起，而将 U2、V2、W2 接三相交流电源，则原来三相定子绕组的三角形接线即变为双星形接线，此时每相绕组中的①、②线圈相互并联，电流方向如图 2-68b 中虚线箭头所示，于是电动机便以两极高速运行。

1. 按钮控制双速电动机控制电路

用按钮控制双速电动机的控制电路如图 2-69 所示。先合上电源开关 QS，按下低速起动按钮 SB2，低速接触器 KM1 线圈获电，辅助常闭触点断开进行互锁，辅助常开触点闭合自锁，主触头闭合，电动机定子绕组作三角形联结，电动机低速运转。

如需换为高速运转，可直接按下高速起动按钮 SB3。按钮 SB3 的常闭触点先使低速接触器 KM1 线圈断电释放，KM1 主触点断开，自锁触点断开、互锁触点闭合，使高速接触器 KM2 和 KM3 线圈得电动作，其辅助常闭触点断开进行互锁，辅助常开触点闭合自锁，主触点闭合，使电动机定子绕组连接成双星形并联，电动机高速运转。

因为电动机的高速运转是 KM2 和 KM3 两个接触器来控制的，所以把它们的常开辅助触点串联起来实现自锁，只有当两个接触器都吸合时才允许工作。

需要停车时，按下停车按钮 SB1，不论电动机是低速运行还是高速运行，接触器 KM1、KM2 和 KM3 均失电，电动机断电停车。过程如下：

低速：$SB2^{\pm} \rightarrow \begin{matrix} KM2^{-}、KM3^{-} \\ KM1^{+}（自锁） \end{matrix} \rightarrow$电动机△联结，低速起动运行

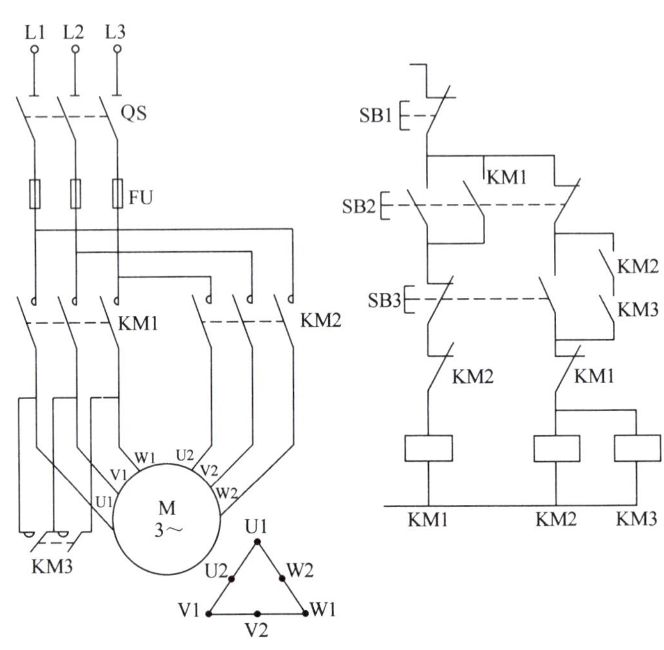

图 2-69 按钮控制双速电动机的控制电路

高速：SB3$^{\pm}$→ KM1^{-} / KM2^{+}、KM3^{+}（自锁）→电动机Y—Y联结，高速起动运行

停车：SB1^{+}→KM1^{-}、KM2^{-}、KM3^{-}→电动机断电停车

2. 时间继电器自动控制双速电动机的控制电路

其控制电路如图 2-70 所示，SA 是一个具有三个挡位的转换开关。当开关 SA 扳到中间位置时，电动机处于停止。如把 SA 扳到标有“低速”位置时，接触器 KM1 线圈得电动作，

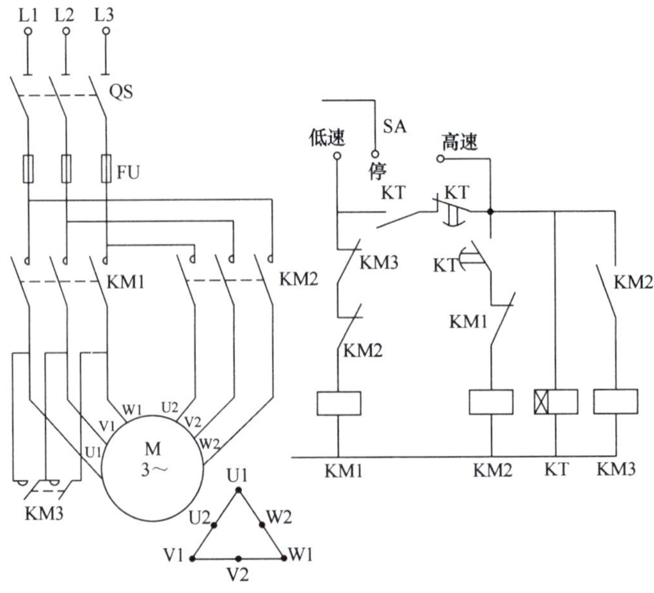

图 2-70 时间继电器控制的双速电动机控制电路

电动机定子绕组连成三角形，电动机以低速起动运行。

如把 SA 扳到标有“高速”的位置时，时间继电器 KT 线圈首先得电动作，它的瞬动常开触点 KT 闭合，接触器 KM1 线圈得电动作，将电动机定子绕组接成三角形，电动机首先以低速起动。经过一定的延时时间，时间继电器 KT 的常闭触点延时断开，接触器 KM1 线圈断电释放，时间继电器 KT 的延时常开触点延时闭合，接触器 KM2 线圈得电动作，紧接着 KM3 接触器线圈也得电动作，使电动机定子绕组成双星形联结，电动机高速运行。过程如下：

低速：SA 接低速→$KM1^{+}$→电动机△联结，低速起动运行

高速：SA 接高速→KT^{+}→$KM1^{+}$→电动机△联结，低速起动$\xrightarrow{\text{延时时间到}}$ $\begin{matrix} KM1^{-} \\ KM2^{+}\rightarrow KM3^{+} \end{matrix}$ →电动机Y—Y联结，高速运行

停车：SA 接中间

2.6 三相异步电动机制动控制电路

思考十四

电动机的停车可以控制吗？都有什么方法能控制电动机的停车呢？

学习目标

1. 了解常用电动机的制动方法。
2. 能分析几种常见制动控制电路。
3. 了解时间原则控制和速度原则控制。

三相异步电动机从切除电源到完全停止旋转，由于惯性的关系，总要经过一段时间，这往往不能适应某些生产机械工艺的要求。

采取一定措施使三相异步电动机在切断电源后迅速准确地停车，称为三相电动机的制动。制动方法一般有两大类：机械制动和电气制动。机械制动是用机械装置来强迫电动机迅速停车；电气制动实质上是在电动机停车时，产生一个与原来旋转方向相反的制动转矩，迫使电动机转速迅速下降。下面我们着重介绍电气制动控制电路，包括反接制动和能耗制动。

2.6.1 反接制动控制电路

反接制动是利用改变电动机电源的相序，使定子绕组产生相反方向的旋转磁场，因而产生制动转矩的一种制动方法。

反接制动特点是制动迅速、效果好、冲击大，通常仅适用于 10kW 以下的小容量电动

机。为了减小冲击电流，通常要求在电动机主电路中串接一定的电阻以限制反接制动电流。反接制动的另一要求是在电动机转速接近于零时，及时切断反相序电源，以防止电动机反转。

反接制动的关键在于电动机电源相序的改变，且当转速下降接近于零时，能自动将电源切除。为此采用了速度继电器来检测电动机的速度变化。在 120 ~ 3000r/min 范围内速度继电器触点动作，当转速低于 100r/min 时，其触点恢复原位。图 2-71 所示为单向反接制动的控制电路。

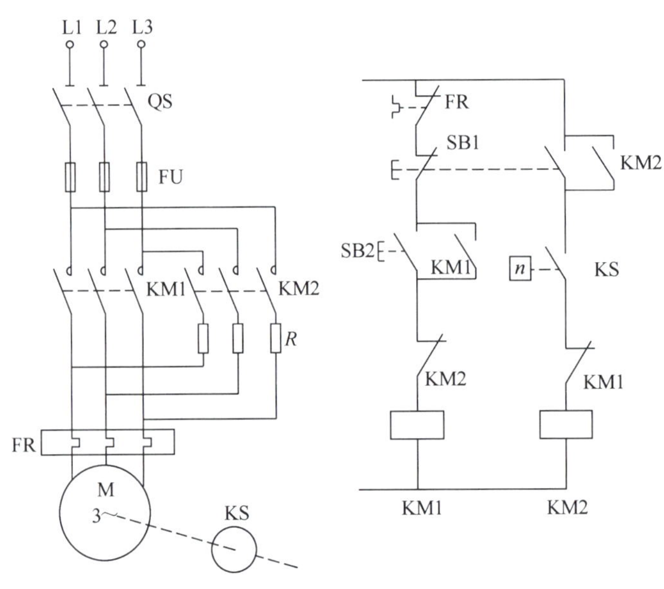

图 2-71　单向反接制动控制电路

起动时，按下起动按钮 SB2，接触器 KM1 通电，其辅助常闭触点实现互锁，辅助常开触点实现自锁，主触点动作，电动机得电起动。当电动机转速大于 120r/min 时，速度继电器 KS 的常开触点闭合，为反接制动做好了准备。

停车时，按下停止按钮 SB1，SB1 常闭触头断开接触器 KM1 线圈电路，电动机脱离电源。但由于此时电动机的惯性转速还很高，KS 的常开触点依然处于闭合状态，所以 SB1 常开触点闭合时，反接制动接触器 KM2 线圈得电，辅助常闭触点实现互锁、辅助常开触点实现自锁，主触点闭合，使电动机定子绕组得到与正常运转相序相反的三相交流电源，电动机进入反接制动状态，转速迅速下降。当电动机转速小于 100r/min 时，速度继电器常开触点复位，接触器 KM2 线圈电路被切断，反接制动结束。工作过程如下：

起动：$SB2^{\pm}\rightarrow KM1^{+}$（自锁）→电动机全电压起动 $\xrightarrow{n\geqslant 120r/min}KS^{+}$

制动：$SB1^{\pm}\rightarrow$ $KM1^{-}$ / $KM2^{+}$（自锁） → 电动机反接制动 / n 下降 $\xrightarrow{n<100r/min}KS^{-}\rightarrow KM2^{-}\rightarrow$ 电动机停

图 2-72 所示为时间继电器控制的单向反接制动控制电路。按下起动按钮 SB2，接触器 KM1 线圈得电，电动机全压起动运行。若想停车时，按下停止按钮 SB1，SB1 常闭触点断开 KM1 线圈电路，接触器 KM1 所有触点复位，电动机定子绕组脱离三相交流电源。SB1 常开

2 CHAPTER

触点闭合使时间继电器 KT 线圈与 KM2 线圈同时通电并自锁，接触器 KM2 主触头闭合，使电动机定子绕组得到与正常运转相序相反的三相交流电源，电动机进入反接制动状态，转速迅速下降。当电动机转子的惯性速度接近于零时，时间继电器延时断开的常闭触头断开接触器 KM2 线圈电路，KM2 所有触点复位，时间继电器 KT 线圈的电源也被断开，反接制动结束。工作过程如下：

起动：$SB2^{\pm}\rightarrow KM1^{+}$（自锁）→电动机全压起动

$KM1^{-}$

制动：$SB1^{\pm}\rightarrow KM2^{+}$（自锁）→电动机反接制动 $\xrightarrow{\text{延时时间到}}$ $KM2^{-}\rightarrow KT^{-}\rightarrow$电动机停

KT^{+}

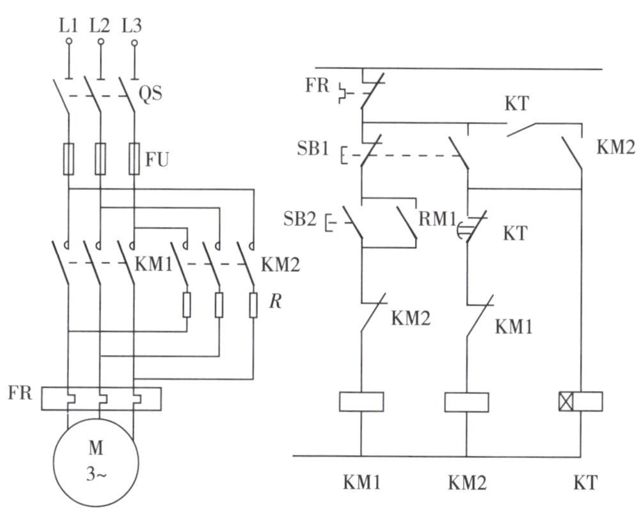

图 2-72 时间继电器控制的单向反接制动控制电路

2.6.2 能耗制动控制电路

思考十五

反接制动是将电动机的电源反接进行制动，那能耗制动是不是就是把能源耗尽之后就能停车呢？

所谓能耗制动，就是电动机脱离三相交流电源之后，在定子绕组上加一个直流电压，产生一个静止磁场。当电动机转子在惯性作用下继续旋转时将产生感应电流，该感应电流与静止磁场相互作用产生一个与电动机旋转方向相反的电磁转矩，起制动作用。因为这种方法是将转子动能转化为电能，并消耗在转子电路的电阻上，动能耗尽，系统停车，所以称之为能耗制动。

可以根据能耗制动时间控制原则用时间继电器进行控制，也可以根据能耗制动速度原则用速度继电器进行控制。图 2-73 所示为时间原则控制的单向能耗制动控制电路。

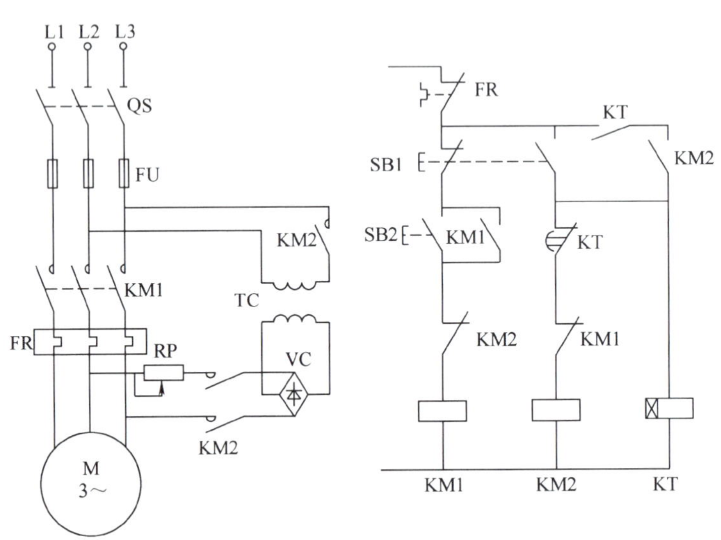

图 2-73 时间原则控制的单向能耗制动控制电路

按下起动按钮 SB2，接触器 KM1 线圈得电，电动机全压起动运行。停车时，按下按钮 SB1，SB1 常闭触头断开 KM1 线圈电路，电动机定子绕组脱离三相交流电源。SB1 常开触头闭合使时间继电器 KT 线圈与 KM2 线圈同时通电并自锁，接触器 KM2 主触头闭合，将直流电源加入定子绕组，于是电动机进入能耗制动状态。当电动机转子的惯性速度接近于零时，时间继电器延时断开的常闭触点断开接触器 KM2 线圈电路，KM2 辅助常开触点复位，时间继电器 KT 线圈的电源也被断开，电动机能耗制动结束。工作过程如下：

起动：$SB2^{\pm}$→$KM1^{+}$（自锁）→电动机全压起动

制动：$SB1^{\pm}$→ $KM1^{-}$ ；$KM2^{+}$（自锁）；KT^{+} →电动机能耗制动 $\xrightarrow{\text{延时时间到}}$ $KM2^{-}$→KT^{-}→电动机停

图 2-74 所示为速度原则控制的单向能耗制动控制电路。按下起动按钮 SB2，接触器 KM1 线圈得电，其辅助触点进行互锁、自锁，主触点闭合，电动机全压起动运行。当电动机转速高于 120r/min 时，速度继电器 KS 动作，其常开触点闭合。

停车时，按下 SB1，接触器 KM1 线圈失电，电动机脱离三相交流电源，由于电动机转子的惯性速度仍然很高，速度继电器 KS 的常开触头仍然处于闭合状态，所以接触器 KM2 线圈通电自锁。于是，两相定子绕组获得直流电源，电动机进入能耗制动。当电动机转子的惯性速度小于 100r/min 时，KS 常开触头复位，接触器 KM2 线圈断电而释放，能耗制动结束。

起动：$SB2^{\pm}$→$KM1^{+}$（自锁）→电动机全压起动 $\xrightarrow{n\geq 120\text{r/min}}$ KS^{+}

制动：$SB1^{\pm}$→ $KM1^{-}$ ；$KM2^{+}$（自锁）→ 电动机能耗制动 ；n 下降 $\xrightarrow{n<100\text{r/min}}$ KS^{-}→$KM2^{-}$→电动机停

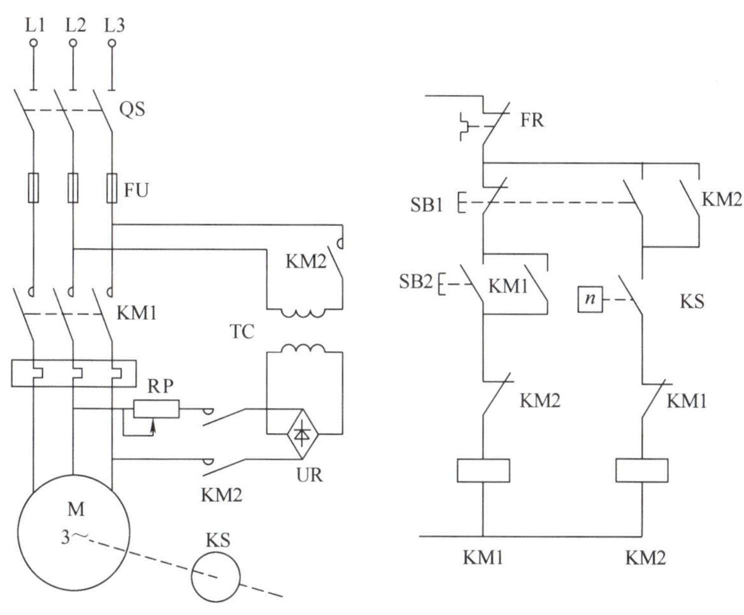

图 2-74　速度原则控制的单向能耗制动控制电路

温馨提示

（1）在电动机制动控制电路中，无论是哪种制动方法，最关键的问题在于当转速下降接近于零时，能自动将电源切除。用时间继电器延时时间来控制的称为时间原则控制，采用速度继电器常开触点的动作与复位来控制的称为速度原则控制。

（2）无论哪种制动控制电路，起动接触器和制动接触器应该互锁。

2.6.3　实训：三相异步电动机单向反接制动

思考十六

单相反接制动时如果手边没有速度继电器，怎么办呢？

学习目标

1. 能按图连接电动机单向反接制动控制电路。
2. 熟悉通电试车前的初步检查方法。
3. 掌握单向反接制动控制过程中的常见故障及检修。

1. 实训器材

实训器材包括三相异步电动机1台、断路器1个、熔断器4个、热继电器1个、接触器2个、时间继电器1个、电阻3个、按钮2个、万用表1块、工具1套、导线若干，如图2-75所示。

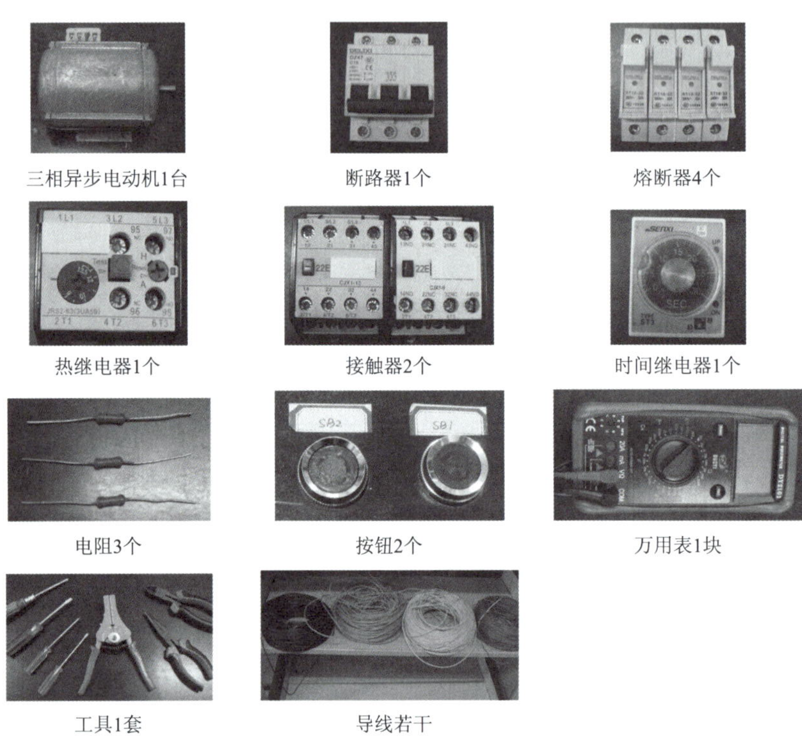

图2-75 反接制动实训器材

2. 实训电路

三相异步电动机单向反接制动实训电路图如图2-76所示。

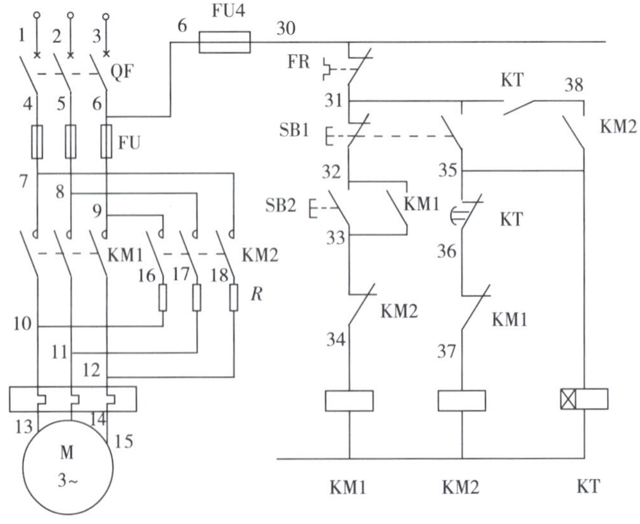

图2-76 三相异步电动机单向相反接制动实训原理图

3. 实训步骤

安装电器

按图 2-77 准备电器，检查电器是否完好，观察接触器的工作电压，并在配电盘上安装电器。注意电器不可以倒置，尤其是时间继电器容易放反。在控制面板上安装按钮，做好标记，如图 2-78 所示。

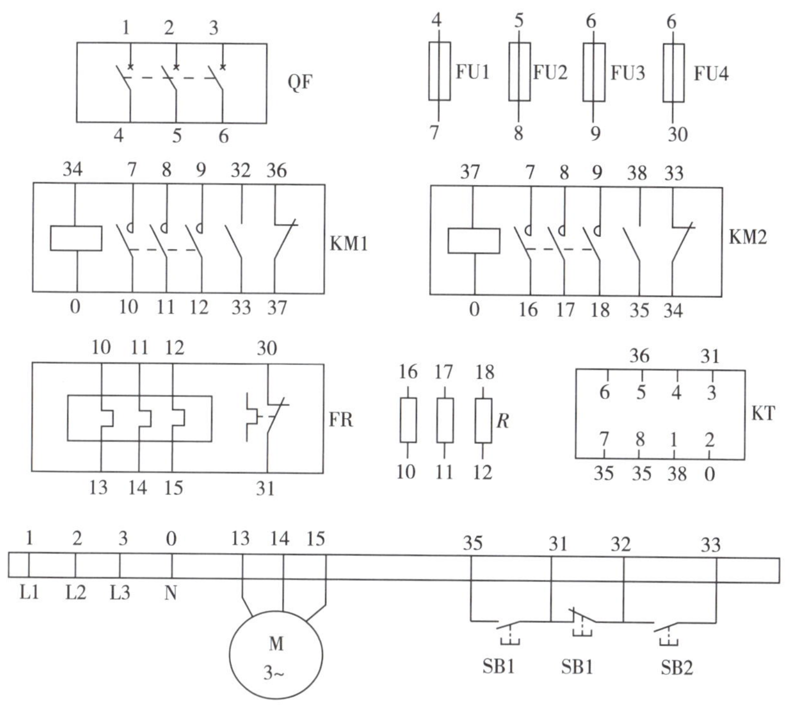

图 2-77　三相异步电动机单向反接制动实训接线图

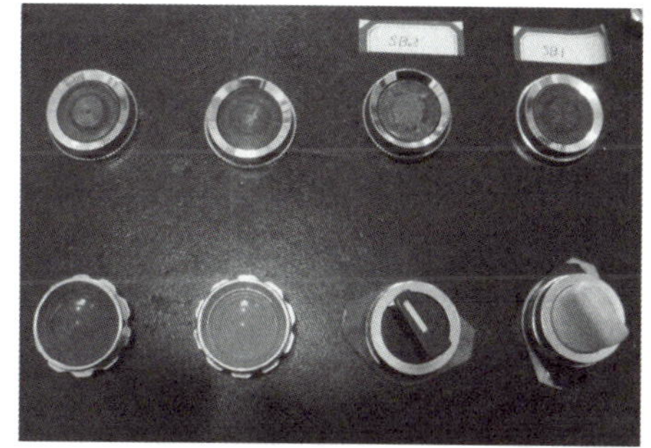

图 2-78　安装单向反接制动实训电器

按图布线

依据先主后辅、从上到下、从左到右的顺序按图 2-76 接线，注意布线合理、正确，导线平直、美观，接线正确、牢固。检查三相异步电动机接线是否安全，接到端子排上。观察

电动机 4 个接线端子，注意要从连接到电动机电枢绕组的三个端子上引线，注意接线规范。图 2-79 所示中有的接线裸线过长，为不规范接线。

图 2-79　不规范的接线

整定电器

将时间继电器延时时间调为 3s，将热继电器复位，如图 2-80 所示。

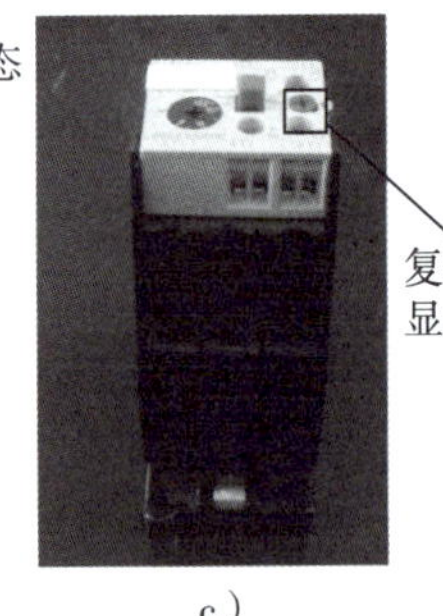

a）　b）　c）

图 2-80　整定电器

a）定时 3s　b）热继电器过载状态　c）热继电器复位后

常规检查

通电试车前用万用表进行控制电路常规检查，其流程如图 2-81 所示，经指导教师允许后方可接通电源。通电试车前检查步骤如下。

（1）合上断路器，判断整体电路是否有短路故障，如图 2-82 所示。将数字万用表拨至二极管挡或者将指针式万用表拨至欧姆挡（“×1k”挡），并将红、黑表笔分别接在三根相线中的任意两根，两相间应该是断开的，万用表显示为“1.”为正常；如果万用表指示为“0”，说明该两相存在短路故障，需要检查电路。

（2）找到控制电路相线。方法是将万用表一只表笔接热继电器 FR 常闭触点的输入端（95 端），另一表笔分别接触三根相线，万用表显示数为“0”的那相即是控制电路所用的

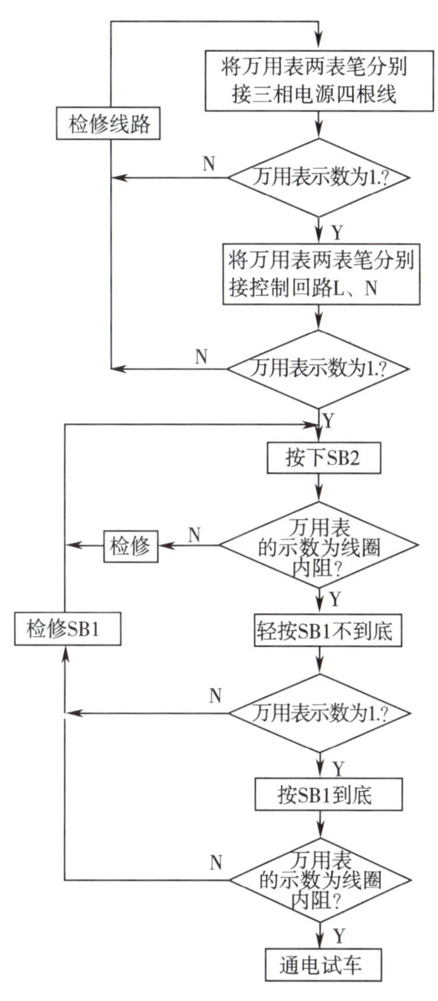

图 2-81　单向反接制动通电试车前检查流程图

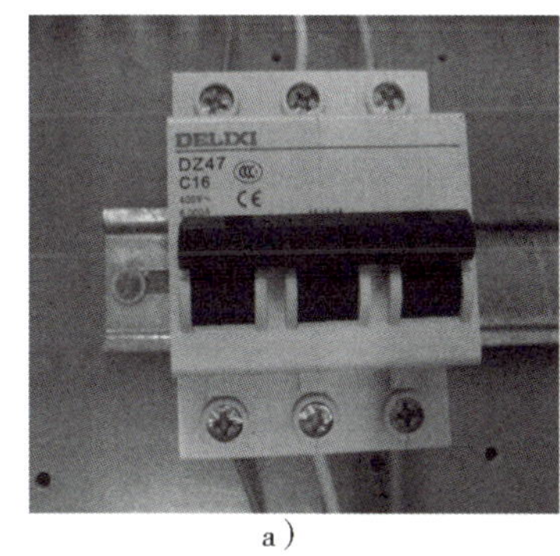

a）

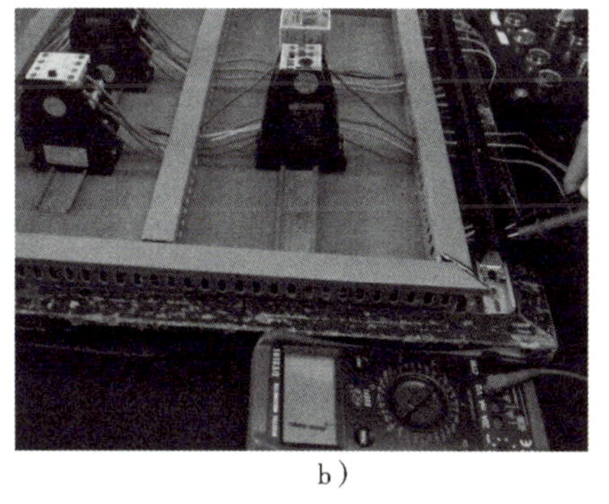

b）

图 2-82　检查三相电源

a）合上断路器　b）检查三相电源中任意两相

相线。如图 2-83 所示。

a）

b）

图 2-83 找控制电路所用相线

a）非控制回路所用相线 b）控制回路所用相线

（3）找到控制电路相线后，将万用表一只表笔接控制电路相线，另一表笔接零线，电路此时应该是断的，万用表显示“1.”为正常，如图 2-84a 所示，到步骤（4）进行检查；如果万用表显示为“0”，说明存在短路故障，需要检查电路之后返回步骤（3）。

（4）保持两表笔位置不动，按下起动按钮 SB2，如果万用表显示数值等于接触器线圈内阻（一般为 400 ~ 600Ω），如图 2-84b 所示，说明正常，到步骤（5）继续检查；如果万用表显示“1.”，说明 KM1 线圈电路断路，如果万用表显示“0”，说明线圈电路短路，需要检修电路之后返回步骤（4）。

a）

b）

图 2-84 检查控制电路 KM1 支路

a）控制回路相线和零线之间 b）按下 SB2

（5）按住 SB2 别松，轻按 SB1 不到底，万用表显示数值从线圈内阻变为“1.”，如图 2-85a 所示，说明 KM1 线圈电路基本没有问题，如果依然显示线圈内阻，说明 SB1 常闭触点接触不良或者接错线。再继续按下 SB1，万用表重新显示线圈内阻，如图 2-85b 所示，说明 KM2 线圈电路基本没有问题。如果万用表显示“1.”说明 KM2 线圈电路断路，如果万用表显示“0”说明 KM2 线圈电路短路，需检修，检修后返回步骤（5）。

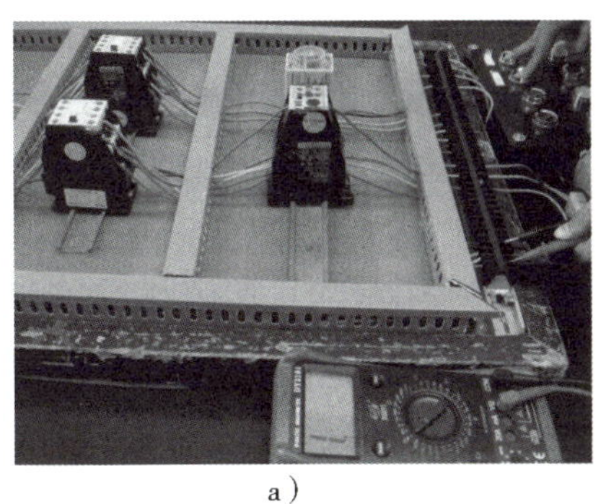

a）

b）

图 2-85　检查控制电路 KM2 支路

a）按下 SB2 同时轻按 SB1　b）按下 SB2 同时 SB1 按下到底

其他条支路无法使用万用表整体检查，可以尝试通电试车，发现故障后再进行分析检修。通电试车过程中，不管出现什么故障现象，必须关闭 QF，切断电源后进行电路分析和检修，必要时可以请指导教师协助检修。

通电试车

在指导教师监护下通电试车。

（1）按下起动按钮 SB2，KM1 线圈得电，电动机全压运行。如发现电器动作异常、电动机不能正常运转时，必须马上按下 SB1 停车，断电后再进行检修，注意不允许带电检查。

（2）停车按下按钮 SB1，KM1 断电复位，KM2 和 KT 线圈得电（KT 正面面板上“ON”灯亮），电动机进入反接制动；3s 后 KT 面板上“UP”灯亮，KM2 线圈断电复位，电动机停止转动，同时 KT 也断电复位。

清理工位

调试成功后，停车，关闭电源，清理工作台位，清点工具。经指导教师同意后拆线，去掉控制面板上标记。

完成报告

完成实训报告。

思考十七

这个实训电路中通电试车后经常会出现哪些故障呢？又需要怎样排除呢？

4. 故障现象与检修方法

单向反接制动常见的故障现象及相应的检修方法见表 2-13。

表 2-13 单向反接制动常见故障现象与检修方法

序号	故障现象	检修方法
1	按下起动按钮 SB2 后，接触器 KM1 不动作	① 教师用万用表 AC500V 挡位检查实验台电源插座是否有电 ② 断电，检查断路器 QF 是否闭合 ③ 将万用表两表笔分别放在 4 号线和 30 号线上，如果万用表的示数为“0”，正常，到步骤④继续检查；如果万用表显示“1.”，再将两表笔分别放在熔断器两端，如果万用表仍显示“1.”，更换熔断器熔芯，如果万用表显示“0”，说明熔断器没有问题，检查 4 号线和 30 号线是否接触不良，回到步骤③ ④ 万用表两表笔分别接 4 号线和 31 号线，如果万用表显示“0”为正常，到步骤⑤继续检查；如果万用表显示“1.”，检查热继电器是否复位，热继电器常闭触点和 31 号线是否接触不良，回到步骤④ ⑤ 万用表两表笔分别接 4 号线和 32 号线，如果万用表显示“0”，正常，到步骤⑥；如果万用表显示“1.”，检查 SB1 常闭触点和 32 号线；回到步骤⑤ ⑥ 万用表两表笔分别接 4 号线和 33 号线，按下 SB2，万用表显示“0”为正常，到步骤⑦；否则检查按钮 SB2 常开触点和 33 号线，回到步骤⑥ ⑦ 万用表两表笔分别接按钮出线端 33 号线和 34 号线，如果万用表显示“0”为正常，到步骤⑧继续检查；如果万用表显示“1.”，检查接触器 KM2 常闭触点是否接触不良，回到步骤⑦ ⑧ 万用表两表笔分别接按钮出线端 33 号线和零线，万用表显示接触器线圈内阻为正常，可以重新试电，否则检查接触器线圈和 0 号线是否接触不良，回到步骤⑧
2	按下停车按钮 SB1 后，KM2 工作，但是 KT 不工作	① 检查 KM2 辅助常开触点、KT 瞬时触点进出线，即 31、38 和 35 号线是否接错 ② 检查时间继电器线圈进出线，即 35 号线接 KT 的 7 号端，0 号线接 KT 的 2 号端，并接零线 ③ 换时间继电器 KT
3	松开 SB1 后 KM2、KT 即失电	① 检查 KT 瞬时常开触点进出线，31 号线接到 KT 的 3 端，38 号线接到 KT 的 1 端，检查线是否接触不良 ② 检查 KM2 辅助常开触点进出线，38 号线接 KM2 辅助常开触点的输入端，35 号线接 KM2 辅助常开触点的输出端，并连接到时间继电器的 7 号端 ③ 电路没有错误的话，换时间继电器 KT
4	延时时间到后，KM2 没有停止工作	① 检查时间继电器延时常闭触点进出线，35 号线接时间继电器 8 号端，36 号线接时间继电器 5 号端；尤其是 35 号线，要重点检查，共有 3 条 35 号线，是否都连接上 ② 接线如果都没有错，换时间继电器
5	电动机起动后，按下 SB1 不能停车	检查按钮 SB1 常闭触点两条线，即 31 号线和 32 号线是否接错位置，尤其是 31 号线
6	起动后，接触器动作，但电动机不动或者嗡嗡响，转动不顺畅	① 立即断电，检查熔断器 FU1 ~ FU3 是否有熔断 ② 检查主电路是否有夹皮子、线断开或者接错 ③ 拆下电动机，按下起动按钮 SB2，指导教师使用万用表 AC500V 检查 1、2、3 号线线间电压，正常到步骤④，不正常检修，回到步骤③ ④ 检查 4、5、6 号线线间电压，正常到步骤⑤，不正常检修，回到步骤④ ⑤ 检查 7、8、9 号线线间电压，正常步骤⑥，不正常检修，回到步骤⑤ ⑥ 检查 10、11、12 号线线间电压，正常到步骤⑦，不正常检修，回到步骤⑥ ⑦ 检查 13、14、15 号线线间电压，正常到重新通电试车，不正常检修，回到步骤⑦

5. 实训考核及评分标准

实训考核及评分标准见表2-14。

表2-14 单向反接制动考核及评分标准

内容	考核要求	配分	评分标准	扣分	得分
电器安装及检查	检查电器好坏 正确安装电器	10	电气元件漏检每处扣2分 布局不合理、不准确扣5分		
接线	布线合理、正确	45	每错一处扣2分		
	导线平直、美观，不交叉，不跨接		布线不美观、导线不平直、交叉架空跨接每处扣1分		
	接线正确、牢固		裸露导线过长或者接点压接不紧，每处扣1分		
试车	热继电器、时间继电器未整定或整定错误	30	每错一处扣4分		
	操作顺序正确		操作不正确扣2~4分		
	通电试车成功		一次不成功扣10分，三次不成功本项不得分		
文明操作	工作台面清洁、工具摆放整齐	10	凡违反有关规定，酌扣2~4分，但对发生严重事故者，则取消资格		
时间	3h按时完成	5	每超时5min酌扣3~5分		
总分		100			

技术升级：PLC控制的单向反接制动

I/O口分配

这里使用的PLC是西门子公司S7-200，该PLC有14个输入点，10个输出点。

如图2-76所示三相异步电动机单向反接制动控制电路中控制按钮有2个，分别是起动按钮SB2，停车按钮SB1，占用2个PLC输入点。控制电动机的接触器KM1、KM2，占用2个PLC输出点。具体端口分配见表2-15。

表2-15 I/O分配

序号	状态	名称	作用	I/O口
1	输入	按钮SB1	控制KM1停止工作	I0.1
2	输入	按钮SB2	控制KM1工作	I0.0
3	输出	接触器KM1	控制电动机起动	Q0.0
4	输出	接触器KM2	控制电动机反接制动	Q0.1

电路改造

PLC控制的三相异步电动机单向反接制动控制电路图如图2-86所示。需要注意的是，采用PLC控制的三相异步电动机单向反接制动控制电路中，除了在程序中互锁外，在硬件电路上也要用接触器辅助触点互锁。这是因为PLC扫描周期很短，而接触器触点不能在这么短时间内完成机械动作，必须用接触器辅助触点在硬件电路上进行互锁，避免电源短路，保证电路可靠工作。

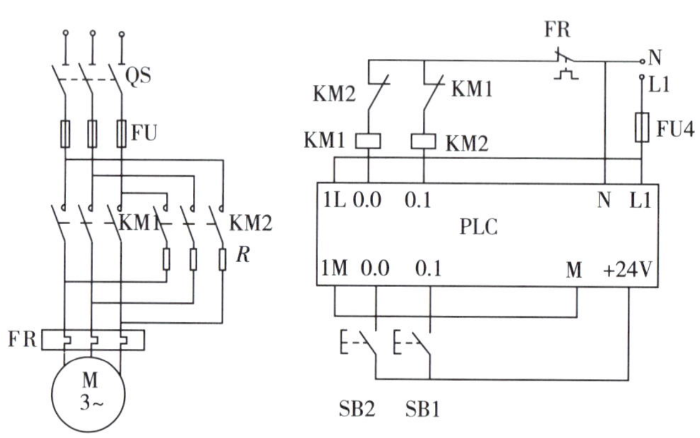

图2-86　PLC控制的三相异步电动机单向反接制动控制电路图

梯形图设计

单向反接制动控制程序梯形图如图2-87所示。

图2-87　单向反接制动控制程序梯形图

2.7　电气控制的保护环节

思考十八

我们在分析电路的时候总谈论电路的电气保护，常用的保护环节都包括哪些呢？

学习目标

1. 了解常用电气保护方法。
2. 了解常用保护电器。

电气控制系统除了能满足生产机械加工工艺要求外，还可保证设备长期、安全、可靠地运行，因此电气控制的保护环节是所有电气控制系统中不可缺少的组成部分，利用它来保护电动机、电网、电气控制设备及人身安全等。

电气控制系统中常用的保护环节有短路保护、过载保护、过电流、零电压及欠电压保护、弱磁保护等。

1. 短路保护

电动机、电器、导线的绝缘损坏或电路发生故障时，都可能造成短路事故。很大的短路电流可能使电气设备损坏或产生更严重的后果。要求一旦发生短路故障时，控制电路能迅速地切除电源的保护叫短路保护。常用的短路保护元件有熔断器和断路器等。

2. 过载保护

电动机长期超载运行，绕组温升将超过其允许值，造成绝缘材料变脆、寿命缩短，严重时还会使电动机损坏。过载电流越大，达到允许温升的时间就越短。常用的过载保护元件是热继电器。

由于热惯性的原因，热继电器不会受电动机短时过载冲击电流或短路电流的影响而瞬时动作，所以在使用热继电器作过载保护的同时，还必须有短路保护。作短路保护的熔断器熔体的额定电流不能大于4倍热继电器发热元件的额定电流。

3. 过电流保护

过电流保护广泛用于直流电动机或绕线转子异步电动机控制中。对于三相笼型异步电动机，由于其短时过电流不会产生严重后果，故可不设置过电流保护。

过电流往往由于起动不正确和负载过大引起，电路电流一般比短路电流要小。在电动机运行中产生过电流比发生短路的可能性更大，尤其是在频繁正反转起动重复短时工作的电动机中更是如此。直流电动机和绕线转子异步电动机控制电路中，过电流继电器也起着短路保护的作用，一般过电流的动作值为起动电流的1.2倍。

常用过电流保护元件是过电流继电器。

必须强调指出，短路、过载、过电流保护虽然都是电流型保护，但由于故障电流、动作值保护特性、保护要求以及使用元件的不同，它们之间是不能互相取代的。

4. 零电压及欠电压保护

在电动机运行中，若电源电压因某种原因消失，在电源电压恢复时，如果电动机自行起动，将可能损坏生产设备，也可能造成人身事故。对供电系统来说，同时有许多电动机及其他用电设备自行起动也会引起不允许的过电流及瞬间电网电压下降。为了防止电网失电后恢复供电时电动机自行起动的保护叫做零电压保护。

当电动机正常运行时，电源电压过分降低将引起一些电器释放，造成控制电路工作不正常，甚至产生事故。电网电压过低，如果电动机负载不变，则会造成电动机电流增大，引起电动机过热，严重时甚至会烧坏电动机。此外，电源电压过低还会引起电动机转速下降，甚至停转。因此，在电源电压降到允许值以下时，需要采取保护措施，及时切断电源，这就是欠电压保护。通常是采用欠电压继电器或设置专门的零电压继电器来实现。

在许多机床中不是用控制开关操作，而是用按钮操作，利用按钮的自动恢复作用和接触器的自锁作用，可不必另加零电压保护继电器，电路本身已兼备了零电压保护环节。

5. 弱磁保护

直流电动机在磁场有一定强度下才能起动，如果磁场太弱，电动机的起动电流就会很大；直流电动机正在运行时磁场突然减弱或消失，电动机转速就会迅速升高，甚至发生“飞车”现象，因此需要采取弱磁保护，通过在电动机励磁电路串入欠电流继电器实现。在电动机运行中，如果励磁电流消失或降低太多，欠电流继电器就会释放，其触点切断主电路接触器的线圈电源，使电动机断电停车。

本 章 小 结

（1）电气控制系统图主要有电气原理图、元器件布置图、安装接线图等，为了正确绘制和阅读分析这些图纸，必须掌握各类图纸的规定画法及国家标准。

（2）各类电动机在起动控制中，应注意避免过大的起动电流对电网及传动机械的冲击。小容量电动机（通常在10kW以内）允许直接起动控制方式，大容量或起动负载大的场合应采用减压起动（串电阻、串电抗、星形—三角形换接、自耦变压器）的控制方式，起动过程中的状态转换通常采用时间继电器达到自动控制的目的。

（3）电动机运行中的点动、连续运转、正反转、自动循环以及调速控制等基本电路通常是采用各种主令电器、控制电器及控制触点按一定逻辑关系组合来实现，其共同规律是：

1）当几个条件中只要有一个条件满足接触器线圈就通电，可以采用并连接法（“或”逻辑）；

2）只有所有条件都具备，接触器才得电，可采用串连接法（“与”逻辑）；

3）要求第一个接触器得电后，第二个接触器才能得电（或不允许得电），可以将前者常开（或常闭）触头串接在第二个接触器线圈的控制电路中，或者第二个接触器控制线圈的电源从前者的自锁触头后引入。

（4）常用的制动方式有反接制动和能耗制动，制动控制电路设计应考虑限制制动电流和避免反向再起动。反接制动是在主电路中串联限流电阻实现，采用速度继电器进行控制；能耗制动是通入直流电流产生制动转矩，采用时间继电器或者速度继电器进行控制。

（5）电气控制电路常用的保护环节及其采用电器见表2-16。

表2-16 常用的保护环节及采用电器

保护内容	采用电器	保护内容	采用电器
短路保护	熔断器、断路器等	过载保护	热继电器
过电流保护	过电流继电器	弱磁保护	欠电流继电器
零电压保护	接触器、继电器等	欠电流保护	欠电流继电器

复习与思考

1. 画出三相异步电动机全压起动控制电路。三相异步电动机在什么情况下可以全压起动？

2. 至少画出三种实现点动的方法。

3. 画出三相异步电动机正反转控制电路。

4. 何为自锁？何为互锁？

5. 长动和点动的区别是什么？

6. 常用电气保护环节有哪些？都使用何种电器进行保护？

7. 何谓零电压保护？

8. 何种三相异步电动机可以使用Y—△减压起动？Y—△减压起动的适用对象是什么？

9. 何谓能耗制动？为什么被称为能耗制动？

第3章 典型机床电气控制电路

本章在前两章的基础上，通过典型机床电气控制电路的实例分析，进一步阐述电气控制系统的分析方法与步骤，使读者掌握阅读分析电气控制图的方法，培养读图能力。

思考一

我们学的都是电气控制的基本电路，但你看过系统电路的全图吗？面对一张比较复杂的电气原理图，该从何读起呢？

3.1 电气原理图的读图方法

学习目标

1. 了解原理电路图读图原则。
2. 了解常用的读图方法。

设计电气原理图，首先要了解生产设备的构成、运动方式、相互关系以及各电动机和执行电器的用途及控制要求。电气原理图的读图基本原则可以总结成16个字：自上而下、从左到右、先主后辅、顺藤摸瓜。具体分析过程如下。

1. 分析主电路

读图必须先从主电路入手。主电路的作用是保证整机拖动要求的实现，从主电路的构成可分析出系统有几个电动机或执行电器，每个电动机或者执行电器都是由什么电器来控制的（比如是接触器控制还是其他电器控制），又是怎么控制的，即其类型、工作方式、起动、转向、调速、制动等内容。

2. 分析控制电路

主电路各控制要求是由控制电路来实现的，分析这部分时可以采用两种方法。

（1）逆推法：从主电路要控制的电动机或者执行电器入手。例如分析图2-6所示的三相电动机全压起动控制电路，由主电路分析可知，电动机如果想工作，在电源开关闭合的前提下，接触器KM的主触点必须闭合才行。

那接触器KM的主触点怎么才有可能闭合呢？这就要求接触器KM线圈得电才行。

那接触器线圈怎么才能得电呢？观察控制电路，找到KM线圈电路，分析这条电路满足

什么条件才有可能变成通路呢？经过分析知道，需要按下按钮 SB2。

顺着这条线我们知道：电动机—KM 主触点—KM 线圈—按钮 SB2，可以清楚知道电路起动过程为：SB2$^{\pm}$→KM^{+}（自锁）→电动机起动。

这种方法适用于不是很复杂的电路分析，第 2 章中的基本电气控制电路都可以使用此方法进行分析。

（2）顺藤摸瓜法：先分析主电路，然后将控制电路按功能划分为若干个局部控制电路，从主令电器（如按钮）开始，看电器发令后让哪个电器的线圈得电（即藤），其触点动作（瓜）又导致什么电器动作（下一个藤）。依次类推，经过逻辑判断，写出控制流程，以简便明了的方式表达出电路的自动工作过程。

本章所讲的常用机床电气控制电路分析可以使用此法进行分析。

3. 分析辅助电路

辅助电路包括执行元件的工作状态显示、电源显示、照明等。这部分电路具有相对独立性，起辅助作用但又不影响主要功能。一般都很简单，多数是受控制电路中的电器元件来控制的。

4. 分析联锁与保护环节

生产机械对于安全性、可靠性有很高的要求，要满足这些要求，除了合理地选择拖动、控制方案外，在控制电路中还设置了一系列电气保护和必要的电气联锁。在电气原理图的分析过程中，电气联锁与电气保护环节是一个重要内容，不能遗漏。

3.2 车床电气控制电路分析

学习目标

1. 了解车床的型号含义、运动形式和拖动要求。
2. 熟悉控制流程，掌握读图方法。
3. 能分析电路的联锁和保护环节。

车床是一种应用极为广泛的金属切削机床，能够车削外圆、内圆、端面、螺纹和定型表面，并可以通过尾架进行钻孔、铰孔等加工。图 3-1 所示为车床型号的含义。

C A 6 1 40

车床

改进型

最大车削直径为400mm

系代号(卧式车床系)

组代号(落地及卧式车床系)

图 3-1　车床型号的含义

车床可分为卧式车床和立式车床等不同的种类，现以 CA6140 型卧式车床为例进行电气控制电路分析。

3.2.1 主要结构和运动形式

CA6140 型卧式车床属小型普通车床，加工工件回转直径最大可达 400mm，其结构主要由床身、主轴箱、进给箱、溜板箱、刀架、丝杠、光杠和尾座等部分组成。

车削加工时，主运动是轴卡盘带动工件的旋转运动，进给运动是溜板刀架或尾架顶针带动刀具的直线运动，辅助运动是刀架的快速移动及工件的夹紧和放松。

主轴一般只要求单方向旋转，只有在车螺纹时才需要用反转来退刀。CA6140 型卧式车床通过变换操作手柄的位置及摩擦离合器来改变主轴的旋转方向，通过变换主轴箱外的手柄位置来实现主轴的变速。

主运动和进给运动由同一台电动机带动并通过各自的变速箱调节主轴转速或进给速度。

3.2.2 电力拖动方式与控制要求

CA6140 型卧式车床由三台三相笼型异步电动机拖动，即主电动机 M1、冷却电动机 M2 和刀架快速移动电动机 M3。从车削工艺要求出发，对电气控制电路的要求主要是：

（1）主电动机 M1：由它完成主运动和进给运动。直接起动连续运行方式，以机械方法实现反转及调速，对电动机无电气调速要求。

（2）冷却电动机 M2：用以车削加工时提供冷却液，以避免刀具和工件温度过高。要求主轴电动机起动后冷却泵电动机才能起动，且与主轴电动机同时停车，采用直接起动、单向运行、连续工作的控制方式。

（3）快速移动电动机 M3：单向点动、短时工作方式。

（4）要求有局部照明和必要的电气保护与联锁。

3.2.3 电气控制电路分析

根据上述控制要求设计的 CA6140 型卧式车床电气原理图如图 3-2 所示，其电路分析按主电路分析—控制电路分析—辅助电路分析—电气保护环节分析。

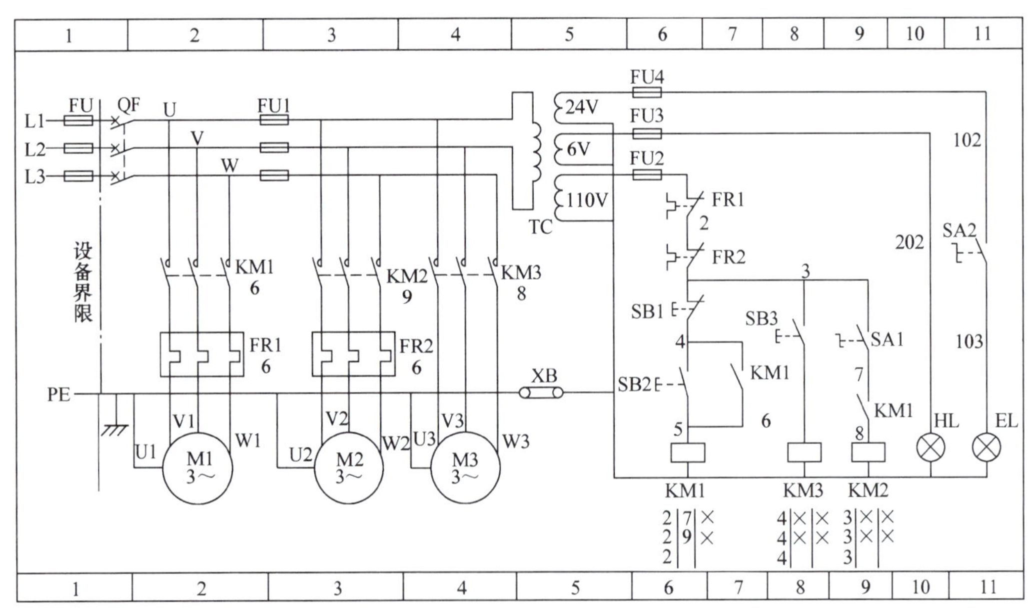

图 3-2 CA6140 型卧式车床电气控制电路

1. 主电路分析

电源：整机电源由断路器 QF 控制。

（1）主电动机 M1，由接触器 KM1 主触点控制，直接起动、连续工作，热继电器 FR1 作过载保护。

（2）冷却电动机 M2，由接触器 KM2 主触点控制，直接起动、连续工作，热继电器 FR2 作过载保护。

（3）快速电动机 M3，由 KM3 的主触点控制，为单向点动、短时工作方式，因此无需热继电器 FR 保护。

2. 控制电路分析

电源：由控制变压器供电，控制电源电压分别为控制电路 110V，照明电路为 24V 安全电压，而电源指示灯电路 6V。

主电动机：$SB2^{\pm} \rightarrow KM1^{+}$（自锁）$\rightarrow$M1 起动运行

$SB1^{+} \rightarrow KM1^{-} \rightarrow$M1 停车

冷却泵电动机：SA1 开$\xrightarrow{KM1^{+}} KM2^{+} \rightarrow$M2 起动运行

或 SA1 关
或 $KM1^{-}$ $\rightarrow KM2^{-} \rightarrow$M2 停车

快速电动机：$SB3^{+} \rightarrow KM3^{+} \rightarrow$M3 起动运行

3. 辅助电路分析

辅助电路包括电源指示电路和照明电路两部分。

电源指示：$QS^{+} \rightarrow HL^{+} \rightarrow$信号灯亮

照明灯：SA2 开$\rightarrow EL^{+} \rightarrow$照明灯亮

SA2 关$\rightarrow EL^{-} \rightarrow$照明灯灭

4. 整机电路联锁与保护

由 FU 及 FU1 ~ FU4 实现短路保护。FU 对整体电路进行短路保护，FU1 对主轴之外的其他电路短路保护，FU2 对控制电路实现短路保护，FU3 对电源指示灯回路实现短路保护，FU4 对照明电路进行短路保护。

由 FR1 与 FR2 分别实现 M1 与 M2 的过载保护（根据 M1 与 M2 额定电流分别整定），无论是主轴电动机过载还是冷却电动机过载都会切断整个控制电路。

接触器采用复位按钮与接触器的自锁控制方式，因此使 M1 与 M2 具有欠电压与零电压保护。

3.2.4 实训：车床电气控制电路

思考二

卧式小型车床由几个电动机控制呢？是如何控制的呢？

通电试车前用万用表能检查哪些故障呢？

学习目标

1. 按要求设计车床控制电路。
2. 熟练掌握按图布线的能力。
3. 熟悉通电前电路检查方法，掌握常见电气故障的检修方法。

1. 实训器材

实训器材包括三相异步电动机 3 台、断路器 1 个、熔断器 4 个、热继电器 2 个、接触器 3 个、按钮 5 个、万用表 1 块、工具 1 套、导线若干，如图 3-3 所示。

三相异步电动机3台

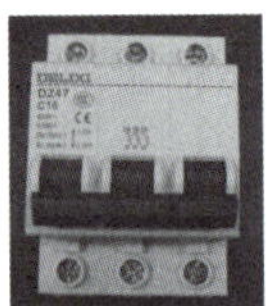

断路器1个

熔断器4个

热继电器2个

接触器3个

导线若干

万用表1块

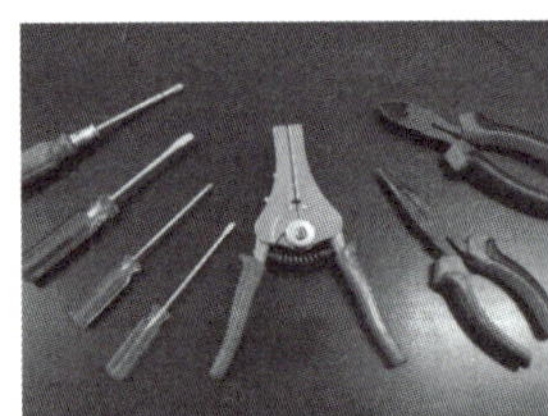

工具1套

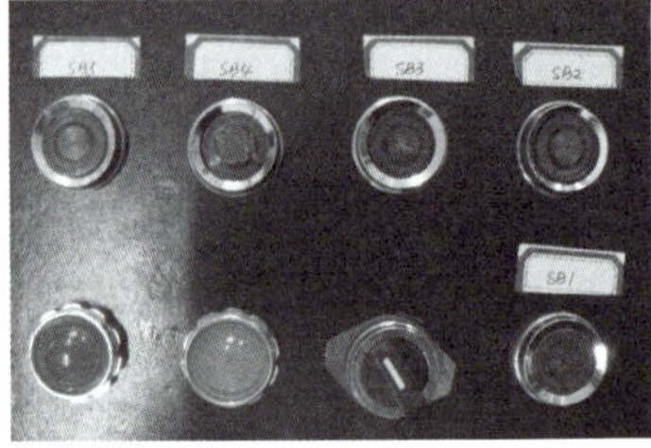

按钮5个

图 3-3　车床电气控制实训器材

2. 实训电路

实训电路原理图如图 3-4 所示。

3. 实训步骤

安装电器

按图 3-5 所示准备电器，并检查电器是否完好，观察接触器的工作电压，然后在配电盘上安装电器，注意电器不可以倒置。在控制面板上安装按钮，做好标记。安装电器如图 3-6 所示。

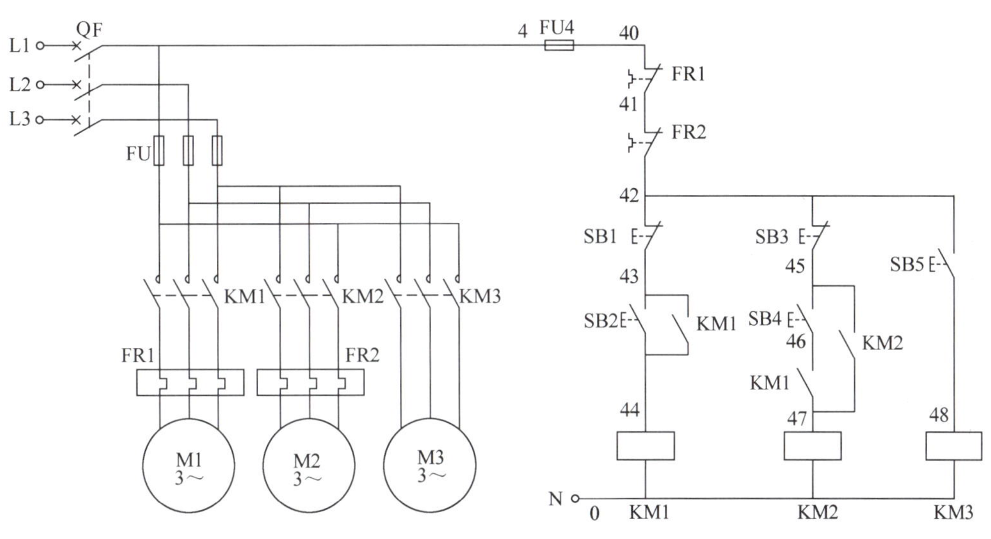

图 3-4　车床电气控制原理图

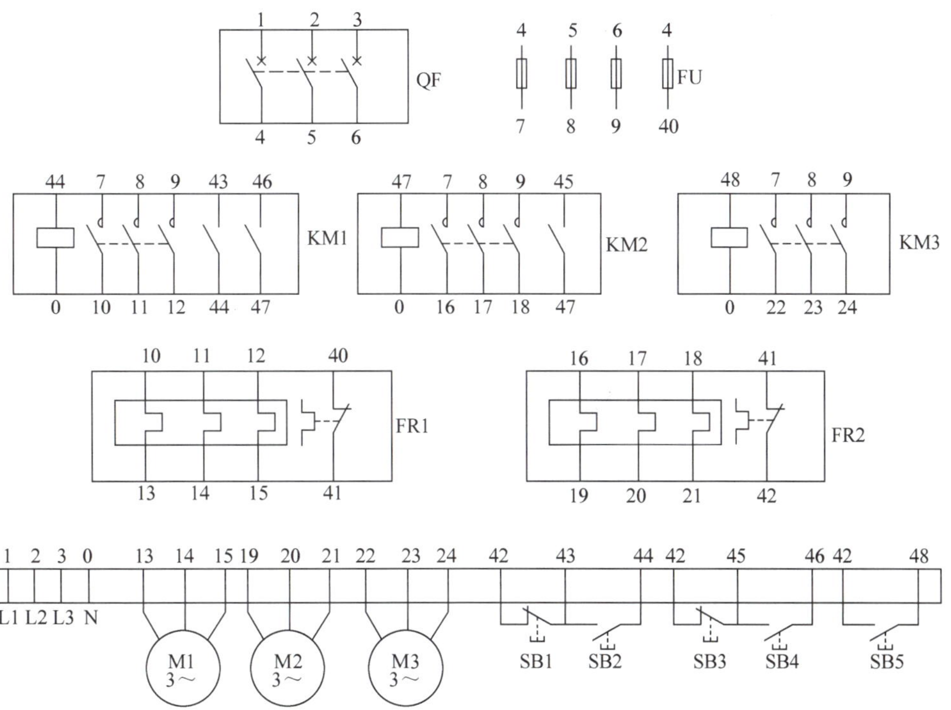

图 3-5　车床电气控制接线图

按图布线

（1）依据先主后辅、从上到下、从左到右的顺序按图 3-4 接线，注意布线合理、正确，导线平直、美观，接线正确、牢固。接线过程中注意图 3-7a、图 3-7b 中所提示的错误接法，图 3-7c 所示为正确接法。

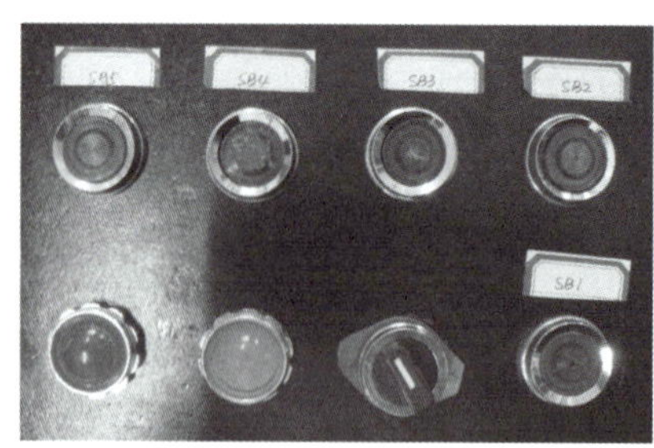

图 3-6 安装车床电气控制实训电器

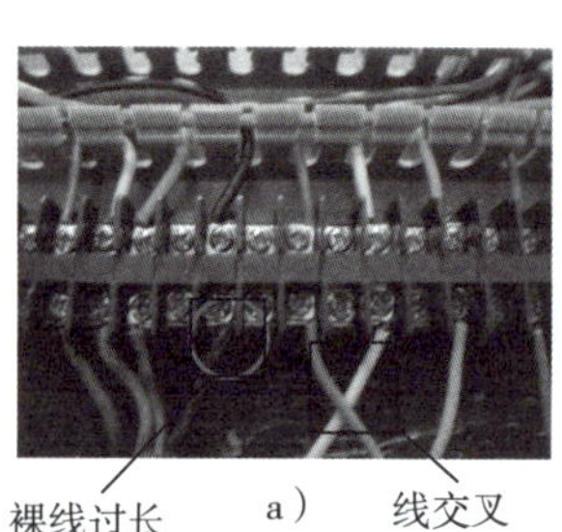

a）

b）

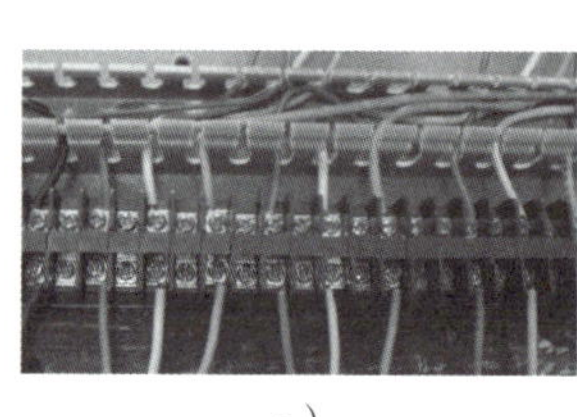

c）

图 3-7 按图布线示意

a）错误接法——裸线长 、线交叉 b）错误接法——跨接 c）正确接法

（2）检查三相异步电动机接线是否安全，接到端子排上。观察电动机 4 个接线端子，有三端连接到电动机电枢绕组上，一端空，如图 3-8 所示，注意要从连接到电动机电枢绕组的三个端子上引线。

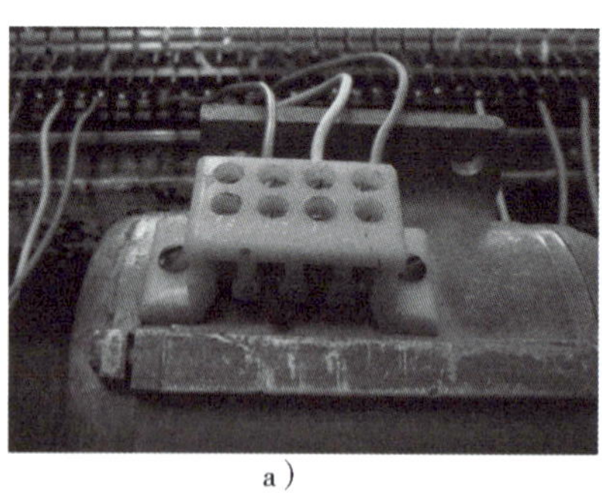

a）

b）

图 3-8 电动机的接线示意

整定电器

接完全部电路后，开始整定热继电器，如图 3-9a 所示，观察热继电器正面面板右侧的绿色标记，如凸出面板则表明热继电器处于过载状态，需要按下蓝色键进行复位整定，复位后如图 3-9b 所示。

a）

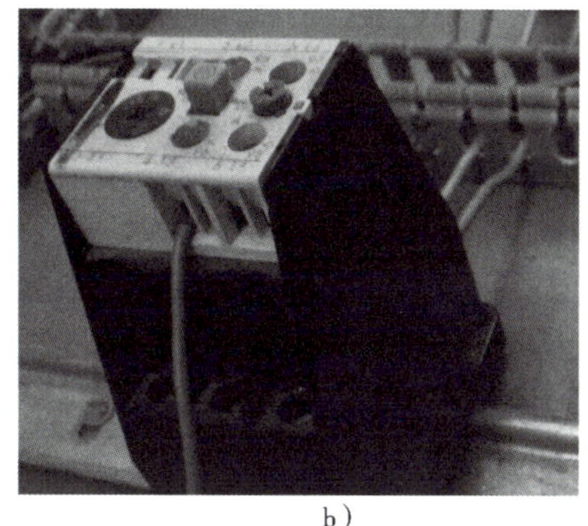

b）

图 3-9　整定热继电器

a）未整定　b）整定

常规检查

通电试车前用万用表进行控制电路常规检查，其流程如图 3-10 所示。

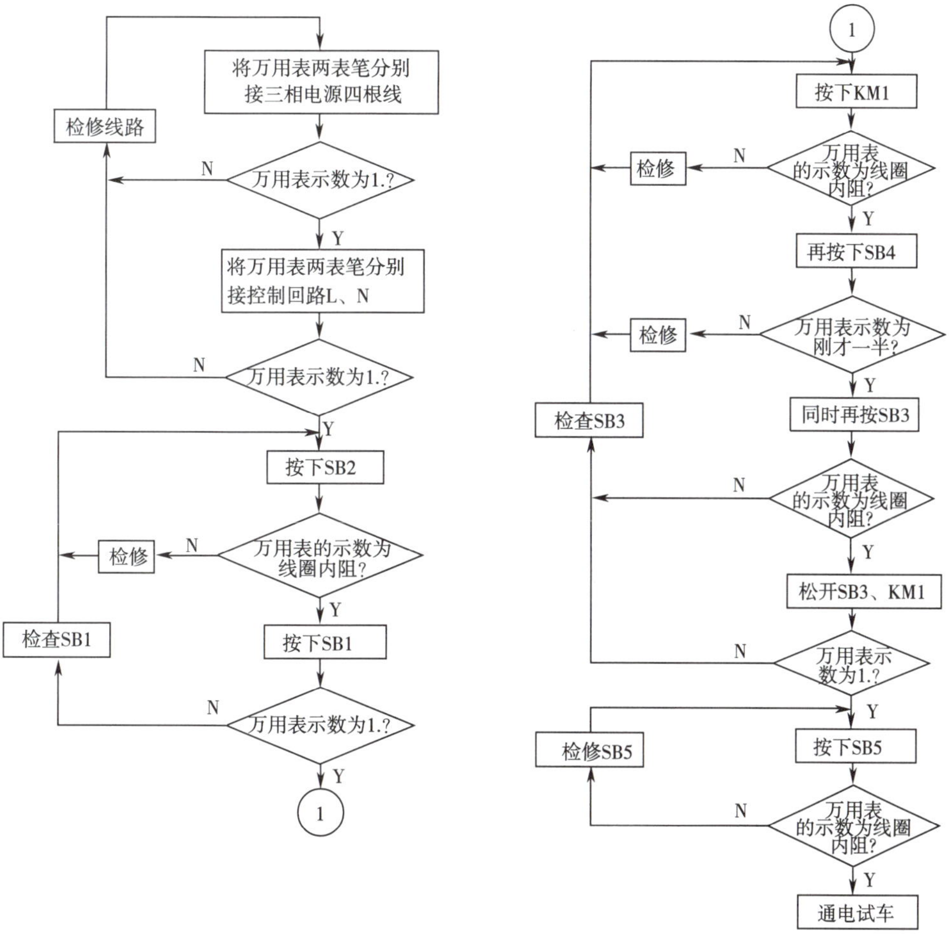

将万用表两表笔分别接三相电源四根线

万用表示数为1.?（N：检修线路；Y）

将万用表两表笔分别接控制回路L、N

万用表示数为1.?（N：检修线路；Y）

按下SB2

万用表的示数为线圈内阻?（N：检修；Y）

按下SB1

万用表示数为1.?（N：检查SB1；Y）

1

按下KM1

万用表的示数为线圈内阻?（N：检修；Y）

再按下SB4

万用表示数为刚才一半?（N：检修；Y）

同时再按SB3

万用表的示数为线圈内阻?（N：检查SB3；Y）

松开SB3、KM1

万用表示数为1.?（N：检查SB3；Y）

按下SB5

万用表的示数为线圈内阻?（N：检修SB5；Y）

通电试车

图 3-10　车床控制实训通电前检查流程图

注意：经指导教师允许后方可接通电源。

（1）合上断路器，判断整体电路是否有短路故障，如图 3-11 所示，使用数字万用表的二极管挡或者指针式万用表的欧姆挡（“×1k”挡），将红、黑表笔分别接三根相线中的任意两根，两相间应该是断开的，万用表显示“1.”为正常；如果万用表指示为“0”，说明该两相存在短路故障，需要检查电路。

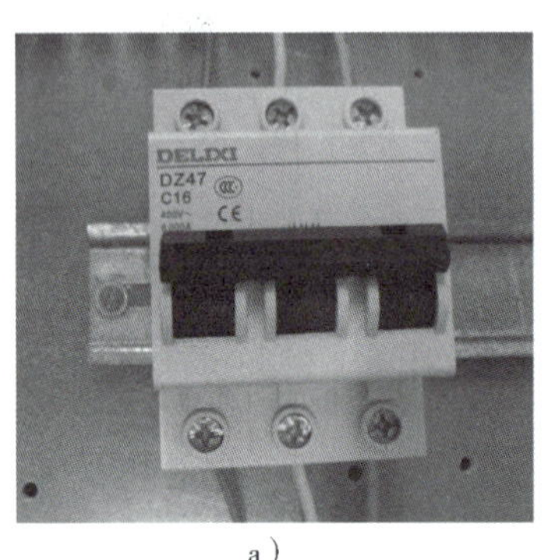

a）

b）

图 3-11　检查三相电源

a）合上断路器　b）检查三相电源中任意两相

（2）找到控制电路相线，方法是将万用表一只表笔接热继电器 FR1 的常闭触点输入端（95 端），另一表笔分别接触三根相线，万用表显示数为“0”的那相即是控制电路所用的相线。如图 3-12b 所示，黑表笔所接相线即是控制电路所用的相线。

a）

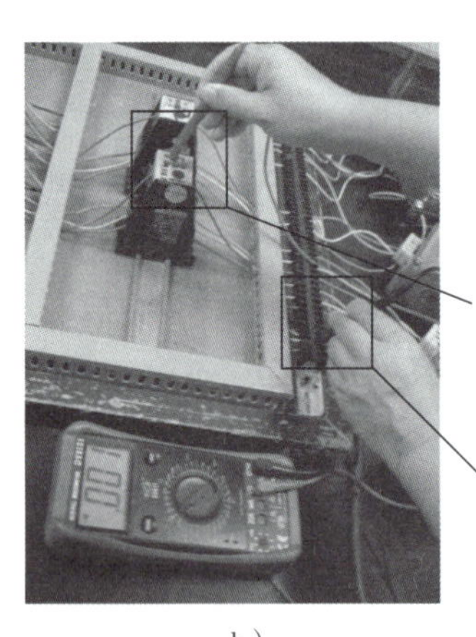

b）

图 3-12　找控制电路所用相线

a）FR 的 95 端和电源相线之间　b）找到控制回路火线

（3）找到控制电路相线后，将万用表一只表笔接控制电路相线，另一只表笔放在 FR2 的 96 端即 42 号线，万用表显示“0”为正常，说明热继电器整定正确，继续到步骤（4）检查；否则检查 FU4、FR1、FR2 状态，以保证熔断器、热继电器状态正常。

（4）将万用表一只表笔接控制电路相线，另一表笔接零线，电路此时应该是断的，万用表显示“1.”，为正常，如图 3-13 所示，到步骤（5）继续检查；如果万用表指示为

"0"，说明存在短路故障，需要检查电路。

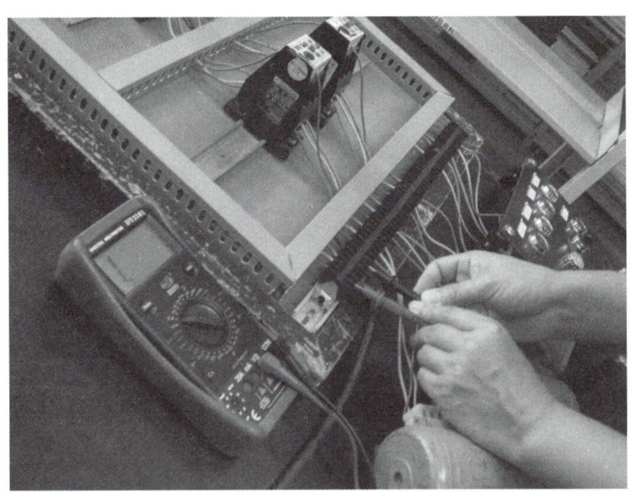

图 3-13 检查控制电路相线和零线之间

（5）保持两表笔位置不动，按下起动按钮 SB2，如果万用表显示数值等于接触器线圈内阻（一般为 400～600Ω），如图 3-14a 所示，说明电路正常，到步骤（6）继续检查；如果万用表显示"1."，说明 KM1 线圈电路断路，如果万用表显示"0"，说明线圈电路短路，需要检修电路之后返回步骤（5）。

（6）按住 SB2 别松，再按下 SB1，万用表显示数值从线圈内阻变为"1."，如图 3-14b 所示，说明 KM1 电路基本没有问题（自锁如果接错或者漏接检查不出来），到步骤（7）继续检查 KM2 线圈电路；如果依然显示线圈内阻，说明 SB1 常闭触点接触不良或者接错线，检修后返回步骤（5）。

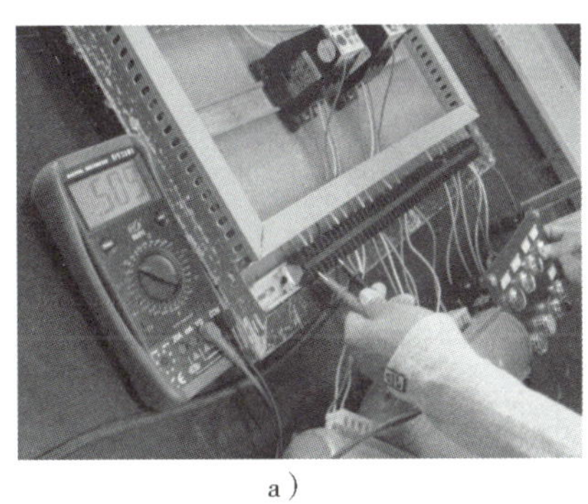

a）

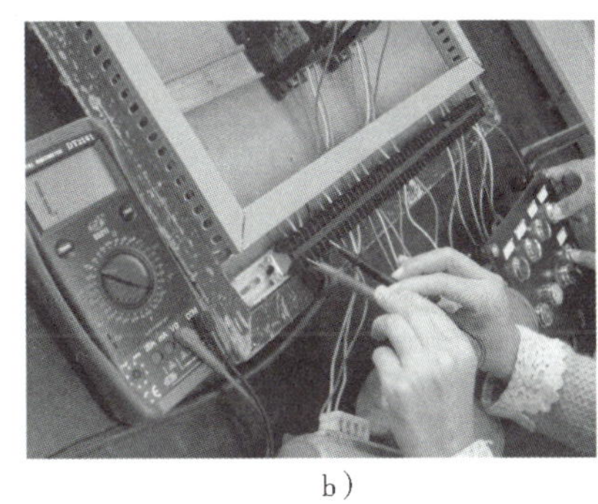

b）

图 3-14 检查 KM1 支路

a）按下 SB2 b）按下 SB2 后再按 SB1

（7）保持两表笔位置不动，用手压下 KM1，如图 3-15a 所示，万用表显示接触器线圈内阻，同时再按下 SB4，万用表显示数值近似为刚才一半为正常，如图 3-15b 所示，可以到步骤（8）；否则检修电路之后返回步骤（7）。

（8）KM1 和 SB4 都保持按下不动，再按下 SB3，万用表显示数值重新为线圈内阻，说明 KM2 线圈电路也基本没有大问题（自锁如果接错或者漏接检查不出来），可以到步骤（9）继续检查 KM3 线圈电路；否则检查 SB3 按钮是否接错，返回步骤（7）。

a）

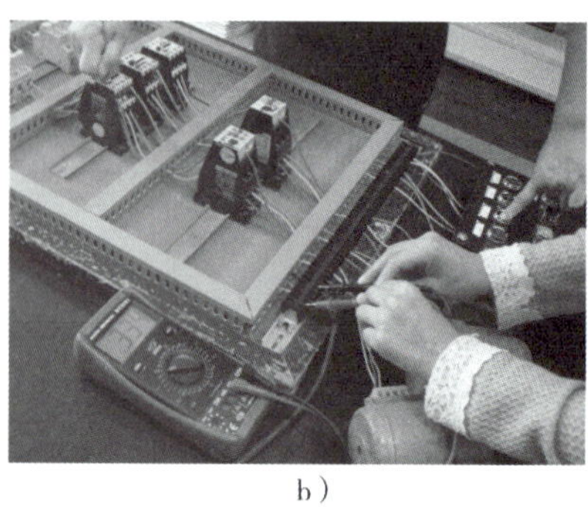
b）

图 3-15 检查 KM2 支路
a）压下 KM1 b）压 KM1 同时按下 SB4

（9）松开 SB3 和 KM1，万用表显示“1.”，此时按下 SB5，万用表显示接触器线圈内阻，如图 3-16 所示，松开显示“1.”为正常，可以通电试车，否则检查 SB5 和 KM3 电器是否接触不良，接线是否正确之后返回步骤（9）。

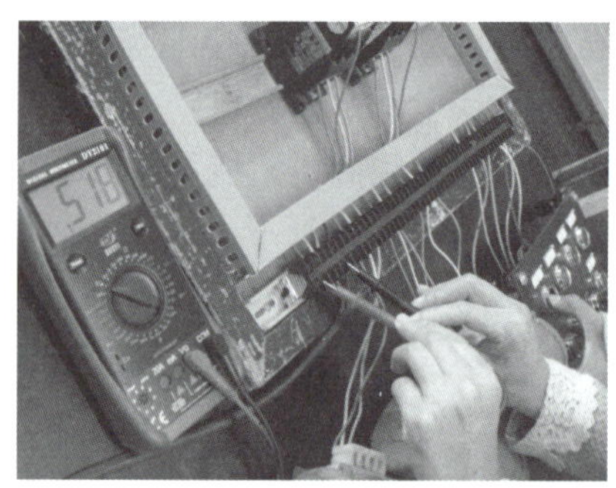

图 3-16 检查 KM3 支路

通电试车

在指导教师监护下通电试车，并按指定顺序操作。如发现电器动作异常、电动机不能正常运转时，必须马上停车，断电后再进行检修，不允许带电检查。

清理工位

调试成功后，停车，关闭电源，清理工作台位，清点工具。经指导教师同意后拆线，去掉控制面板标记。

完成报告

完成实训报告。

思考三

这个实训电路中通电试车后经常会出现哪些故障呢？又需要怎样排除呢？

4. 故障现象与检修方法

通电试车过程中，不管出现什么故障现象，必须关闭断路器，切断电源后进行电路分析和检修，必要时可以请指导教师协助检修。

车床控制常见的故障现象及相应的检修方法见表 3-1。

表 3-1 车床控制常见故障现象与检修方法

序号	故障现象	检修方法
1	通电试车前检查电路不通	① 检查断路器 QF 是否闭合、熔断器熔体状态、热继电器是否复位以及热继电器常闭触点是否接触不良 ② 用分段电阻法逐条检查各电路
2	按下起动按钮 SB2 后，KM1 不工作	① 教师用万用表 AC500V 挡位检查实验台电源插座是否有电 ② 断电，检查各电器状态 ③ 用电阻法分段检查电路
3	按下起动按钮 SB2 后，KM1 工作，但是不能自锁	检查 KM1 辅助常开自锁触点进出线，即 43 和 44 号线是否接错
4	M1 起动后，按下 SB4，KM2 不工作	① 检查 SB3 进线 42 号线是否接错，其中 42 号线比较容易接错 ② 检查按钮 SB4 常开触点进出线 45、46 号线 ③ 检查 KM1 联锁常开触点两条线 46、47 号线 ④ 检查 KM2 线圈进出线 47 和 0 号线
5	M1 不能停车	检查按钮 SB1 两条线，即 42 号线和 43 号线是否接错位置
6	M1 起动按下 SB4 后，KM2 能工作，但不能自锁	检查 KM2 自锁常开触点进出线 45、47 号线，尤其是 47 号线容易接错，建议不接到 KM1 联锁触点端，而接到 KM2 线圈进线端，这是一种不容易出错的接法
7	M2 能直接起动	KM1 联锁常开触点接错或者接触有问题，即检查 46、47 号线
8	按下起动按钮 SB5 后，KM3 不工作	检查点动按钮 SB5 是否接触不良，进出线（42、48 号线）是否接错，尤其是 42 号线要重点检查
9	起动后，接触器动作，但电动机不动或者嗡嗡响，转动不流畅	检查是否存在缺相问题

5. 实训考核及评分标准

车床控制考核及评分标准见表 3-2。

表 3-2 车床控制考核及评分标准

内容	考核要求	配分	评分标准	扣分	得分
电器安装及检查	检查电器好坏 正确安装电器 元件明细表填写正确	10	电气元件漏检每处扣 2 分 布局不合理、不准确扣 5 分 每错一处扣 0.5 分		
接线	布线合理、正确 线号齐全	45	每一处不合格扣 1 分		
	导线平直、美观，不交叉，不跨接		布线不美观、导线不平直、交叉架空跨接每处扣 1 分		
	接线正确、牢固		裸露导线过长或者接点压接不紧，每处扣 1 分		
试车	热继电器未整定或整定错误	30	扣 4 分		
	操作顺序正确		操作不正确一次扣 2 分		
	通电试车成功		一次不成功扣 10 分，三次不成功本项不得分		
文明操作	工作台面清洁、工具摆放整齐	10	凡违反有关规定，酌扣 2 ~ 4 分，但对发生严重事故者，则取消实训资格		
时间	3h 按时完成	5	每超时 5min 酌扣 3 ~ 5 分		
总分		100			

技术升级：PLC 控制的车床电气控制

I/O口分配

这里使用的 PLC 是西门子公司 S7-200，该 PLC 有 14 个输入点，10 个输出点。

如图 3-4 所示车床电气控制电路，控制按钮有 5 个，主电动机起动按钮 SB2，主电动机停车按钮 SB1，冷却电动机起动按钮 SB4，冷却电动机停车按钮 SB3，快速进给电动机 SB5，占用 5 个 PLC 输入点。控制 3 个电动机的接触器 KM1、KM2、KM3，占用 3 个 PLC 输出点。具体端口分配见表 3-3。

表 3-3 I/O 分配

序号	状态	名称	作用	I/O 口
1	输入	按钮 SB1	控制 KM1 停车	I0.0
2	输入	按钮 SB2	控制 KM1 工作	I0.1
3	输入	按钮 SB3	控制 KM2 停车	I0.2
4	输入	按钮 SB4	控制 KM2 工作	I0.3
5	输入	按钮 SB5	控制 KM3 工作	I0.4
6	输出	接触器 KM1	控制主电动机 M1	Q0.0
7	输出	接触器 KM2	控制冷却电动机 M2	Q0.1
8	输出	接触器 KM3	控制快速电动机 M3	Q0.2

电路改造

PLC 控制的车床电气控制电路图如图 3-17 所示。

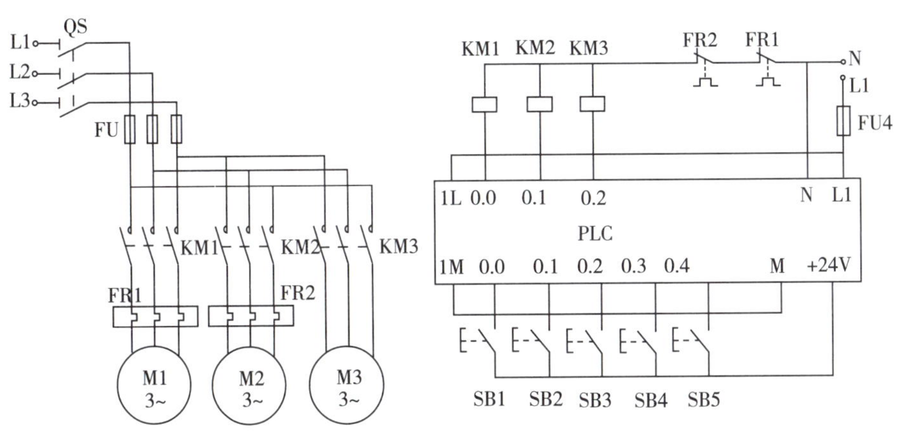

图 3-17　PLC 控制的车床电气控制电路图

梯形图设计

车床电气控制程序梯形图如图 3-18 所示。

I0.1　I0.0　Q0.0
Q0.0
Q0.0　I0.3　I0.2　Q0.1
Q0.1
I0.4　Q0.2

图 3-18　车床电气控制程序梯形图

3.3　卧式镗床电气控制电路分析

思考四

CA6140 型卧式车床的控制电路比较简单，对起动、调速、制动都没有电气要求，那镗床的控制电路又如何呢？

学习目标

1. 了解镗床的型号含义、运动形式和拖动要求。
2. 熟悉控制流程，掌握整图读图方法。
3. 能分析电路的联锁和保护环节。

镗床主要用于加工精确的孔和各孔间相互位置要求较高的零件，主要类型有卧式镗床、坐标镗床、金刚镗床和专用镗床等，其中卧式镗床的应用最广。

T68 型卧式镗床是镗床中应用较广的一种，主要用于钻孔、镗孔、铰孔及加工端平面等，增加一些附件后，还可以车削螺纹。T68 型卧式镗床型号含义如图 3-19 所示。

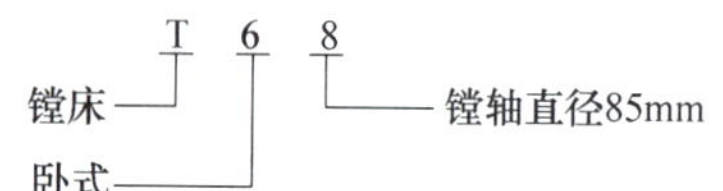

图 3-19　T68 型卧式镗床型号含义

3.3.1　主要结构和运动形式

T68 型卧式镗床的结构主要由床身、前立柱、镗头架、工作台、后立柱和尾座等部分组成。

T68 型卧式镗床的运动形式有三种：

（1）主运动：镗轴与花盘的旋转运动。

（2）进给运动：镗轴的轴向进给、花盘上刀具溜板的径向进给、镗头架的垂直进给、工作台的横向和纵向进给。

（3）辅助运动：工作台的旋转、后立柱的水平移动、尾座随同镗头架的垂直升降及各部分的快速移动。

3.3.2　电力拖动方式和控制要求

T68 型卧式镗床的主运动与进给运动由同一台双速电动机 M1 拖动，各方向的运动通过相应手柄选择各自的传动链来实现。各方向的辅助运动由另一台电动机 M2 拖动。电气控制要求是：

（1）主电动机 M1 完成进给运动和主轴及花盘旋转。为了适应各种工件的加工工艺要求，主轴旋转和进给都应有较宽的调速范围。本机床采用双速笼型异步电动机作为主拖动电动机。

（2）由于进给运动有几个方向（主轴轴向、花盘径向、主轴垂直方向、工作台横向、工作台纵向），所以要求主电动机 M1 能正反转，且能点动，并有高低两种速度供选择。高速运转应先经低速起动，各方向的进给应有联锁。主轴电动机要有制动，本机床采用电磁铁带动的机械制动装置进行制动。

（3）各进给方向均能快速移动，本机床采用一台快速电动机拖动，正、反两个方向都能短时点动。

3.3.3　电气控制电路分析

T68 型卧式镗床的控制电路图如图 3-20 所示。

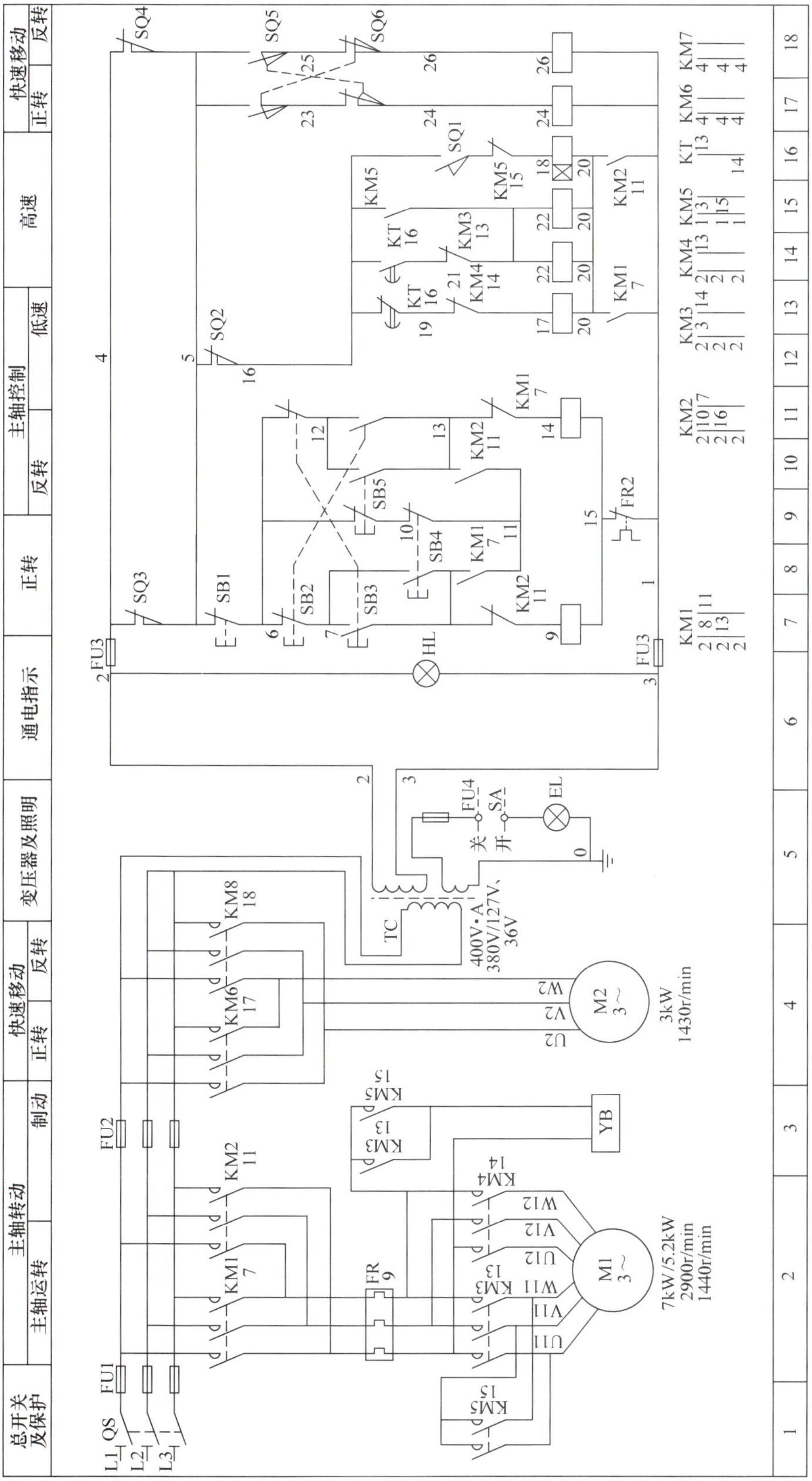

总开关及保护	主轴转动		快速移动		变压器及照明	通电指示	正转	主轴控制		高速	快速移动	
	主轴运转	制动	正转	反转				反转	低速		正转	反转

1	2	3	4	5	6	7	8	9	10	11	12	13	14	15	16	17	18

图3-20　T68型卧式镗床电气原理图

1. 主电路分析

主电路中有两台电动机，主拖动电动机 M1 及快速移动电动机 M2。整机电源由隔离开关 QS 控制。

（1）由 KM1 的主触点控制主电动机 M1 正转，KM2 的主触点控制其反转，KM3 的主触点控制其低速运转，KM4、KM5 的主触点控制其高速运转。YB 为主轴制动电磁铁的线圈，由 KM3 或 KM5 的辅助常开触点控制。热继电器 FR 用来对 M1 进行过载保护。

（2）由 KM6 的主触点控制快速移动电动机 M2 正转，KM7 的主触点控制其反转。M2 为短时点动，所以不需过载保护。

2. 控制电路分析

T68 型卧式镗床采用电磁操作的机械制动装置，主电路中的 YB 为制动电磁铁的线圈。当 YB 线圈通电吸合时，电动机轴上的制动轮松开，电动机即自由起动；YB 断电时，在强力弹簧作用下，杠杆将制动带紧箍在制动轮上，电动机迅速停转。

下面按照电动机的控制功能逐段分析。

（1）主轴电动机点动控制：主轴点动时变速手柄位于低速位置（$SQ1^{-}$），总开关闭合（QS^{+}）。

正向点动：$SB4^{+} \rightarrow KM1^{+} \rightarrow KM3^{+} \rightarrow YB^{+} \rightarrow$ M1 正向点动

反向点动：$SB5^{+} \rightarrow KM2^{+} \rightarrow KM3^{+} \rightarrow YB^{+} \rightarrow$ M1 反向点动

当点动按钮 SB4 或者 SB5 松开时，KM1 或 KM2 线圈失电导致 KM3 线圈失电，制动电磁阀线圈 YB 断电抱闸，使电动机迅速停车。

（2）主轴电动机连续控制。

1）低速起动控制：将变速手柄扳在低速位置（$SQ1^{-}$）。

正向运行：$SB3^{\pm} \rightarrow \begin{matrix} KM2^{-} \\ KM1^{+}(\text{自锁}) \end{matrix} \rightarrow KM3^{+} \rightarrow YB^{+} \rightarrow$ M1 低速正向起动

反向运行：$SB2^{\pm} \rightarrow \begin{matrix} KM1^{-} \\ KM2^{+}(\text{自锁}) \end{matrix} \rightarrow KM3^{+} \rightarrow YB^{+} \rightarrow$ M1 低速反向起动

停车：$SB1^{+} \rightarrow KM1^{-}$（或 $KM2^{-}$）$\rightarrow KM3^{-} \rightarrow YB^{-} \rightarrow$ 电动机迅速停车

2）高速起动控制：将变速手柄放在高速位置（$SQ1^{+}$）

正向运行：$SB3^{\pm} \rightarrow \begin{matrix} KM2^{-} \\ KM1^{+}(\text{自锁}) \end{matrix} \rightarrow \begin{matrix} KM3^{+} \\ KT^{+} \end{matrix} \rightarrow YB^{+} \rightarrow$ M1 低速正向起动 $\rightarrow \xrightarrow{\text{延时时间到}} KM3^{-} \rightarrow \begin{matrix} KM4^{+} \\ KM5^{+}(\text{自锁}) \end{matrix} \rightarrow KT^{-} \rightarrow$ M1 高速正向运行

反向运行：$SB2^{\pm} \rightarrow \begin{matrix} KM1^{-} \\ KM2^{+}(\text{自锁}) \end{matrix} \rightarrow \begin{matrix} KM3^{+} \\ KT^{+} \end{matrix} \rightarrow YB^{+} \rightarrow$ M1 低速反向起动 $\rightarrow \xrightarrow{\text{延时时间到}} KM3^{-} \rightarrow \begin{matrix} KM4^{+} \\ KM5^{+}(\text{自锁}) \end{matrix} \rightarrow KT^{-} \rightarrow$ M1 高速反向运行

停车：$SB1^{+} \rightarrow KM1^{-}$（或 $KM2^{-}$）$\rightarrow \begin{matrix} KM4^{-} \\ KM5^{-} \end{matrix} \rightarrow YB^{-} \rightarrow$ 电动机迅速停车

（3）快速移动电动机 M2 的控制。机床各移动部分都可快速移动，用一台快速移动电动机 M2 单独拖动，通过不同的齿轮齿条、丝杠的连接来完成各方向的快速移动，这些均由快速移动操作手柄来控制。

正向快速移动：SQ6$^+$→KM6$^+$→M2 正向快移

反向快速移动：SQ5$^+$→KM7$^+$→M2 反向快移

（4）主轴变速和进给变速控制。主轴变速和进给变速可以在电动机 M1 运转时进行。当主轴变速手柄或进给变速手柄拉出时，限位开关 SQ2 被压下分断，接触器 KM3、KM4、KM5 与 YB 都断电而使主电动机 M1 迅速停转。当主轴转速选择好以后，推回调速手柄，SQ2 恢复到变速前的接通状态，电动机 M1 便自动低速起动运行。

当变速手柄推不上时，可来回推动几次，使手柄通过弹簧装置作用于限位开关 SQ2，SQ2 便反复断开接通几次，使电动机 M1 产生低速冲动，带动齿轮组冲动，便于齿轮啮合。

3. 辅助电路分析

辅助电路包括电源指示灯电路和照明电路，由控制变压器 TC 提供 127V 控制电源及 36V 照明电源。

电源指示：QS$^+$→HL$^+$→电源指示灯亮

照明电路：SA$^+$→EL$^+$→照明灯亮

4. 联锁、保护环节分析

（1）主轴箱及工作台与主轴电动机的进给联锁。限位开关 SQ4 有一机构与工作台及主轴箱进给操作手柄相连，限位开关 SQ3 也有一机构与主轴及花盘进给操作手柄相连。当以上两个操作手柄中任何一个扳到“进给”位置时，SQ3、SQ4 中只有一个常闭触点断开，电动机 M1、M2 都可以起动，实现自动进给。若两个操作手柄同时扳到“进给”位置时，SQ3、SQ4 常闭触点都断开，控制电路断电，电动机 M1、M2 无法起动，这就避免了因误操作而造成的事故。

（2）其他联锁环节。KM1 和 KM2 辅助常闭触点实现主电动机 M1 正反转互锁，KM3 和 KM4 辅助常闭触点实现高低速控制互锁，SQ5 和 SQ6 常闭触点实现快速电动机 M2 正反转互锁，以防止误操作而造成事故。

（3）保护环节。熔断器 FU1 对全部电路进行短路保护，FU2 对主电动机 M1 之外的其他电路进行短路保护，FU3 对控制电路进行短路保护，FU4 对局部照明电路进行短路保护。FR 对主电动机 M1 进行过载保护。同时因控制电路采用复位按钮与接触器自锁控制，具有失电压和零电压保护的功能。

3.3.4 实训：两级电动机顺序起动控制电路

思考五

若要求第一台电动机起动之后第二台电动机才能起动要怎样实现呢？

学习目标

1. 掌握常用布线规则及方法。
2. 掌握电动机联锁起动的方法。
3. 掌握两级电动机顺序起动控制过程中常见故障及检修方法。

1. 实训器材

实训器材包括三相异步电动机 2 台、断路器 1 个、熔断器 4 个、热继电器 2 个、接触器 2 个、按钮 3 个、万用表 1 块、工具 1 套、导线若干，如图 3-21 所示。

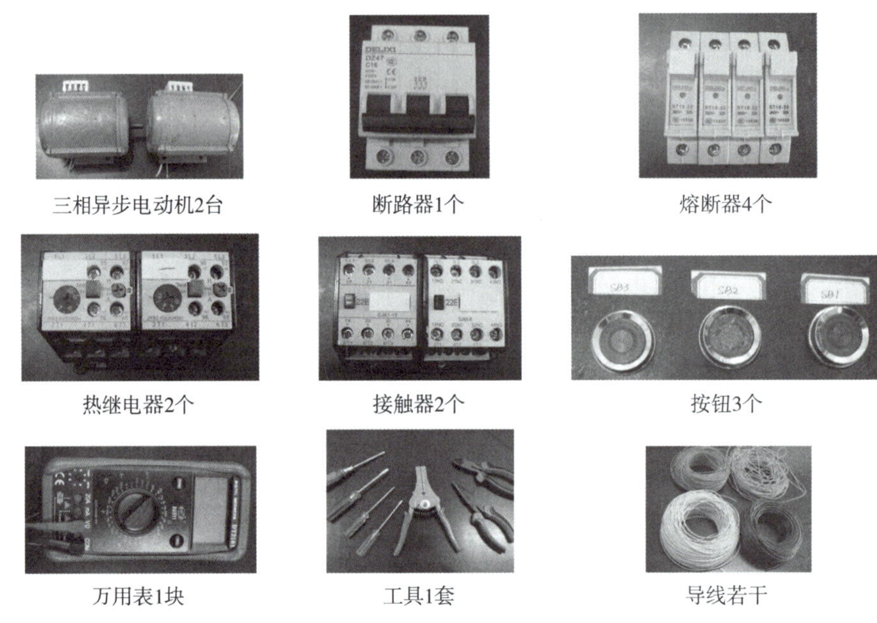

图 3-21 两级顺序起动实训器材

2. 实训电路

实训电路如图 3-22 所示。

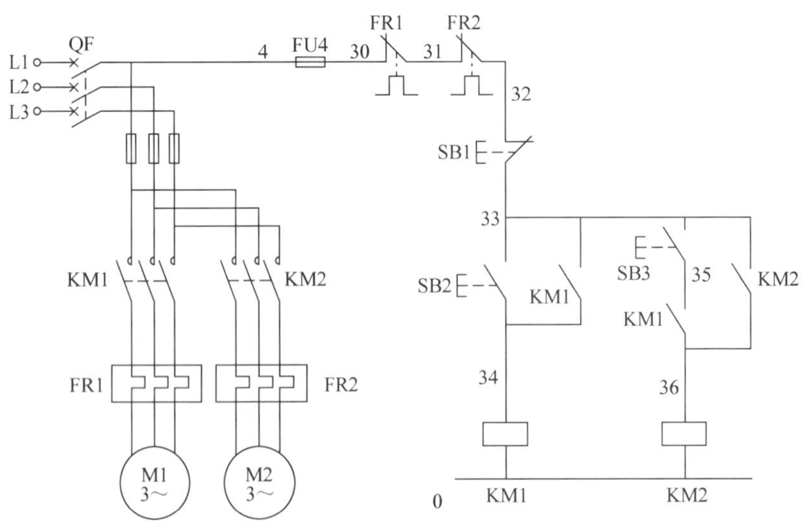

图 3-22 两级顺序起动控制实训电路

3. 实训步骤

安装电器

按图 3-23 准备电器，检查电器是否完好，观察接触器的工作电压，并在配电盘上安装电器，注意电器不可以倒置。在控制面板上安装按钮，做好标记，如图 3-24 所示。

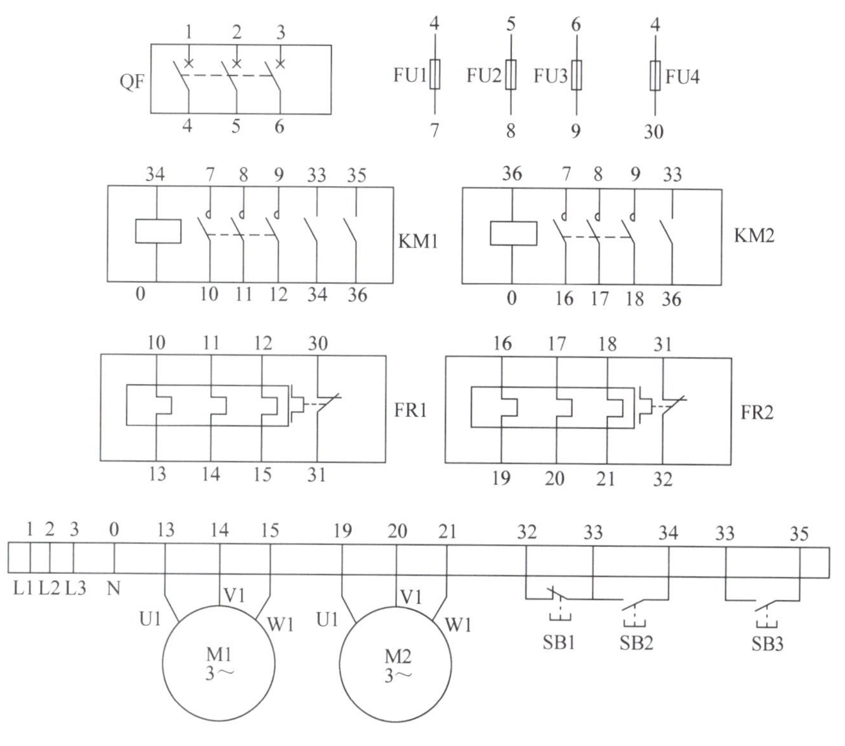

图 3-23 两级顺序起动实训接线图

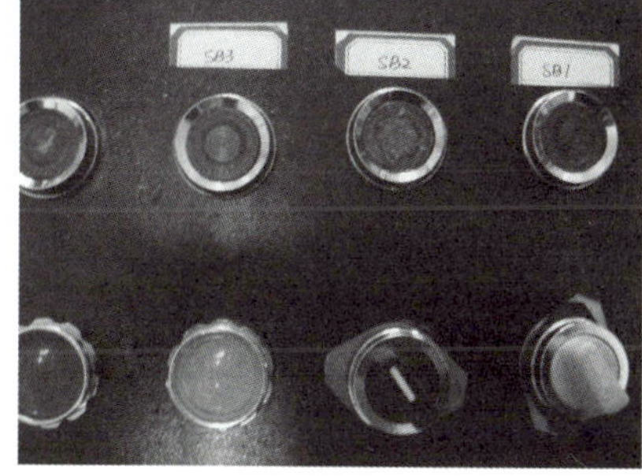

图 3-24 安装两级顺序起动实训电器

按图布线

（1）依据先主后辅、从上到下、从左到右的顺序接线，如图 3-25 所示，注意布线合理、正确，导线平直、美观，接线正确、牢固。

图 3-25 按图布线示意

（2）检查三相异步电动机接线是否安全，接到端子排上。观察电动机 4 个接线端子，有三端连接到电动机电枢绕组上，一端空，如图 3-26 所示，注意要从连接到电动机电枢绕组的三个端子上引线。

图 3-26 电动机的接线

整定电器

接完全部电路后，开始整定热继电器，观察热继电器正面面板右侧的绿色标记，如凸出面板则表明热继电器处于过载状态，如图 3-27a 所示，需要按下蓝色键进行复位整定，如图 3-27b 所示。

a）

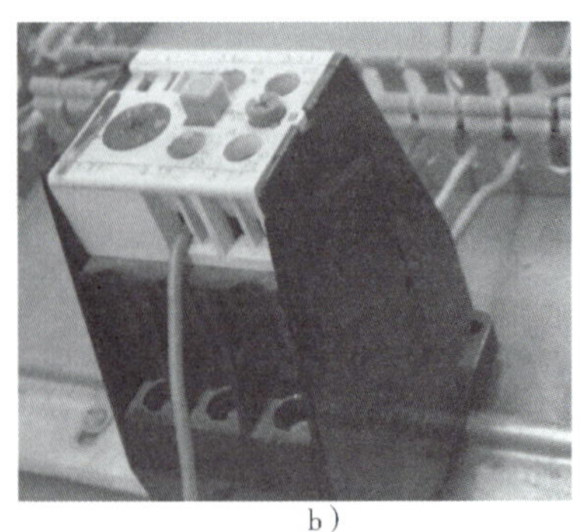

b）

图 3-27 整定热继电器

a）未整定 b）整定

常规检查

通电试车前用万用表进行控制电路常规检查，其流程如图 3-28 所示，经指导教师允许后方可接通电源。通电试车前检查步骤如下。

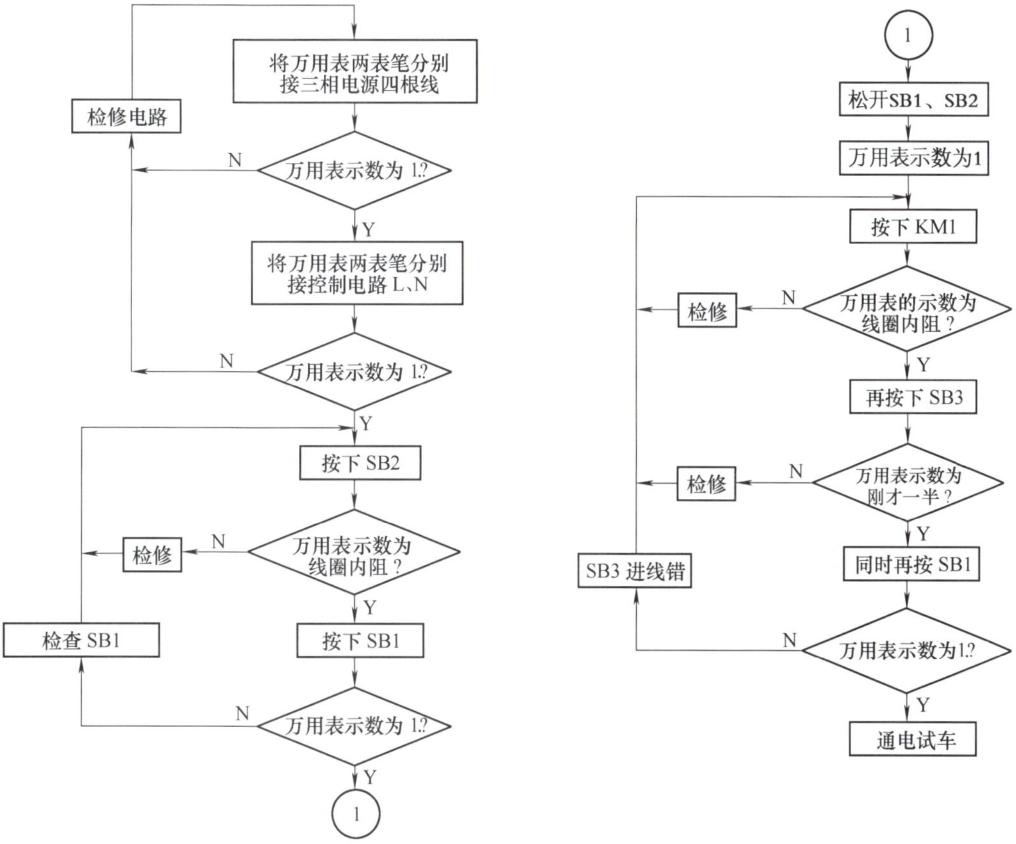

将万用表两表笔分别接三相电源四根线
万用表示数为 1.?
N
检修电路
Y
将万用表两表笔分别接控制电路 L、N
万用表示数为 1.?
N
Y
按下 SB2
万用表示数为线圈内阻？
N
检修
Y
按下 SB1
万用表示数为 1.?
N
检查 SB1
Y
1

1
松开SB1、SB2
万用表示数为1
按下 KM1
万用表的示数为线圈内阻？
N
检修
Y
再按下 SB3
万用表示数为刚才一半？
N
检修
Y
同时再按 SB1
万用表示数为1.?
N
SB3 进线错
Y
通电试车

图 3-28　两级顺序起动实训通电试车前检查流程图

（1）合上断路器，判断整体电路是否有短路故障。如图 3-29 所示，使用数字万用表的二极管挡或者指针式万用表的欧姆挡（“×1k”挡），将红、黑表笔分别接在三根相线中的任意两根，两相间应该是断开的，万用表显示“1.”为正常；如果万用表指示为“0”，说明该两相存在短路故障，需要检查电路。

（2）找到控制电路相线。方法是将万用表一只表笔接热继电器 FR1 常闭触点的输入端（95 端），另一表笔分别接触电源三根相线，万用表显示数为“0”的那相即是控制电路所用的相线。如图 3-30b 所示黑表笔所接相线即是控制电路所用的相线。

（3）找到控制电路相线后，将万用表一只表笔放在控制电路相线，另一只表笔放在 FR2 常闭触点的输出端（96 端）即 32 号线，万用表显示“0”为正常，说明热继电器整定正确，继续到步骤（4）检查；否则检查 FU4、FR1、FR2 状态，以保证熔断器、热继电器状态正常。

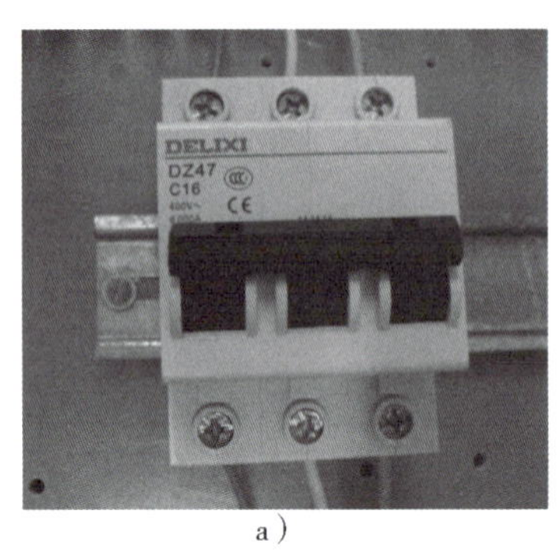

a）

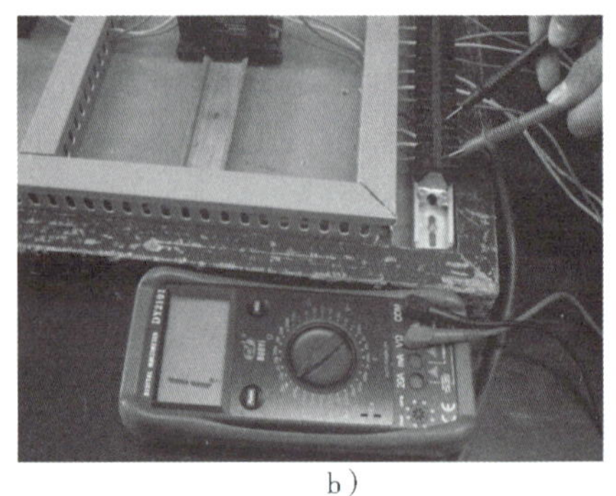

b）

图 3-29　检查三相电源

a）合上断路器　b）检查三相电源中任意两相

a）

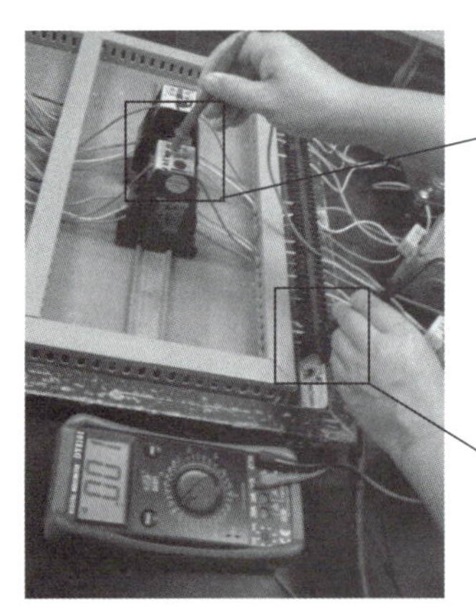

b）

图 3-30　找控制电路所用相线

a）FR 95 端和电源相线之间　b）找到控制回路相线

（4）将万用表一只表笔接控制电路相线，另一表笔接零线，电路此时应该是断的，万用表显示“1.”为正常，如图 3-31 所示，到步骤（5）继续检查；如果万用表指示为“0”，说明存在短路故障，需要检查电路。

图 3-31　检查控制电路相线和零线之间

（5）保持两表笔位置不动，按下起动按钮 SB2，如果万用表显示数值等于接触器线圈内阻（一般为 400～600Ω）为正常，如图 3-32a 所示，到步骤（6）继续检查；如果万用表显示“1.”，说明 KM1 线圈电路断路，如果万用表显示“0”，说明 KM1 线圈电路短路，需要检修电路。检修后返回步骤（5）。

（6）按住 SB2 别松，再按下 SB1，万用表显示

数值从线圈内阻变为“1.”，如图 3-32b 所示，说明 KM1 电路基本没有问题，到步骤（7）继续检查；如果依然显示线圈内阻，说明 SB1 常闭触点接触不良或者接错线，检修后返回到步骤（5）。

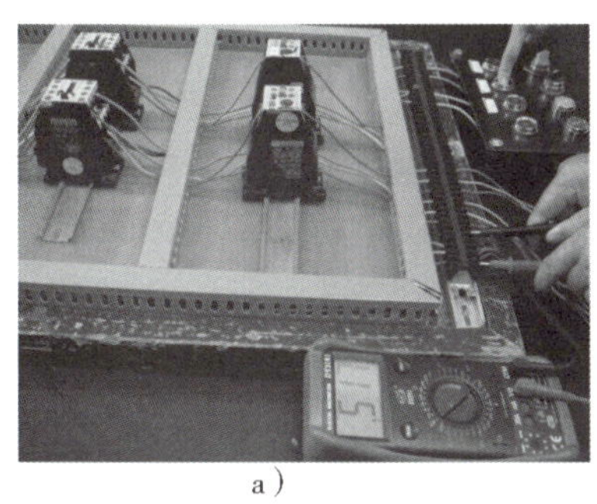

a）

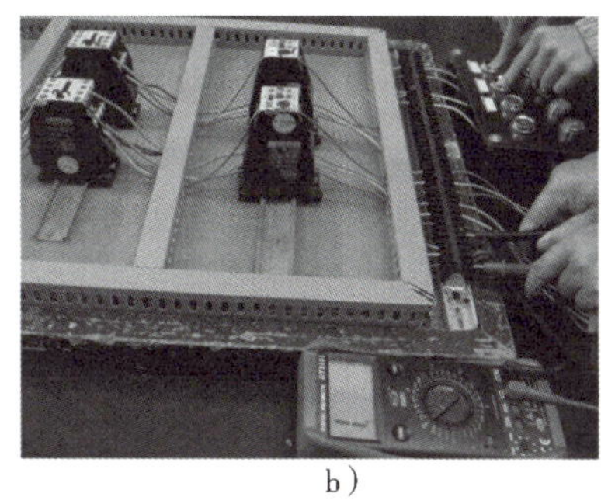

b）

图 3-32 检查 KM1 支路

a）按下 SB1 b）按 SB2 同时按下 SB1

（7）保持两表笔位置不动，松开 SB1、SB2，万用表显示为“1.”，如图 3-33a 所示，用手压下接触器 KM1，万用表显示接触器线圈内阻，如图 3-33b 所示，同时再按下 SB3，万用表显示数值近似为刚才一半为正常，如图 3-33c 所示，可以到步骤（8），否则检修电路。检修后返回步骤（7）。

（8）KM1 和 SB3 都保持按下不动，再按下 SB1，万用表显示数为“1.”为正常，如 3-33d 所示，可以通电试车，否则检查 SB3 按钮是否接错。检修后返回步骤（7）。

图 3-33 检查 KM2 支路

a）没有按钮动作 b）压下 KM1 c）压下 KM1 同时按下 SB3 d）按下 KM1、SB3 同时按下 SB1

通电试车

在教师监护下通电试车。按教师指定顺序操作，如发现电器动作异常、电动机不能正常运转时，必须马上按下停车控制按钮 SB1，断电后再进行检修，不允许带电检查。

清理工位

调试成功后，停车，关闭电源，清理工作台位，清点工具。经指导教师同意后拆线，去掉控制面板标记。

完成报告

完成实训报告。

温馨提示 操作顺序：第一台电动机起动控制按钮为 SB2，停车控制按钮为 SB1。第二台电动机起动控制顺序为先按 SB2，再按 SB3，停车控制直接按下 SB1 即可。

思考六

这个实训电路中通电试车后经常会出现哪些故障呢？又需要怎样排除呢？

4. 故障现象与检修方法

通电试车过程中，不管出现什么故障现象，必须关闭断路器切断电源后进行电路分析和检修，必要时可以请指导教师协助检修。

两级顺序起动控制常见故障现象及相应的检修方法见表 3-4。

表 3-4 两级顺序起动控制常见故障现象与检修方法

序号	故障现象	检修方法
1	通电试车前检查电路不通	① 检查断路器 QF 是否闭合，熔断器熔体状态，热继电器是否复位，热继电器常闭触点是否接触不良 ② 用分段电阻法逐条检查各电路
2	按下起动按钮 SB2 后，KM1 不工作	① 教师用万用表 AC500V 挡位检查实验台电源插座是否有电 ② 断电，检查电器状态 ③ 用分段电阻法检查电路
3	按下起动按钮 SB2 后，KM1 工作，但是不能自锁	检查 KM1 辅助常开自锁触点进出线，即 33 和 34 号线是否接错

（续）

序号	故障现象	检修方法
4	M1 起动后，按下 SB3，KM2 不工作	① 检查 SB3 进出线 33 和 35 号线是否接错，33 号线比较容易接错 ② 检查 KM1 联锁常开触点两条线 35、36 号线 ③ 检查 KM2 线圈进出线 36 和 0 号线
5	M1 起动后，按下 SB3，KM2 能工作，不能自锁	检查 KM2 自锁常开触点进出线 33、36 号线
6	M1、M2 不能停车	① 检查连接按钮 SB1 两条线，即 32 号线和 33 号线是否接错位置 ② 检查 SB1 常闭触点是否接触不良
7	M2 能直接起动	KM1 联锁常开触点接错或者接触有问题，即检查 35、36 号线
8	起动后，接触器动作，但电动机不动或者嗡嗡响，转动不流畅	检查是否存在缺相问题

5. 实训考核及评分标准

实训考核及评分标准见表 3-5。

表 3-5　两级顺序起动考核及评分标准

内容	考核要求	配分	评分标准	扣分	得分
电气安装及检查	检查电器好坏 正确安装电器 元件明细表填写正确	10	电气元件漏检每处扣 2 分 布局不合理、不准确扣 5 分 每错一处扣 0.5 分		
接线	布线合理、正确 线号齐全	45	每一处不合格扣 1 分		
	导线平直、美观，不交叉，不跨接		布线不美观、导线不平直、交叉架空跨接每处扣 1 分		
	接线正确、牢固		裸露导线过长或者接点压接不紧，每处扣 1 分		
试车	热继电器未整定或整定错误	30	扣 4 分		
	操作顺序正确		操作不正确一次扣 2 分		
	通电试车成功		一次不成功扣 10 分，三次不成功本项不得分		
文明操作	工作台面清洁、工具摆放整齐	10	凡违反有关规定，酌扣 2 ~ 4 分，但对发生严重事故者，则取消实训资格		
时间	3h 按时完成	5	每超时 5min 酌扣 3 ~ 5 分		
总分		100			

技术升级：PLC 控制的两级顺序起动

I/O口分配

这里使用的 PLC 是西门子公司 S7-200，该 PLC 有 14 个输入点，10 个输出点。

如图 3-22 所示两级顺序起动控制电路中控制按钮有 3 个，第一台电动机起动按钮 SB2，第二台电动机起动按钮 SB3，停车按钮 SB1，占用 3 个 PLC 输入点。控制两台电动机的接触器 KM1、KM2，占用 2 个 PLC 输出点。具体端口分配见表 3-6。

表 3-6 I/O 分配

序　号	状　态	名　称	作　用	I/O 口
1	输入	按钮 SB1	控制电动机停车	I0.0
2	输入	按钮 SB2	控制 KM1 工作	I0.1
3	输入	按钮 SB3	控制 KM2 工作	I0.2
4	输出	接触器 KM1	控制第一台电动机 M1	Q0.0
5	输出	接触器 KM2	控制第二台电动机 M2	Q0.1

电路改造

PLC 控制的两级顺序起动控制电路图如图 3-34 所示。

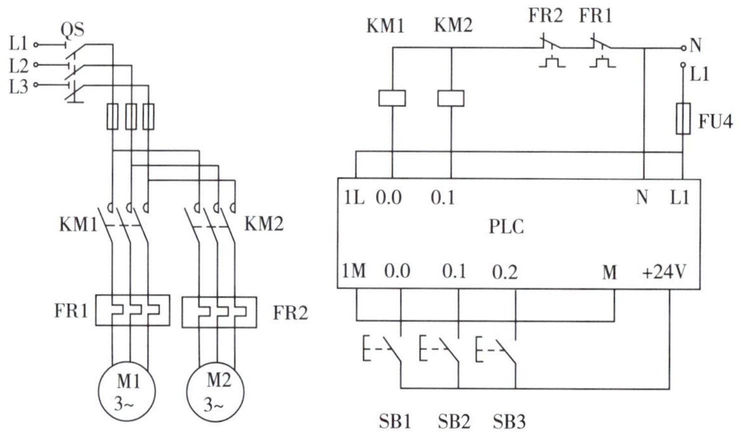

图 3-34 PLC 控制的两级顺序起动控制电路图

梯形图设计

两级顺序起动控制程序梯形图如图 3-35 所示。

I0.1 I0.0 Q0.0
Q0.0
Q0.0 I0.2 I0.0 Q0.1
Q0.1

图 3-35 两级顺序起动控制梯形图

3.4　卧式万能铣床电气控制电路分析

思考七

原来复杂电路的控制功能是由单个的基本电路构成的，卧式万能铣床也是这样的吧？

学习目标

1. 了解铣床的型号含义、运动形式和拖动要求。
2. 熟悉控制流程，掌握整图读图方法。
3. 能分析电路的联锁和保护环节。

铣床是一种通用的多用途机床，其使用范围仅次于车床，主要是用于加工零件的平面、斜面、沟槽等型面的机床。装上分度头以后，可以加工直齿轮或螺旋面，装上回转圆工作台则可以加工凸轮和弧形槽。铣床的种类很多，有卧式铣床、立式铣床、龙门铣床、仿形铣床以及各种专用铣床。其中卧式铣床的主轴是水平的，而立式铣床的主轴是竖直的。其中X6132型卧式万能铣床是应用最广泛的铣床之一，其型号含义如图3-36所示。

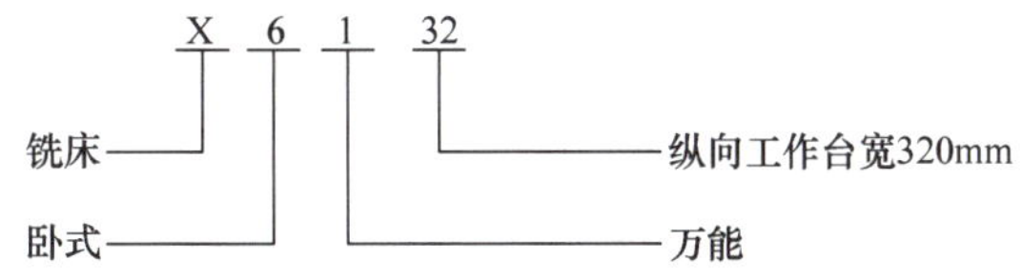

图3-36　X6132型卧式万能铣床型号含义

3.4.1　主要结构与运动分析

X6132型卧式万能铣床主要由底座、床身、悬梁、刀杆支架、工作台、溜板和升降台等部分组成。

X6132型卧式万能铣床有三种运动，即主运动、进给运动和辅助运动。主轴带动铣刀的旋转运动为主运动；加工中工作台带动工件上下、前后、左右的移动或圆工作台的旋转运动为进给运动；而工作台带动工件在三个方向的快速移动属于辅助运动。

3.4.2　电力拖动方式和控制要求

（1）X6132型卧式万能铣床的主运动和进给运动之间没有速度比例协调的要求，所以主轴与工作台各自采用单独的笼型异步电动机拖动。

（2）主轴电动机 M1 在空载时直接起动，为完成顺铣和逆铣，要求有正反转。根据铣刀的种类预先选择主轴电动机转向，在加工过程中转向不变换。为了减小负载波动对铣刀转速的影响以保证加工质量，主轴上装有飞轮，其转动惯量较大。为此，要求主轴电动机有停车制动控制，以提高工作效率。

（3）工作台的纵向、横向和垂直三个方向的进给运动由一台进给电动机 M2 拖动，三个方向的选择由操纵手柄改变传动链来实现。每个方向有正反向运动，要求 M2 能正反转。同一时间只允许工作台向一个方向移动，故三个方向的运动之间应有联锁保护。使用圆工作台时，要求圆工作台的旋转运动与工作台的上下、左右、前后三个方向的运动之间有联锁控制，即圆工作台旋转时，工作台不能向其他方向移动。

（4）为了缩短调整运动的时间，提高生产效率，工作台应有快速移动控制，X6132 型卧式万能铣床是采用快速电磁铁吸合改变传动链的传动比来实现的。

（5）为适应加工的需要，主轴转速与进给速度应有较宽的调节范围。X6132 型卧式万能铣床采用机械变速的方法，通过改变变速箱传动比来实现的。为保证变速时齿轮易于啮合，减小齿轮端面的冲击，要求变速时电动机有冲动（短时转动）控制。

（6）根据工艺要求，主轴旋转与工作台进给应有先后顺序控制，即进给运动要在铣刀旋转之后才能进行，加工结束必须在铣刀停转前停止进给运动。为操作方便，主轴电动机的起动与停止及工作台快速移动可以两处控制。

（7）冷却泵由一台电动机 M3 拖动，供给铣削时的冷却液。

3.4.3 电气控制电路分析

X6132 型卧式万能铣床电气控制原理图如图 3-37 所示。

这种机床控制电路的显著特点是由机械操作和电气操作密切配合进行控制。因此在分析电气原理图之前必须详细了解各转换开关、行程开关的作用。

温馨提示 你还记得怎么根据转换开关的国标符号来判别转换开关的状态吗？如果你忘了，把书翻回 1.2.3 中图 1-7b，先复习一下吧。再看看图 3-37 所示电路中的转换开关 SA5，你看明白了吗？如果没有，就不要向下看，先把转换开关搞懂。

SA1 为圆工作台转换开关；SA5 是主轴转向预选开关，实现按铣刀类型预先选定主轴转向；SA3 是冷却泵控制开关；SA4 是照明灯开关。

工作台纵向进给是由纵向操作手柄控制的。此手柄有左、中、右三个位置，对应的限位开关 SQ1、SQ2 的工作状态见表 3-7。工作台横向和升降运动是通过十字开关操纵手柄来控制的。该手柄有五个位置，即上、下、前、后和中间零位。在扳动十字开关操纵手柄时，通过联动机构将控制运动方向的机械离合器合上，同时压下相应的行程开关 SQ3 或 SQ4，见表 3-8。表中“+”表示闭合，“-”表示断开。

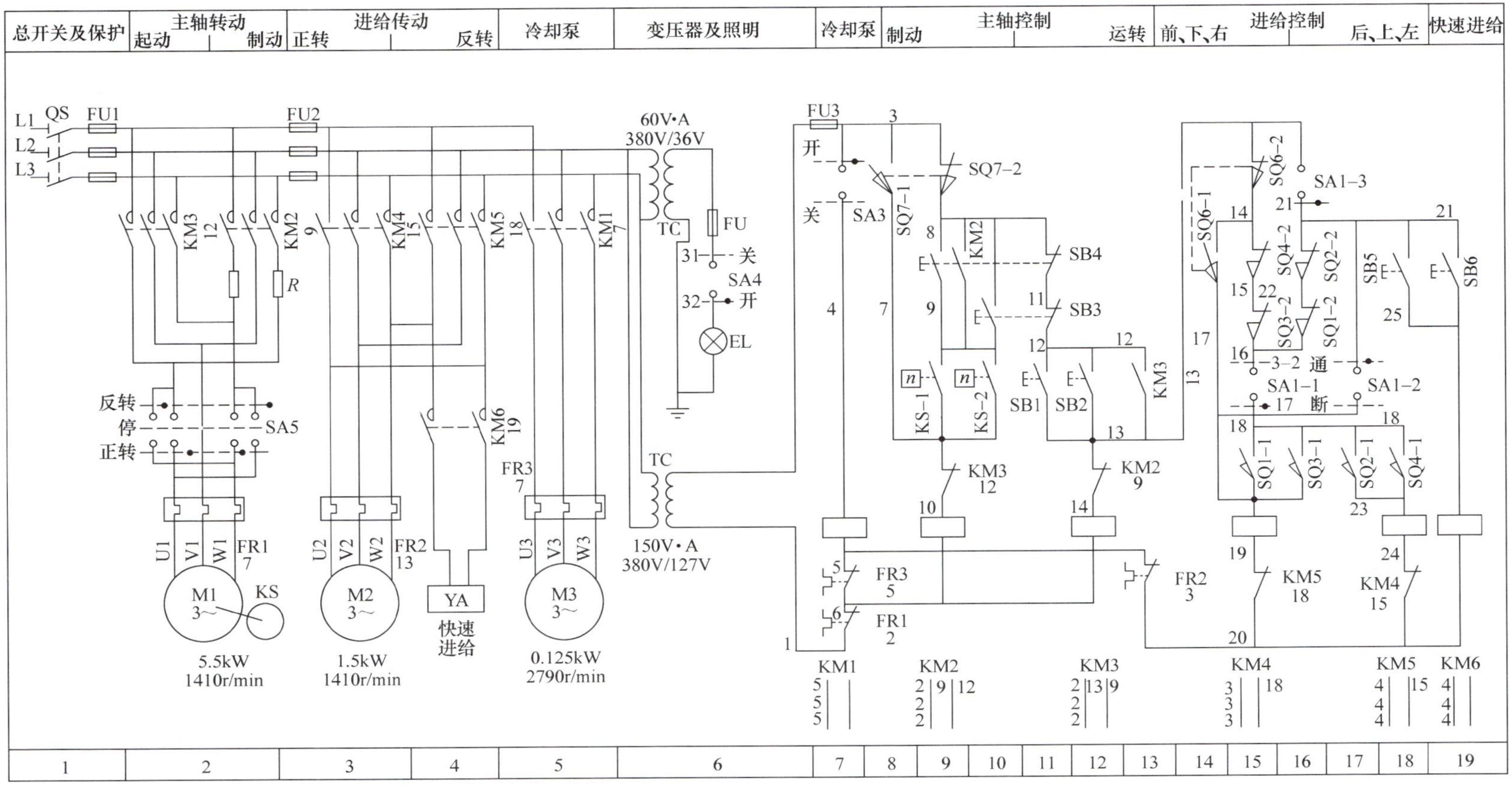

总开关及保护	主轴转动 起动 制动	进给传动 正转 反转	冷却泵	变压器及照明	冷却泵	主轴控制 制动 运转	进给控制 前、下、右 后、上、左	快速进给

1	2	3	4	5	6	7	8	9	10	11	12	13	14	15	16	17	18	19

图3-37 X6132型卧式万能铣床电气控制原理图

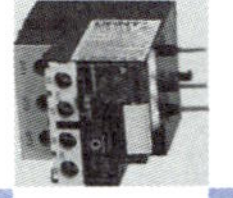

表 3-7 纵向进给行程开关状态表

触点	向左	停止	向右
SQ1 -1	-	-	+
SQ1 -2	+	+	-
SQ2 -1	+	-	-
SQ2 -2	-	+	+

表 3-8 横向及升降进给行程开关状态表

触点	向前、向下	停止	向后、向上
SQ3 -1	+	-	-
SQ3 -2	-	+	+
SQ4 -1	-	-	+
SQ4 -2	+	+	-

思考八

怎样从表 3-7 和 3-8 中看出手柄动作时哪个行程开关受压动作呢？

先看停止位，见表 3-7。当纵向手柄处于停止位时，SQ1 -1 为常开触点，SQ1 -2 为常闭触点，纵向手柄扳到左边时，两触点状态都未改变，当纵向手柄扳到右边时，触点状态变化，从而可以知道工作台向“右”运动对应着 SQ1 动作。

同理，通过表 3-1 和表 3-2 可以看出工作台进给方向与各行程开关的对应关系为：左：SQ2；右：SQ1；前、下：SQ3；后、上：SQ4。

1. 主电路分析

（1）主轴电动机 M1：KM3 实现起动运行控制，由转换开关 SA5 预选转向，KM2 的主触点与速度继电器 KS 配合实现反接制动。

（2）进给电动机 M2：接触器 KM4、KM5 的主触点实现正、反向进给控制，KM6 接通为快速移动，断开为慢速自动进给。由图 3-37 所示电路还可以看出，只有在先有进给的情况下，KM6 主触点闭合才有可能快速进给，这是一个联锁控制。

（3）冷却泵电动机 M3：接触器 KM1 控制其运行和停车。

2. 控制电路分析

因为控制电器较多，所以控制电路电压为 127V，由控制变压器 TC 供给。

（1）主轴电动机 。在非变速状态，SQ7 不受压；根据所用的铣刀，由 SA5 选择转向；合上 QS。

起动：$\begin{matrix} SB1^{\pm} \\ 或SB2^{\pm} \end{matrix} \rightarrow KM3^{+}$（自锁）→M1 直接起动$\xrightarrow{n>120r/min}$ $\begin{matrix} KS-1^{+} \\ 或KS-2^{+} \end{matrix}$

停车：$\begin{matrix} SB3^{\pm} \\ 或SB4^{\pm} \end{matrix} \rightarrow KM3^{-} \rightarrow KM2^{+}$（自锁）→M1 串电阻反接制动→$\xrightarrow{n<100r/min}$ $\begin{matrix} KS-1^{-} \\ 或KS-2^{-} \end{matrix}$ $\rightarrow KM2^{-} \rightarrow$ M1 停车

温馨提示

SB1、SB3 与 SB2、SB4 为分别安装在机床两边的起动和停车控制按钮，可实现两地控制，便于生产操作。

两地控制原则：起动用控制按钮的常开触点并联，停车用控制按钮的常闭触点串联。

主轴变速冲动控制：在变速手柄推拉过程中，变速冲动开关 SQ7 动作，即 SQ7－2 分断，SQ7－1 闭合，使 M1 反向瞬时冲动一次，以利于变速后的齿轮啮合，但要注意的是应以较快的速度把手柄推回到原始位置。

（2）工作台进给控制 。工作台移动控制电路的电源是从 13 点引出，并在回路中串入 KM3 的自锁触点，以保证主轴旋转与工作台进给的顺序动作要求。

首先由转换开关 SA1 来确定是要进行圆工作台工作方式还是直线进给。SA1 扳到“接通”位置，选择圆工作台方式。

1）圆工作台：SA1 接“通”$\rightarrow \text{SA1}-2^{+} \xrightarrow{\text{KM3}^{+}} \text{KM4}^{+} \rightarrow \text{M2}$ 正转

电流的路径：13→SQ6－2→SQ4－2→SQ3－2→SQ1－2→SQ2－2→SA1－2→KM4 线圈→KM5 常闭触点→20。由于该路径经过了 SQ1～SQ4 4 个行程开关的常闭触点，如果误操作同时选择了某个方向的直线进给和圆工作台方式，电路断开，使 KM4 不能工作，达到联锁保护的目的。

2）向左进给（SQ2 受压）：SA1 接“断”$\rightarrow \begin{matrix}\text{SA1}-1^{+}\\ \text{SA1}-3^{+}\end{matrix} \xrightarrow{\text{KM3}^{+}\text{、}\text{SQ2}^{+}} \text{KM5}^{+} \rightarrow \text{M2}$ 反转

电流的路径：13→SQ6－2→SQ4－2→SQ3－2→SA1－1→SQ2－1→KM5 线圈→KM4 常闭触点→20。欲停止工作台向左移动，只要将手柄扳回中间位置，此时行程开关 SQ2 不受压，KM4 释放，工作台停止移动。

3）向右进给（SQ1 受压）：SA1 接“断”$\rightarrow \begin{matrix}\text{SA1}-1^{+}\\ \text{SA1}-3^{+}\end{matrix} \xrightarrow{\text{KM3}^{+}\text{、}\text{SQ1}^{+}} \text{KM4}^{+} \rightarrow \text{M2}$ 正转

电流的路径：13→SQ6－2→SQ4－2→SQ3－2→SA1－1→SQ1－1→KM4 线圈→KM5 常闭触点→20。欲停止工作台向右移动，只要将手柄扳回中间位置，此时行程开关 SQ1 不受压，KM4 释放，工作台停止移动。

工作台纵向进给有限位保护。进给至终端时，利用工作台上安装的左右终端撞块，撞击操纵手柄，使手柄回到中间停车位置，实现限位保护。

4）向上进给（SQ4 受压）：SA1 接“断”$\rightarrow \begin{matrix}\text{SA1}-1^{+}\\ \text{SA1}-3^{+}\end{matrix} \xrightarrow{\text{KM3}^{+}\text{、}\text{SQ4}^{+}} \text{KM5}^{+} \rightarrow \text{M2}$ 反转

电流的路径：13→SA1－3→SQ2－2→SQ1－2→SA1－1→SQ4－1→KM5 线圈→KM4 互锁触点→20。欲停止上升，只要把手柄扳回中间位置即可。

5）向下进给（SQ3 受压）：SA1 接“断”$\rightarrow \begin{matrix}\text{SA1}-1^{+}\\ \text{SA1}-3^{+}\end{matrix} \xrightarrow{\text{KM3}^{+}\text{、}\text{SQ3}^{+}} \text{KM4}^{+} \rightarrow \text{M2}$ 正转

电流的路径：13→SA1－3→SQ2－2→SQ1－2→SA1－1→SQ3－1→KM4 线圈→KM5 常闭触点→20。欲停止下降，只要把手柄扳回中间位置即可。

6）向前进给（SQ3 受压）：SA1 接“断”$\rightarrow \begin{matrix}\text{SA1}-1^{+}\\ \text{SA1}-3^{+}\end{matrix} \xrightarrow{\text{KM3}^{+}\text{、}\text{SQ3}^{+}} \text{KM4}^{+} \rightarrow \text{M2}$ 正转

电流的路径：13→SA1－3→SQ2－2→SQ1－2→SA1－1→SQ3－1→KM4 线圈→KM5 常闭触点→20。欲停止前进，只要把手柄扳回中间位置即可。

7）向后进给（SQ4 受压）：SA1 接“断”$\rightarrow \begin{matrix}\text{SA1}-1^{+}\\ \text{SA1}-3^{+}\end{matrix} \xrightarrow{\text{KM3}^{+}\text{、}\text{SQ4}^{+}} \text{KM5}^{+} \rightarrow \text{M2}$ 正转

电流的路径：13→SA1－3→SQ2－2→SQ1－2→SA1－1→SQ4－1→KM5 线圈→KM4 互

锁触点→20。欲停止后退，只要把手柄扳回中间位置即可。

可见，工作台选择向前、向下、向右和圆工作台时进给电动机正转，工作台选择向后、向上、和向左时进给电动机反转。

工作台上、下、前、后运动都有限位保护，当工作台运动到极限位置时，利用固定在床身上的挡铁，撞击十字手柄，使其回到中间位置，工作台便停止运动。

每个方向的移动都有两种速度，上面介绍的6个方向的进给都是慢速自动进给移动。需要快速移动时，可在慢速移动过程中按下SB5或SB6，KM6得电吸合，快速电磁铁YA通电，工作台便按原移动方向快速移动。快速移动为短时点动，松开SB5或SB6，快速移动停止，工作台仍按原方向继续进给。

若要求在主轴不转的情况下进行工作台快速移动，可将主轴换向开关SA5扳在停止位置，然后扳动进给手柄，按下主轴起动按钮和快速移动按钮，工作台就可进行快速调整。

（3）工作台各运动方向的联锁。在同一时间内，工作台只允许向一个方向运动，这种联锁是利用机械和电气的方法来实现的。例如工作台向左、向右控制，是同一手柄操作的，手柄本身起到左右运动的联锁作用。同理，工作台的横向和升降运动4个方向的联锁，是由十字手柄本身来实现的。

而工作台的纵向与横向、升降运动的联锁，则是利用电气方法来实现的。由纵向进给操作手柄控制的SQ1-2、SQ2-2和横向、升降进给操作手柄控制的SQ4-2、SQ3-2的两个并联支路控制着接触器KM4和KM5的线圈，若两个手柄都扳动，则把这两个支路都断开，使KM4及KM5都不能工作，可以防止两个手柄同时操作而损坏机构，达到了联锁的目的。

（4）工作台进给变速冲动控制。先起动主轴电动机，拉出蘑菇形变速手轮，同时将其转动至所需要的进给速度，再把手轮用力往外一拉，并立即推回原处。在手轮拉到极限位置的瞬间，其连杆机构推动SQ6，使SQ6-2分断、SQ6-1闭合，接触器KM4短时通电，M2短时冲动，便于变速过程中齿轮的啮合。

（5）冷却泵电动机M3的控制。由转换开关SA3控制接触器KM1来控制冷却泵电动机M3的起动和停止。

3. 辅助电路分析

照明电路，机床的局部照明由变压器TC供给36V安全电压，转换开关SA4控制照明灯。

4. 保护环节分析

电动机M1、M2、M3为连续工作制，由FR1、FR2、FR3热继电器的常闭触点串在控制电路中实现过载保护。当主轴电动机M1过载时，FR1动作切除整个控制电路的电源；冷却泵电动机M3过载时，FR3动作切除M2、M3的控制电源；进给电动机M2过载时，FR2动作切除自身控制电源。

FU1实现全部电路的短路保护，FU2实现主轴电动机之外的其他电路的短路保护，FU3实现控制电路的短路保护，FU4实现照明电路的短路保护。

接触器KM2、KM3采用复位按钮与接触器自锁控制方式，使M1有失电压和零电压保护。

3.4.4 实训：两台电动机顺序起停控制电路

思考九

第一台电动机起动之后第二台电动机才能起动，第二台电动机停止之后第一台电动机才能停止，又如何实现呢？

学习目标

1. 掌握常用布线规则及方法。
2. 掌握电动机联锁起动的方法。
3. 掌握两台电动机顺序起停控制过程中常见故障的检修方法。

1. 实训器材

实训器材包括三相异步电动机 2 台、断路器 1 个、熔断器 4 个、热继电器 2 个、接触器 2 个、按钮 4 个、万用表 1 块、工具 1 套、导线若干，如图 3-38 所示。

三相异步电动机2台

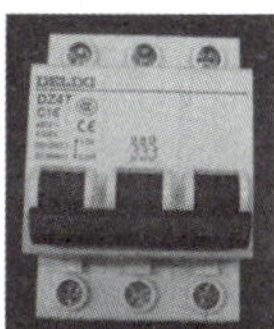

断路器1个

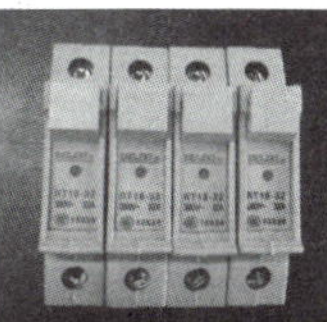

熔断器4个

热继电器2个

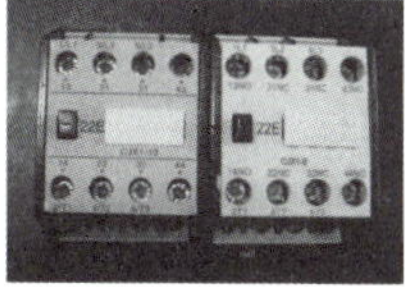

接触器2个

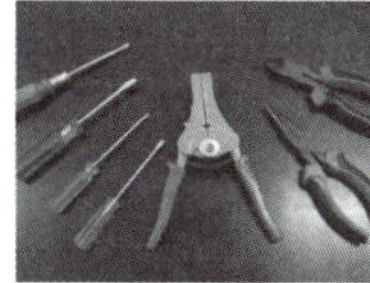

工具1套

导线若干

万用表1块

按钮4个

图 3-38 两台电动机顺序起停实训器材

2. 实训电路

实训电路如图 3-39 所示。

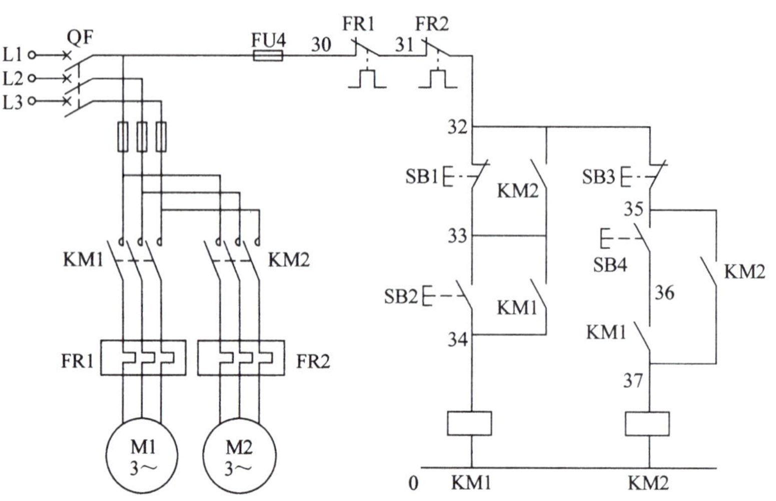

图 3-39　两级顺序起停实训电路图

3. 实训步骤

安装电器

按图 3-40 所示准备电器，并检查电器是否完好，观察接触器的工作电压，然后在配电盘上安装电器，注意电器不可以倒置。在控制面板安装按钮，做好标记，如图 3-41 所示。

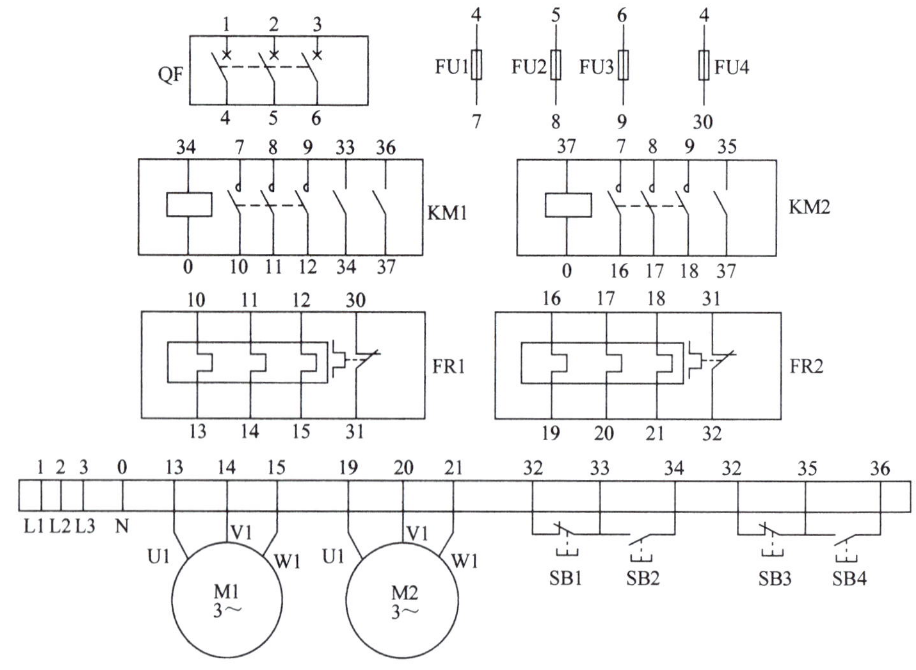

图 3-40　两台电动机顺序起停实训接线图

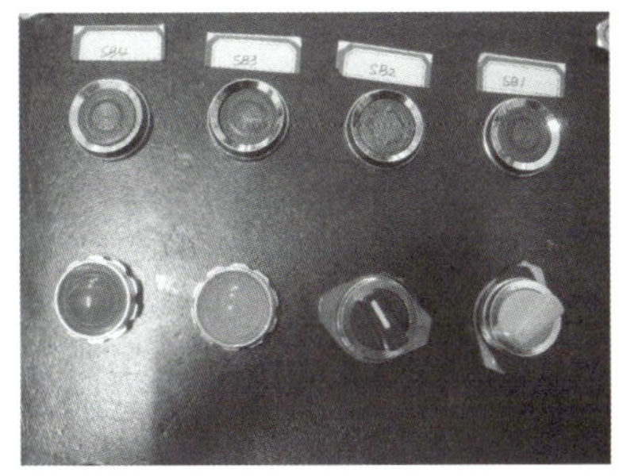

图 3-41 安装两台电动机顺序起停实训电器

按图接线

依据先主后辅、从上到下、从左到右的顺序接线，注意布线合理、正确，导线平直、美观，接线正确、牢固。检查三相异步电动机接线是否安全，接到端子排上。观察电动机 4 个接线端子，有三端连接到电动机电枢绕组上，一端空，如图 3-42 所示，注意要从连接到电动机电枢绕组的三个端子上引线。

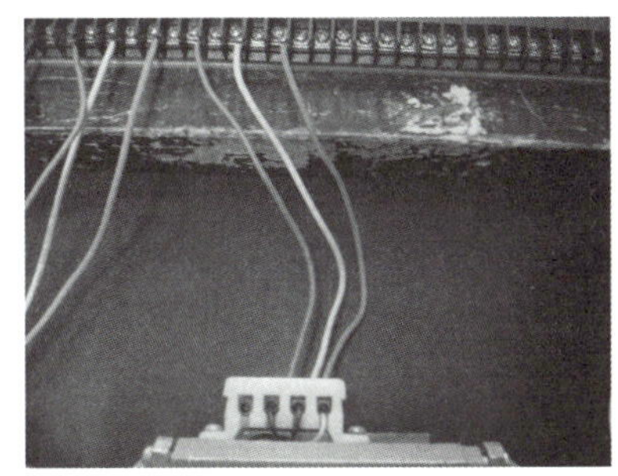

图 3-42 按图布线

整定电器

接完全部电路后，开始整定热继电器，观察热继电器正面面板右侧的绿色标记，如凸出面板则表明热继电器处于过载状态，如图 3-43a 所示，需要按下蓝色键进行复位整定，如图 3-43b 所示。

a）

b）

图 3-43 整定电器

a）未整定 b）整定

常规检查

通电试车前用万用表进行控制电路常规检查，其流程如图 3-44 所示，经指导教师允许后方可接通电源。通电试车前检查步骤如下。

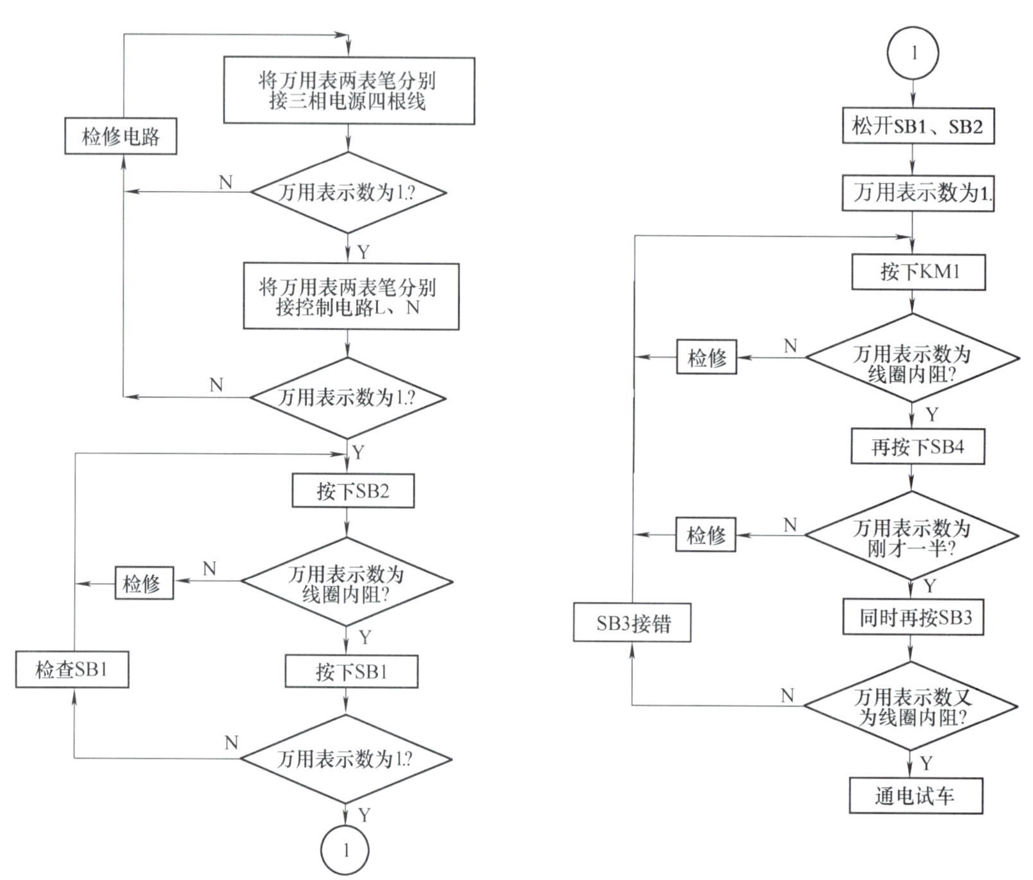

图 3-44 两台电动机起停控制实训通电试车前检查流程图

（1）合上断路器，判断整体电路是否有短路故障，使用数字万用表的二极管挡或者指针式万用表的欧姆挡（“×1k”挡），将红、黑表笔分别接在三根相线中的任意两根，两相间应该是断开的，万用表显示“1.”为正常，如图 3-45 所示；如果万用表指示为“0”，说明该两相存在短路故障，需要检查电路。

（2）找到控制电路相线。方法是将万用表一只表笔接热继电器 FR1 常闭触点的输入端（95 端），如图 3-46a 另一表笔分别接触电源三根相线，万用表显示数为“0”的那相即是控制电路所用的相线。如图 3-46b 所示黑表笔所接相线即是控制电路所用的相线。

（3）找到控制电路相线后，将万用表一只表笔放在控制电路相线，另一只表笔放在 FR2 的常闭触点输出端（96 端）即 32 号线，万用表显示“0”为正常，说明热继电器整定正常，继续到步骤（4）检查；否则检查 FU4、FR1、FR2 状态，以保证熔断器、热继电器状态正常。

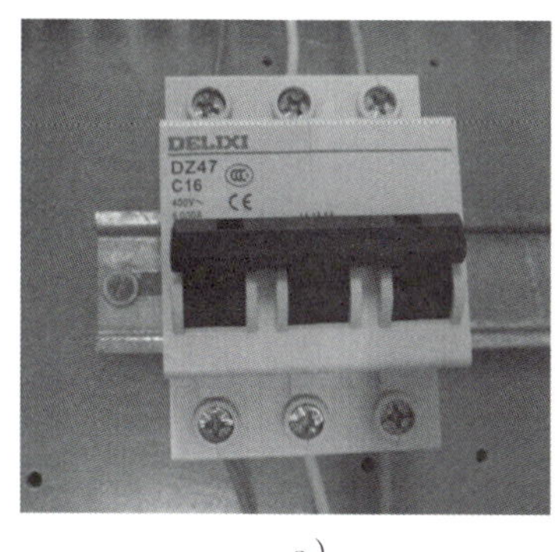

a）

b）

图 3-45　检查三相电源

a）合上断路器　b）检查三相电源中任意两相

a）

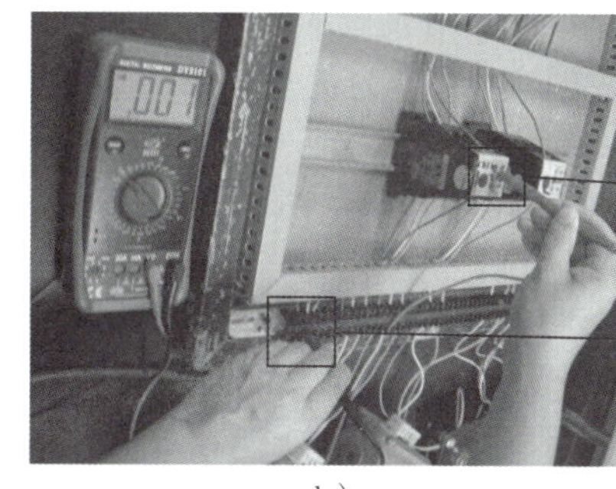

b）

图 3-46　找控制电路所用相线

a）FR1 95 端和电源相线之间　b）找到控制回路火线

（4）将万用表的一只表笔接控制电路相线，另一表笔接零线，电路此时应该是断开的，万用表显示“1.”为正常，如图 3-47 所示，到步骤（5）继续检查；如果万用表指示为“0”，说明存在短路故障，需要检查电路，返回步骤（4）。

（5）保持两表笔位置不动，按下起动按钮 SB2。如果万用表显示数值等于接触器线圈内阻（一般为 400 ~ 600Ω），说明正常，如图 3-48a 所示，到步骤（6）继续检查；如果万用表显示“1.”，说明 KM1 线圈电路断路，如果万用表显示“0”，说明线圈电路短路，需要检修电路之后返回步骤（5）。

（6）按住 SB2 别松，再按下 SB1，万用表显示数值从线圈内阻变为“1.”，如图 3-48b 所示，说明 KM1 电路基本没有问题，到步骤（7）继续检查；如果依然显示线圈内

图 3-47　检查控制电路相线和零线之间

阻，说明 SB1 常闭触点接触不良或者接错线，需要检修之后返回步骤（5）。

a）

b）

图 3-48 检查 KM1 支路

a）按下 SB2 b）按下 SB2 后再同时按 SB1

（7）保持两表笔位置不动，松开 SB1、SB2，万用表显示“1.”，如图 3-49a 所示；用手压下接触器 KM1，万用表显示接触器线圈内阻，如图 3-49b 所示；同时再按下 SB4，万用表显示数值近似为刚才一半为正常，如果 3-49c 所示，可以到步骤（8），否则检修电路之后返回步骤（7）。

（8）KM1 和 SB4 都保持按下不动，再按下 SB3，万用表显示数值重新为线圈内阻正常，如图 3-49d 所示，可以通电试车，否则检查 SB3 按钮是否接错。检修后返回步骤（7）。

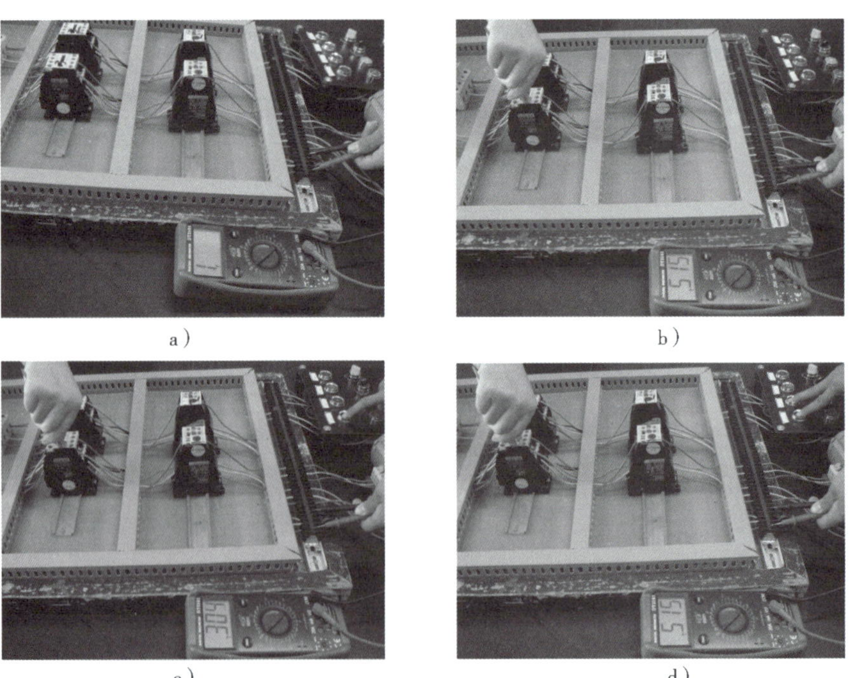
a） b）
c） d）

图 3-49 检查 KM2 支路

a）未按下按钮时 b）按下 KM1 c）按下 SB4 d）同时按下 KM1、SB4、SB3

通电试车

在教师监护下通电试车，按教师指定顺序操作，如发现电器动作异常、电动机不能正常运转时，必须马上按下停车控制按钮 SB3、SB1，断电进行检修，不允许带电检查。

清理工位

调试成功后，停车，关闭电源，清理工作台位，清点工具。经指导教师同意后拆线，去掉控制面板上标记。

完成报告

完成实训报告。

>>> **温馨提示**

第一台电动机起动控制按钮为 SB2，停车分两种情况，如果第二台电动机没有工作，则停车控制按钮为 SB1；如果两台电动机同时工作，第一台电动机停车需要先按控制按钮 SB3，再按 SB1。

第二台电动机起动控制顺序为先按 SB2，再按 SB4，停车控制直接按下 SB3 即可。

思考十

这个实训电路中通电试车后经常会出现哪些故障呢？又需要怎样排除呢？

4. 故障现象与检修方法

通电试车过程中，不管出现什么故障现象，必须关闭断路器，切断电源后进行电路分析和检修，必要时可以请指导教师协助检修。

两台电动机起停控制常见故障现象及相应的检修方法见表 3-9。

表 3-9　两台电动机起停控制常见故障现象与检修方法

序号	故障现象	检修方法
1	通电试车前检查电路不通	① 检查断路器 QF 是否闭合、熔断器熔体状态、热继电器是否复位以及热继电器常闭触点是否接触不良 ② 用分段电阻法逐条检查各电路
2	按下起动按钮 SB2 后，KM1 不工作	① 教师用万用表 AC500V 挡位检查实验台电源插座是否有电 ② 断电，检查电器状态 ③ 用分段电阻法检查电路
3	按下起动按钮 SB2 后，KM1 工作，但是不能自锁	检查 KM1 辅助常开自锁触点进出线，即 33 和 34 号线是否接错

（续）

序号	故障现象	检修方法
4	M1 起动后，按下 SB4，KM2 不工作	① 检查 SB3 进线 32 号线是否接错，32 号线比较容易接错 ② 检查按钮 SB4 常开触点进出线 35、36 号线 ③ 检查 KM1 联锁常开触点两条线 36、37 号线 ④ 检查 KM2 线圈进出线 37 和 0 号线
5	M1 起动后，按下 SB4，KM2 能工作，不能自锁	检查 KM2 自锁常开触点进出线 35、37 号线，尤其是 37 号线容易接错，建议 37 号线不接到 KM1 联锁触点端，而接到 KM2 线圈进线端，这是一种不容易出错的接法
6	M1 不能停车	① 检查按钮 SB1 两条线，即 32 号线和 33 号线是否接错位置 ② 检查 KM2 联锁触点是否有问题
7	M2 能直接起动	KM1 联锁常开触点接错或者接触有问题，即检查 36、37 号线
8	起动后，接触器动作，但电动机不动或者嗡嗡响，转动不流畅	检查是否存在缺相问题

5. 实训考核及评分标准

实训考核及评分标准见表 3-10。

表 3-10 两台电动机顺序起停考核及评分标准

内容	考核要求	配分	评分标准	扣分	得分
电器安装及检查	检查电器好坏 正确安装电器 元件明细表填写正确	10	电气元件漏检每处扣 2 分 布局不合理、不准确扣 5 分 每错一处扣 0.5 分		
接线	布线合理、正确 线号齐全	45	每一处不合格扣 1 分		
	导线平直、美观，不交叉，不跨接		布线不美观、导线不平直、交叉架空跨接每处扣 1 分		
	接线正确、牢固		裸露导线过长或者接点压接不紧，每处扣 1 分		
试车	热继电器未整定或整定错误	30	扣 4 分		
	操作顺序正确		操作不正确一次扣 2 分		
	通电试车成功		一次不成功扣 10 分，三次不成功本项不得分		
文明操作	工作台面清洁、工具摆放整齐	10	凡违反有关规定，酌扣 2 ~ 4 分，但对发生严重事故者，则取消实训资格		
时间	3h 按时完成	5	每超时 5min 酌扣 3 ~ 5 分		
总分		100			

技术升级：PLC 控制的两台电动机顺序起停

I/O口分配

这里使用的 PLC 是西门子公司 S7-200，该 PLC 有 14 个输入点，10 个输出点。

如图 3-39 所示两台电动机顺序起停控制电路中控制按钮有 4 个，第一台电动机起动按钮 SB2、停车按钮 SB1，第二台电动机起动按钮 SB4、停车按钮 SB3，占用4 个 PLC 输入点。控制两台电动机的接触器 KM1、KM2，占用 2 个 PLC 输出点。具体端口分配见表 3-11。

表 3-11　I/O 分配

序　号	状　态	名　称	作　用	I/O 口
1	输入	按钮 SB1	控制 KM1 停车	I0. 0
2	输入	按钮 SB2	控制 KM1 工作	I0. 1
3	输入	按钮 SB3	控制 KM2 停车	I0. 2
4	输入	按钮 SB4	控制 KM2 工作	I0. 3
5	输出	接触器 KM1	控制第一台电动机 M1	Q0. 0
6	输出	接触器 KM2	控制第二台电动机 M2	Q0. 1

电路改造

PLC 控制的两台电动机顺序起停控制电路图如图 3-50 所示。

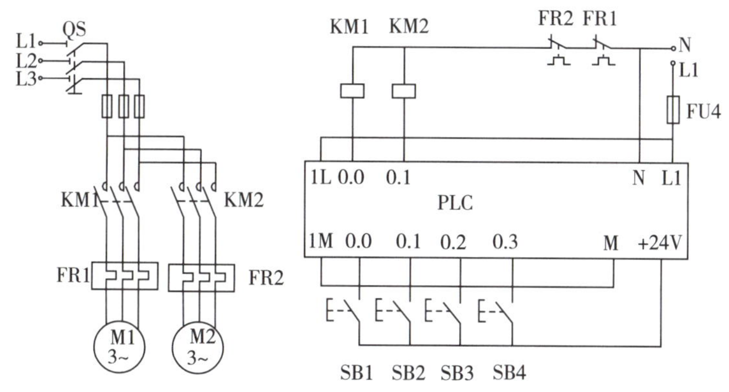

图 3-50　PLC 控制的了两台电动机顺序起停控制电路图

梯形图设计

两台电动机顺序起停控制程序梯形图如图 3-51 所示。

图 3-51　两台电动机顺序起停控制程序梯形图

第3章 典型机床电气控制电路

3.5 组合机床的电气控制电路分析

学习目标

1. 了解组合机床的组成。
2. 了解典型的工作循环。
3. 能分析组合机床控制电路。

组合机床是由一些通用部件及少量的专用部件组成的高效率自动化或半自动化的专用机床，可完成钻孔、扩孔、铰孔、镗孔、攻螺纹、车削、铣削、磨削及精加工等工序，一般采用多轴、多刀、多工序、多面同时加工。在产品更新时，可以方便地将一些通用部件和专用部件重新改装，以适应新零件的加工要求。组合机床适用于大批量产品的生产。

组合机床由大量的通用部件和少量的专用部件组成，其电气控制电路包括通用部件的典型控制电路和一些基本控制电路，根据加工、操作要求以及自动循环的不同，在无需或只需少量修改后组合而成。由于典型电路都经过一定的生产实践考验，因此采用上述方法不仅可以缩短设计和制造周期，同时也提高了机床工作的可靠性。

组合机床中使用的通用部件按其功能可分为表 3-12 中的几种类型。值得注意的是，组合机床通用部件不是一成不变的，而是随着生产的发展不断更新，因此与其相适应的电气控制电路也将发生相应改变。

表 3-12 各种典型工作循环

自动工作循环类型	自动工作循环流程	用 途
一次工作进给	原位、快进、工进、延时停留、快退	钻、扩、镗、加工盲孔及刮端面等
两次工作进给	原位、快进、工进1、工进2、延时停留、快退	镗孔后车端面或刮端面
跳跃进给	原位、工进、快进、工进、延时停留、快退	镗有一定间距的两个同心孔

（续）

自动工作循环类型	自动工作循环流程	用　　途
中间停止后转工作进给	原位 快进 工进 快退	有让刀机构及主轴定位机构的镗床
双向工作进给	原位 快进 正向工进 反向工进 快退	用于正向工进粗加工反向工进精加工
分级进给	原位 快进 工进 快退 快进 工进 快退 快进 工进 快退	用于钻深孔

1. 一次工作进给的控制电路

如图 3-52 所示，该控制电路中有两台进给电动机：一台为快速进给电动机，另一台为慢速工进拖动电动机。主轴旋转由另一台专门电动机拖动，KM 控制（图 3-52 中虚线部分）。在滑台快进或快退过程中，工作进给电动机不工作。工作进给时只允许工进电动机单独工作，快速进给电动机应由电磁制动器 YB 制动。

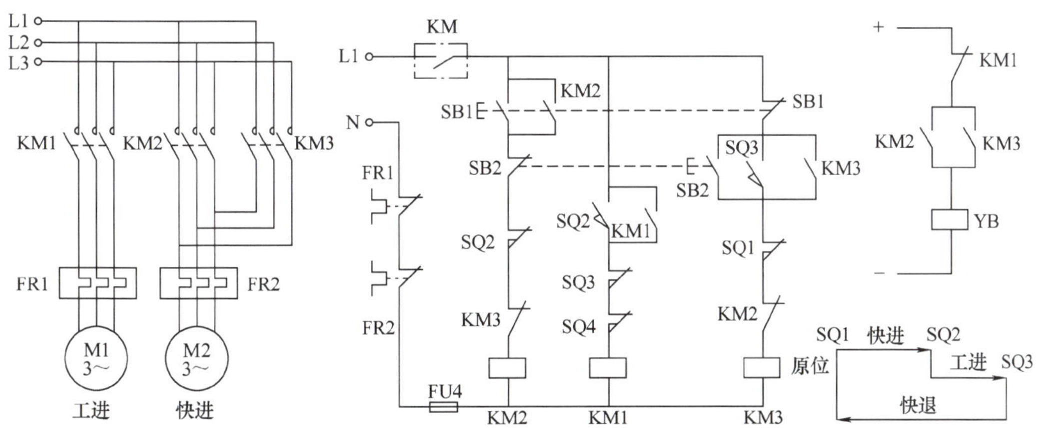

图 3-52　一次工作进给的自动循环控制电路

图 3-52 中 SQ1、SQ2、SQ3 分别为原位、快进转工进及终点限位开关，SQ4 为超行程保护限位开关。当滑台向前越位时，SQ4 被压下，切断工作台进给电路而停车，同时可设报警装置，通知操作者来处理。SB2 为快退按钮，在工作台进给过程中或因超行程而停止在终点位置时，按下 SB2，滑台便快退到原位自动停止。YB 为快速电动机的电磁制动器，具有断电制动作用。一个自动循环电路控制过程是

SB1$^{\pm}$ → KM2^{+}（自锁）→ YB^{+} → M2^{+} 快进 $\xrightarrow{SQ2^{+}}$ KM2^{-}→YB^{-}→M2 停转 / KM1^{+}→M1^{+}工进 $\xrightarrow{SQ3^{+}}$ KM1^{-}→M1停转 / KM3^{+}（自锁）→YB^{+} →M2^{+}快退 $\xrightarrow{SQ1^{+}（原位）}$ KM3^{-}→YB^{-}→停原位，一个循环结束

本控制电路具有过载保护，任一台电动机过载都将使控制电路断电。

2. 具有正反向工作进给的控制电路

具有双向工作进给的自动循环控制电路如图 3-53 所示。

由主电路可知，KM1、KM3 分别控制 M1、M2 的正反转，只有 KM2 主触点也闭合时，快速电动机才能实现正反转控制。图 3-53 中 KM 为控制主轴电动机的接触器（点画线部分）的辅助常开触点。

在滑台快进和快退过程中，工作进给电动机也同时工作。而工作进给时只允许工作进给电动机单独工作，快速进给电动机由电磁制动器 YB 制动。

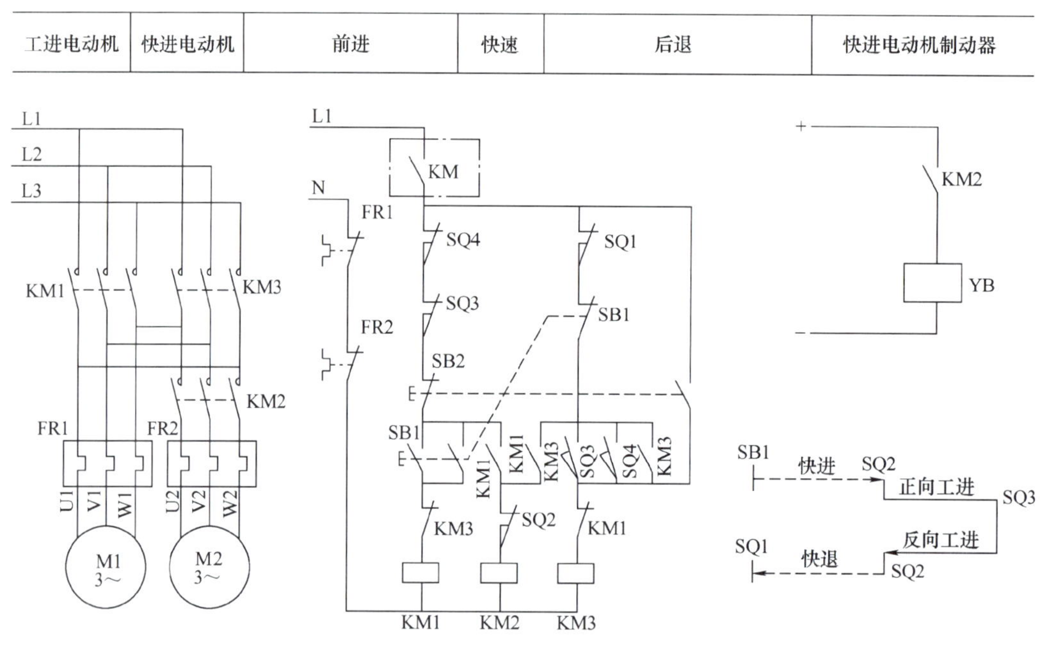

图 3-53 双向工作进给的自动循环控制电路

一个加工循环电路的控制过程是

主轴起动KM^{+} / 原位 SQ_1^{+} →SB1$^{\pm}$ →KM1^{+}（自锁）→KM2^{+} →YB^{+} →M1、M2 正转、快进加工进 $\xrightarrow{SQ1^{-}、SQ2^{+}}$ KM2^{-}、YB^{-} → M2 抱闸，正向工进停止 $\xrightarrow{SQ2^{+}SQ3^{+}（终点）}$ KM1^{-} →KM3^{+} → M1 反转，反向工进 $\xrightarrow{SQ2^{-}}$ KM2^{+}→YB^{+}→M1、M2 反转，反向快进加工进 $\xrightarrow{SQ1^{+}（原位）}$ KM3^{-} / KM2^{-} →原位停留、一个循环结束。

若正向工进超过预定行程，则 SQ4 被压下，KM3、KM2、YB 相继通电，工作台先反向工进，接着马上快退至原位，起到超行程保护作用。本控制电路还具有过载和失电压保护。

本 章 小 结

常用金属切削机床有车床、磨床、钻床、镗床和铣床，本章着重介绍了其中的 CA6140 型卧式车床、T68 型卧式镗床和 X6132 型卧式万能铣床，另外还介绍了组合机床。本章知识技能着眼于根据机床的运动形式和控制要求，分析电气控制电路原理图，掌握机床电气控制电路的分析方法；实训着眼于电动机之间的联锁控制训练。

复习与思考

1. 有时机床使用两地控制，为什么？两地控制的原则是什么？

2. 图 3-54 所示为中型卧式车床 C650 的主轴电动机控制部分，试试分析一下电气控制原理。

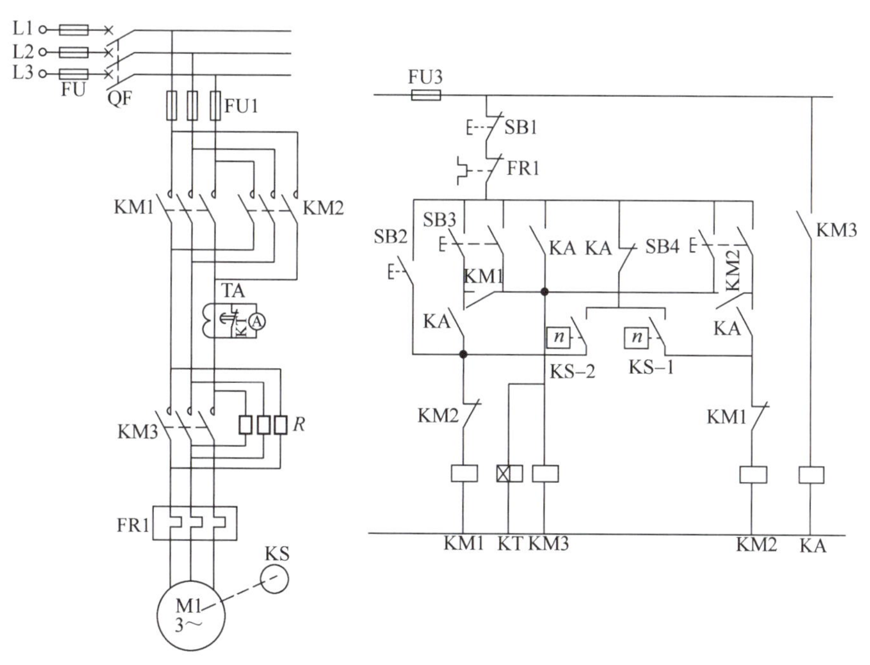

图 3-54　中型卧式车床 C650 主轴电动机控制部分

3. 怎样识读机床电气控制电路图？

4. 试分析 X6132 型卧式万能铣床有哪些联锁控制？

5. 分析 T68 型卧式镗床主轴高速控制的原理。

第4章 电气控制设计基础

电气控制设计，一般包含两个方面：一个是满足生产机械和工艺的各种控制要求，即原理设计；另一个是满足电气控制装置本身的制造、使用以及维修的要求，即工艺设计。

前者一般更受重视，因为它决定一台设备的使用效能和自动化程度，即决定着生产机械设备的先进性、合理性。后者往往被忽略，原因是缺乏生产经验，不了解工艺设计重要性。而工艺设计的合理性、先进性决定电气控制设备的生产可行性、经济性、造型美观和使用、维修方便与否，因此它同样也很重要。

本章在前面电气控制基本电路和典型机床控制电路基础上，着重讲解电气原理图的设计。

4.1 电气控制设计的一般原则和基本任务、内容及步骤

思考一

在设计电气控制系统时，都需要考虑和注意哪些方面呢？

学习目标

1. 了解电气控制设计的一般原则。
2. 了解电气控制设计基本任务和内容。
3. 了解电气控制设计步骤。

4.1.1 电气控制设计的一般原则

在电气控制系统的设计过程中，通常应遵循以下几个原则：

（1）最大限度满足生产机械和工艺对电气控制的要求。这些要求是电气设计的主要依据，常常以工作循环图、执行元件动作节拍图、检测元件状态等形式给出，对于有调速要求的场合，还应给出调速技术指标。其他如起动、转向、制动、照明、保护等要求，应根据生产需要充分考虑。

（2）在满足控制要求的前提下，设计方案应力求简单、经济，不宜盲目追求自动化和高指标。

（3）妥善处理机械与电气的关系。很多生产机械是采用机电结合控制方式来实现控制要求的，要从工艺要求、制造成本、结构复杂性以及使用、维护是否方便等方面协调处理好二者关系。

（4）正确合理地选择电气元件。

（5）确保使用安全、可靠。

（6）造型美观，使用、维护方便。

4.1.2 电气控制设计的基本任务与内容

电气控制设计的基本任务是根据控制要求设计和编制出设备制造和使用维修过程中所必需的图纸、资料，包括电气原理图、电气系统的组件划分与元器件布置图、安装接线图、电气箱图、控制面板及电气元件安装底板、非标准紧固件加工图等，并编制外构件目录、单台材料消耗清单、设备说明书等资料。

由此可见，电气控制设计包含原理设计与工艺设计两个基本部分。

1. 原理设计内容

电气控制系统原理设计内容主要包括：

（1）拟定电气设计任务书。

（2）选择拖动方案与控制方式。

（3）确定电动机的类型、容量、转速，并选择具体型号。

（4）设计电气控制原理框图，确定各部分之间的关系，拟定各部分技术要求。

（5）设计并绘制电气原理图，计算主要技术参数。

（6）选择电气元件，制定元器件目录清单。

（7）编写设计说明书。

电气控制原理设计是整个设计的中心环节，因为它是工艺设计和制订其他技术资料的依据。

2. 工艺设计内容

工艺设计的主要目的是为了便于组织电气控制装置的制造，实现原理设计要求的各项技术指标，并为设备的调试、维护、使用提供必要的图纸资料。工艺设计主要内容是：

（1）根据设计的原理图及选定的电气元件，设计电气设备的总体配置，并绘制电气控制系统的总装配图及总接线图。

（2）按照原理框图或划分的组件，对总原理图进行分区编号，绘制各组件原理电路图，列出各部分的元件目录表，并根据编号统计出各组件的进出线号。

（3）根据组件原理电路及选定的元件目录表，设计组件装配图（电气元件布置与安装图）、接线图，图中应反映各电气元件的安装方式与接线方式。这些资料是组件装配和生产管理的依据。

（4）根据组件装配要求，绘制电器安装板和非标准的电器安装零件图纸，并标明技术要求。这些图纸是机械加工和外协作加工所必须的技术资料。

（5）设计电气箱。根据组件尺寸及安装要求确定电气箱结构与外形尺寸，设置安装支架，并标明安装尺寸、面板安装方式、各组件的连接方式、通风散热以及开门方式。在电气箱设计中，应注意操作维护方便与造型美观。

（6）将总原理图、总装配图以及各组件原理图等资料进行汇总，分别列出外构件清单、标准件清单以及主要材料消耗定额。这些是生产管理（如采购、调度、配料等）和成本核算所必须具备的技术资料。

（7）编写使用维护说明书。

4.1.3 电气控制设计的一般步骤

（1）拟定设计任务书。

设计任务书是整个系统设计的依据，同时又是设备竣工验收的依据。因此设计任务书的拟定是一个十分重要而且必须认真对待的工作。

电气设计说明书中，需要简要说明所设计设备的型号、用途、工艺过程、动作要求、传动参数、工作条件及一些主要技术指标及要求。

（2）选择拖动方案与控制方式。

所谓电力拖动方案是根据零件加工精度、加工效率要求、生产机械的结构、运动部件的数量、运动要求、负载性质、调速要求以及投资额等条件去确定电动机的类型、数量、传动方式以及拟定电动机起动、运行、调速、转向、制动等控制要求，作为电气控制原理图设计及电气元件选择的依据。

电力拖动方案与控制方式的确定是设计的重要部分，因为只有在总体方案正确的前提下，才能保证生产设备各项技术指标实施的可能性。在设计过程中若是个别控制环节或工艺图纸设计不当，可以通过不断改进、反复试验来达到设计要求，但如果总体方案出现错误，则整个设计必须重新开始。因此，电气设计主要技术指标确定完成并以任务书格式下达后，必须认真做好调查研究工作，注意借鉴已经获得成功并经过生产考验的类似设备或生产工艺，列出几种可能的方案，并根据自身条件和工艺要求进行比较后做出决定。

（3）选择电动机。

拖动方案决定以后，就可以进一步选择电动机的类型、数量、结构形式，以及每台电动机的容量、额定电压与额定转速等参数。

电动机选择的基本原则：电动机的机械特性应满足生产机械设计提出的要求，要与负载特性相适应，以保证加工过程中运行稳定并具有一定的调速范围与良好的起动、制动性能；工作过程中电动机的容量能得到充分利用，即温升尽可能达到或接近额定温升；电动机的结构形式应满足机械设计提出的安装要求，并能适应周围环境工作条件。

（4）选择控制方式。

拖动方案确定之后，拖动电动机的类型、数量及其控制要求就已基本确定，采用什么方法去实现这些要求就是控制方式的问题。随着电气技术、电子技术、计算机技术、检测技术以及自动化控制理论的迅速发展和机械结构与工艺水平的不断提高，已使生产机械电力拖动的控制方式从传统的继电器—接触器控制向顺序控制、可编程逻辑控制、计算级联网控制等方面发展。同时随着各种新型的工业控制器及标准系列控制系统也不断出现，可供选择的控制方式增多，系统复杂程度差异也加大。

（5）设计电气控制原理电路图并合理选用元器件，编制元器件目录清单。

（6）设计电气设备制造、安装、调试所必需的各种施工图纸并以此为根据编制各种材料定额清单。

（7）编写使用说明书。

4.2 电气原理图设计的步骤与方法

思考二

如何进行电气原理图设计呢？

学习目标

1. 了解电气原理图设计的步骤。
2. 了解常见电器容量的计算方法。
3. 了解电气控制设计中应注意的问题。

电气原理图设计是原理设计的核心内容。在总体方案确定之后，具体设计是从电气原理图开始的，因为各项设计指标都是通过控制原理图来实现的，同时它又是工艺设计和编制各种技术资料的依据。

4.2.1 电气原理图的设计步骤

电气原理图设计的基本步骤是：

（1）根据选定的拖动方案及控制方式设计系统的原理框图，拟定出各部分的主要技术要求和主要技术参数。

（2）根据各部分的要求，设计出原理框图中各个部分的具体电路。

（3）绘制总原理图。一般根据电气控制要求先设计主电路，再设计控制电路，然后加其他辅助电路、联锁及保护等环节，最后整体检查。

（4）正确选用原理图中每一个电气元件，并制订元器件目录清单。

对于比较简单的控制电路，例如普通机械或非标设备的电气配套设计，可以省略前两步直接进行原理图设计和选用电气元件。但对于比较复杂的自动控制电路，就必须按上述过程一步一步进行设计。只有各个独立部分都达到技术要求，才能保证总体技术要求的实现，保证安装、调试的顺利进行。

4.2.2 电气原理图的设计方法

1. 主电路设计

电气原理图的设计是在拖动方案和控制方式确定后进行的。主电路设计包括确定主电路需要几个电动机，每个电动机是否有起动、调速、制动等要求，以及它们分别是由什么执行电器控制的等。一般有经验设计法和逻辑设计法两种。

经验设计是根据生产工艺的要求直接选择适当的基本控制电路或经过考验的成熟电

路，然后按各部分的联锁条件组合起来并加以补充和修改，经过反复修改得到理想的控制电路。这种设计方法简单，但是需要熟悉大量的基本控制电路，又需要一定的设计方法和技巧。

逻辑设计方法是根据生产工艺要求，利用逻辑代数来分析、设计电路。采用逻辑设计法能获得理想、经济的方案，且当给定条件变化时能找出电路相应变化的内在规律，因此在设计复杂控制电路时更能显示出它的优点。但由于这种设计方法设计难度较大，整个设计过程较复杂，还要涉及一些新概念，因此在一般常规设计中很少单独采用。

2. 控制电路设计

设计控制电路时应注意遵循以下规律：

（1）当几个条件中只要有一个条件满足接触器线圈就通电，可以采用并联接法（“或”逻辑）。

（2）只有所有条件都具备时接触器才得电，可采用串联接法（“与”逻辑）。

（3）要求第一个接触器得电后第二个接触器才能得电（或不允许得电），可以将前者常开（或常闭）触头串接在第二个接触器线圈的控制电路中，或者第二个接触器控制线圈的电源从前者的自锁触头后引入。

（4）连续运转与点动控制的区别仅在于自锁触头是否起作用。

4.2.3 电气原理图设计中应注意的问题

（1）尽量减少控制电路中电流、电压的种类，控制电压等级应符合标准。

（2）应尽量避免许多电器依次动作才能接通另一电器的现象发生。

（3）正常工作中，应尽可能减少通电电器的数量，以利节能、延长电气元件寿命以及减少故障。

（4）正确连接电器线圈，交流电器线圈不能串联使用。

（5）电路设计要考虑操作、使用、调试与维修的方便。

4.3 机床常用电器的选择

思考三

设计电气控制电路时怎样选择电气元件呢？

学习目标

1. 了解常用电器的选用方法。
2. 了解常用电器的容量选择。

完成电气原理图的设计之后，应开始选择所需要的控制电器。控制电器正确、合理的选

用，是控制电路安全、可靠工作的重要条件。机床电器的选择，主要是依据电器产品目录上的各项技术指标（数据）来进行的。

4.3.1 按钮、低压开关的选用

1. 按钮

按钮通常是用来短时接通或断开小电流的控制电路开关。目前按钮在结构上是多种形式的：用手扭动旋转进行操作的旋钮式；内部可装入显示信号的指示灯式；装有蘑菇形钮帽以表示紧急操作的紧急式等。

主要根据使用场合、所需要的触点数、触点型式及颜色来选用按钮。

2. 刀开关

刀开关又称闸刀，主要作用是接通和切断长期工作设备的电源，也用于控制不经常起动、制动的容量小于7.5kW的异步电动机。当用于起动异步电动机时，刀开关的额定电流应不小于电动机额定电流的三倍。

主要根据电源种类、电压等级、电动机容量、所需极数及使用场合来选用刀开关。

3. 断路器

断路器在机床上应用得很广泛。这是因为它既能接通或分断正常工作电流，也能自动分断过载或短路电流，且分断能力大，还有欠电压和过载短路保护作用。

选择断路器应主要考虑其主要参数：额定电压、额定电流和允许切断的极限电流等。其脱扣器的额定电流应等于或大于负载允许的长期平均电流；其极限分断能力要大于、至少要等于电路最大短路电流。断路器脱扣器电流整定应按下面原则进行：欠电流脱扣器额定电流等于主电路额定电流；热脱扣器的整定电流应与被控对象（负载）额定电流相等；电磁脱扣器的瞬间脱扣整定电流应大于负载正常工作时的峰值电流；用来保护电动机时，电磁脱扣器的瞬时脱扣整定电流为电动机起动电流的1.7倍。

4. 组合开关

组合开关主要作为引入开关，所以也称电源隔离开关。它也可以起、停5kW以下的异步电动机，但每小时的接通次数不宜超过10~20次，开关的额定电流一般取电动机额定电流的1.5~2.5倍。

组合开关主要根据电源种类、电压等级、所需触点数及其控制的电动机容量进行选用。

5. 电源开关联锁机构

电源开关联锁机构与相应的断路器和组合开关配套使用，用于电源接通与断开以及柜门开关联锁，达到在切断电源后打开门、将门关闭后才能接通电源的效果，以起到安全保护作用。

4.3.2 熔断器的选用

选择熔断器主要是选择熔断器的种类、额定电压、额定电流及熔体的额定电流。额定电压是根据所保护电路的电压来选择的。

熔体电流的选择是熔断器选择的核心，对于照明电路等没有冲击电流的负载，应使熔体的额定电流等于或大于电路工作电流 I，即

$$I_R \geqslant I$$

式中 I_R——熔体额定电流（A）；

I——工作电流（A）。

对于一台异步电动机，由一个熔断器保护，熔体按式（4-1）选择

$$I_R = (1.5 \sim 2.5)I_N \text{ 或 } I_R = \frac{I_{st}}{2.5} \tag{4-1}$$

式中 I_N——电动机的额定电流（A）；

I_{st}——异步电动机起动电流（A）。

对于多台电动机，由一个熔断器保护，其熔体按式（4-2）选择

$$I_R \geqslant \frac{I_m}{2.5} \tag{4-2}$$

式中 I_m——可能出现的最大电流（A）。

如果由一个熔断器保护的每台电动机单独起动，则 I_m 为容量最大一台电动机起动电流加上其他电动机的额定电流。

例：两台电动机不同时起动，一台电动机额定电流为14.6A，另一台为4.64A，起动电流都为额定电流的7倍。则熔体电流为

$$I_R \geqslant \frac{14.60 \times 7 + 4.64}{2.5}\text{A} = 42.74\text{A}$$

可选用R11—60型熔断器，配用50A的熔断体。

4.3.3 热继电器的选用

热继电器用于电动机的过载保护，主要根据电动机的额定电流来确定其型号与规格。热继电器元件的额定电流 I_{RT} 应接近或略大于电动机的额定电流 I_N，即

$$I_{RT} = (0.95 \sim 1.05)I_N \tag{4-3}$$

热继电器的整定电流值是指热元件通过的电流超过此值的20%时，热继电器应当在20min内动作。选用时整定电流应与电动机额定电流一致。

4.3.4 接触器的选用

接触器用于带有负载主电路的自动接通或切断，分直流、交流两类，机床中应用最多的是交流接触器。

选择接触器主要考虑以下技术数据：

（1）电源种类：交流或直流。

（2）主触点额定电压、额定电流。

（3）辅助触点种类、数量及触点额定电流。

（4）电磁线圈的电源种类，频率和额定电压。

（5）额定操作频率（次/h），即允许的每小时接通的最多次数。

其中，主触点额定电流一般根据电动机功率 P 计算，即

$$I_C \geqslant \frac{P \times 10^3}{KU_d} \tag{4-4}$$

式中 K——经验常数，一般取1～1.4；

P——电动机功率（kW）；

U_d——电动机额定线电压（V）；

I_C——接触器主触点电流（A）。

4.3.5 中间继电器的选用

中间继电器主要在电路中起信号传递与转换作用，用它可实现多路控制，并可将小功率的控制信号转换为大容量的触点动作，以驱动电器执行元件工作。中间继电器触点多，可以用来扩充其他电器的控制作用。

主要依据控制电路的电压等级选用中间继电器，同时还要考虑触点的数量、种类及容量是否满足控制电路的要求。

4.3.6 时间继电器的选用

时间继电器是机床中常用电器之一，它是控制电路中的延时元件。

选择时间继电器，主要考虑控制电路所需要的延时触点的延时方式（通电延时还是断电延时）以及瞬时触点的数目，根据不同的适用条件选择不同类型的电器。

4.4 组合机床电气原理图设计举例

思考四

前面的设计原则都太抽象了，能举例说明一下吗？

学习目标

1. 了解电气控制设计的方法。
2. 了解电气原理图的设计思路。
3. 能设计简单的组合机床自动工作循环控制电路。

我们在第 3 章学过组合机床电气控制电路，下面以表 3-12 中的一次进给延时停留自动工作循环为例说明电气原理图的设计方法。

在钻、扩、镗、加工盲孔及刮端面时常常要求能自动完成一次工作进给，即从原位开始，经快进、工进、延时停留、快退，回到原位停止，如图 4-1 所示。

图 4-1 工作循环示意图

1. 设计主电路

由工艺要求可知，需要两台电动机：工进电动机和快进电动机，因为有快退功能，所以要求快速电动机有正反转控制，没有起动、调速和制动的电气要求。现设工进电动机为 M1，由接触器 KM1 主触点控制直接起动；快进电动机为 M2，由接触器 KM2 主触点控制正转，接触器 KM3 主触点控制其反转。因此设计主电路如图 4-2 所示，FR1、FR2 分别为 M1 和 M2 的过载保护热继电器。

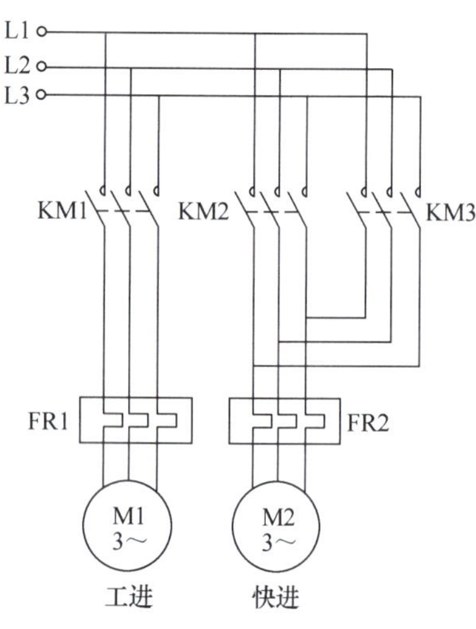

图 4-2 主电路

2. 设计控制电路

分析图 4-1 所示的工作循环可知，要求控制系统能自动完成一次工作循环，因此需要有起动按钮，设为 SB1。为了完成各个工作状态的转换，需要使用限位开关，分别设在原位、快进转工进位和工进终点放置行程开关 SQ1、SQ2、SQ3。

首先画出能完成一次工作循环控制电路主干电路框架，如图 4-3 所示。

设计完基本工作循环后，再加必要的联锁。一是快进电动机正、反转需要互锁，即 KM2 和 KM3 需要互锁；二是时间继电器 KT 一直得电动作是不必要的，在接触器 KM3 得电动作后应让 KT 复位，将 KM3 的辅助常闭触点串联到 KT 线圈电路即可实现；三是一般情况下只有主轴电动机工作才允许进给电动机运行，因此在电路中要串入控制主轴电动机的接触器 KM 的辅助常开触点，如图 4-4 所示。

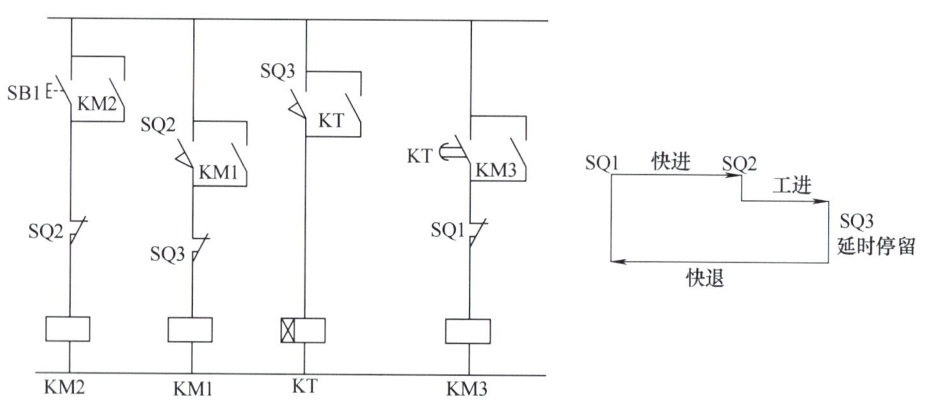

图 4-3 控制电路框架

添加完联锁后再考虑必要的保护环节：加熔断器 FU4 实现控制电路的短路保护，FR1、FR2 常闭触点串入控制电路实现电动机 M1 和 M2 的过载保护，复位按钮和接触器 KM1 ~ KM3 的自锁组合实现失电压和零电压保护。为了防止工作台越位，在工进终点极限位置一般设有超行程保护开关 SQ4。增加保护环节后的控制电路如图 4-5 所示。

在工作台进给过程中出现故障需要停车或者因超越行程而停止在终点位置时，应该能让工作台回到原位，以备维修后再次起动，因此需要增加手动快退功能，一般使用复式按钮，手动控制 KM3 接触器实现快退。这样经过反复修改后，一次进给延时停留的自动工作循环的控制电路电气原理图设计完成，最终的控制电路如图 4-6 所示。

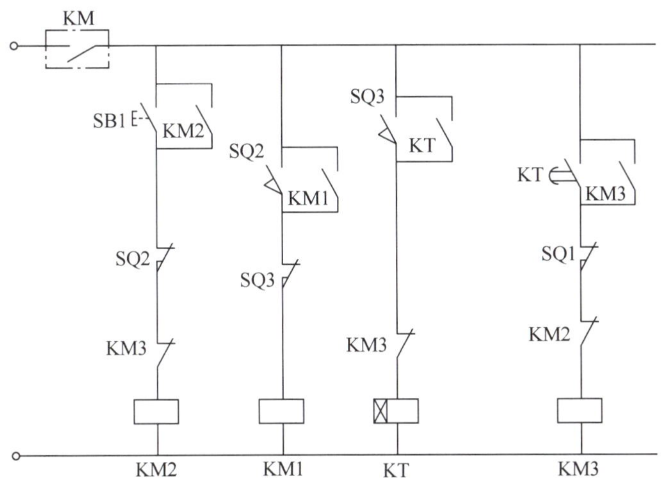

图 4-4　增加联锁后的控制电路

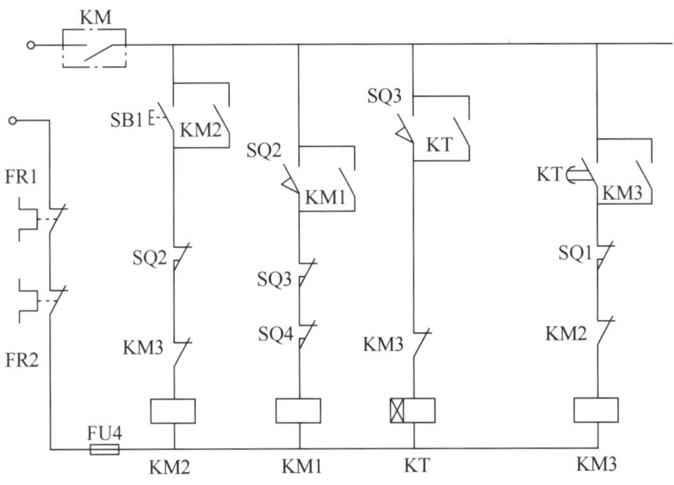

图 4-5　增加联锁和保护环节后的控制电路

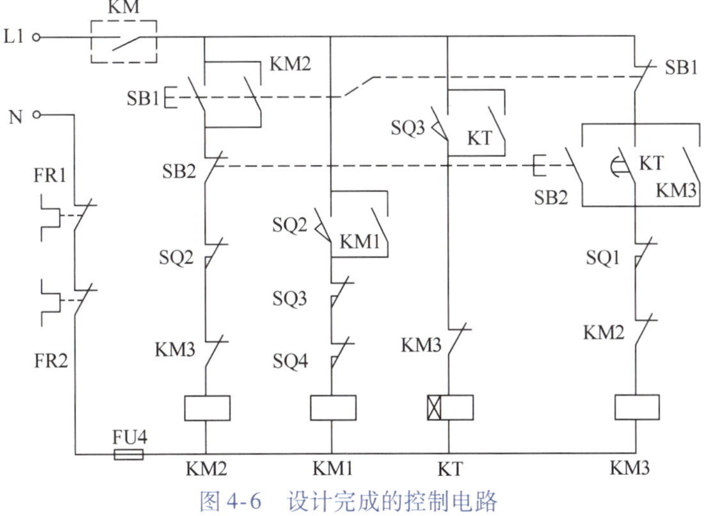

图 4-6　设计完成的控制电路

第4章　电气控制设计基础

>>> **温馨提示**

电路设计时注意电器触点的使用量不要超过限定对数。

电路设计完毕后，要进行总体校核，检查是否存在不合理、遗漏或者进一步简化的可能。检查内容包括：控制电路是否满足拖动要求，触点使用是否超出允许范围，必要的联锁和保护，电路工作是否可靠等。

4.5 实训：PLC 控制的 X6132 万能铣床设计

思考五

常听说 PLC 可以控制电器，电气控制和可编程序控制器都已经学过了，但是两门课程是怎样结合在一起的呢？

学习目标

1. 熟悉按控制要求设计电气原理控制电路的方法。
2. 熟悉根据电气原理图设计接线图的方法。
3. 了解电器与 PLC 的综合控制实现方法。

1. 实训器材

实训器材包括断路器 1 个、熔断器 4 个、接触器 6 个、热继电器 3 个、按钮 4 个、转换开关 9 个、PLC 1 台、电动机 3 台、信号灯 3 个、万用表 1 块、导线若干，如图 4-7 所示。

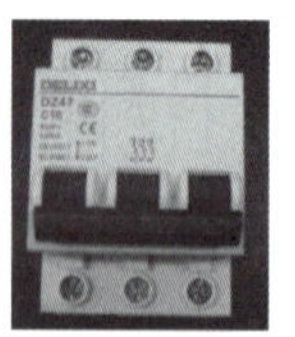

断路器

熔断器

接触器

热继电器

按钮

转换开关

PLC

三相电动机

信号灯

万用表

图 4-7　PLC 控制的 X6132 万能铣床实训器材

2. 实训过程

控制要求分析

分析 X6132 型卧式万能铣床电气控制要求。

（1）考虑实验室的设备情况，一般没有速度继电器，因此将主电动机 M1 反接制动改为无制动，将主电动机正反转由转换开关控制改为用电气方法实现。

（2）铣床控制电路及照明灯均采用 220V 供电，省略变压器。

（3）工作台的纵向、横向和垂直 3 个方向的进给运动由一台进给电动机 M2 拖动，3 个方向的选择由 6 个转换开关来实现。每个方向有正、反双向运动，即要求 M2 能正反转。同一时间只允许工作台向一个方向移动，故三个方向的运动之间应有联锁保护。使用圆工作台时，要求圆工作台的旋转运动与工作台的上下、左右、前后三个方向的运动之间有联锁控制，即圆工作台旋转时工作台不能向其他方向移动。

（4）为了缩短调整运动的时间，工作台应有快速移动控制，X6132 型卧式万能铣床是采用快速电磁铁吸合改变传动链的传动比来实现的，没有电磁铁可以用信号灯模拟来代替电磁阀线圈 YB。

（5）根据工艺要求，主轴旋转与工作台进给应有先后顺序控制，即进给运动要在铣刀旋转之后才能进行，加工结束必须在铣刀停转前停止进给运动。

主电路改造设计

根据电气控制要求，主电路有三台电动机，如图 4-8 所示。其中 M1 为主轴电动机，由 KM3 和 KM2 的主触点分别控制其正、反转；M2 为进给电动机，由 KM4 和 KM5 主触点分别控制其正、反转；KM6 的主触点控制快移电磁铁 YA；M3 为冷却电动机，由 KM1 的主触点控制。HL 为电源指示灯，EL 是照明灯。

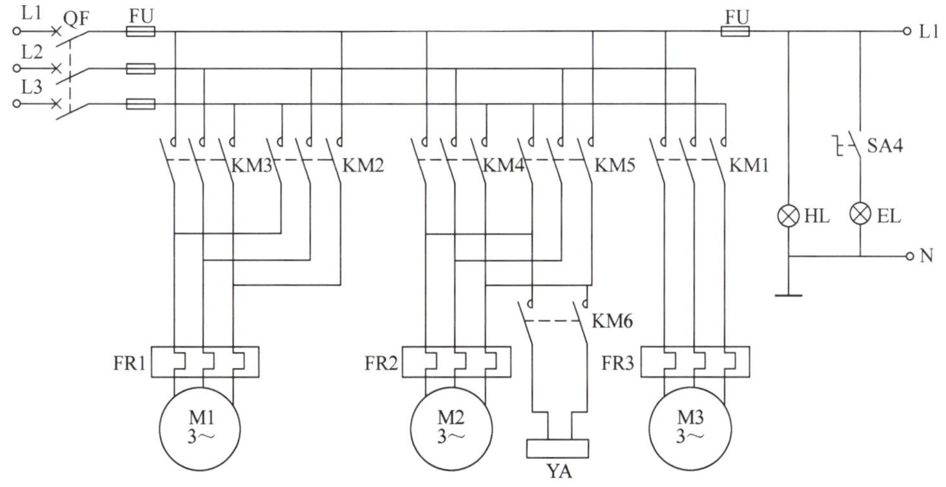

图 4-8　PLC 控制的 X6132 型卧式万能铣床主电路

PLC的I/O口分配

根据第 3 章图 3-37 和上述的改造要求我们知道，X6132 型卧式万能铣床控制主轴电动机的控制按钮有 3 个，分别为正转 SB1、反转 SB2 和停车 SB3。控制进给电动机的有 7 个转换开关和一个控制按钮 SB4，其中转换开关分别控制 6 个直线进给方向和圆工作台方式，控制按钮控制快速进给。控制冷却电动机的是一个转换开关。这 12 个主令电器占用 12 个 PLC 的输入点，端口分配见表 4-1。6 个接触器 KM1 ~ KM6 与 PLC 的输出点相连，端口分配见表 4-1。

照明电路的转换开关不需要通过 PLC 控制。

这里使用的 PLC 是西门子公司 S7—200，该 PLC 有 14 个输入点，10 个输出点。

表 4-1　I/O 口分配

<table>
<tr><th>序号</th><th>状态</th><th>名称</th><th>作用</th><th>I/O 分配</th><th>备　注</th></tr>
<tr><td>1</td><td>输入</td><td>按钮 SB1</td><td>M1 正转</td><td>I0. 0</td><td>控制 KM3</td></tr>
<tr><td>2</td><td>输入</td><td>按钮 SB2</td><td>M1 反转</td><td>I0. 1</td><td>控制 KM2</td></tr>
<tr><td>3</td><td>输入</td><td>按钮 SB3</td><td>M1 停车</td><td>I0. 2</td><td></td></tr>
<tr><td>4</td><td>输入</td><td>按钮 SB4</td><td>快速电动机工作</td><td>I0. 3</td><td>控制 KM6</td></tr>
<tr><td>5</td><td>输入</td><td>转换开关</td><td>左，控制 M2 反转</td><td>I0. 4</td><td rowspan="3">控制 KM5</td></tr>
<tr><td>6</td><td>输入</td><td>转换开关</td><td>后，控制 M2 反转</td><td>I0. 7</td></tr>
<tr><td>7</td><td>输入</td><td>转换开关</td><td>上，控制 M2 反转</td><td>I1. 0</td></tr>
<tr><td>8</td><td>输入</td><td>转换开关</td><td>下，控制 M2 正转</td><td>I1. 1</td><td rowspan="4">控制 KM4</td></tr>
<tr><td>9</td><td>输入</td><td>转换开关</td><td>右，控制 M2 正转</td><td>I0. 5</td></tr>
<tr><td>10</td><td>输入</td><td>转换开关</td><td>前，控制 M2 正转</td><td>I0. 6</td></tr>
<tr><td>11</td><td>输入</td><td>转换开关 SA1</td><td>圆工作台工作方式，控制 M2 正转</td><td>I1. 2</td></tr>
<tr><td>12</td><td>输入</td><td>转换开关 SA3</td><td>控制冷却电动机</td><td>I1. 3</td><td>控制 KM1</td></tr>
<tr><td>13</td><td>输出</td><td>1</td><td>冷却电动机工作</td><td>Q0. 4</td><td>KM1 +</td></tr>
<tr><td>14</td><td>输出</td><td>2</td><td>主电动机反转</td><td>Q0. 0</td><td>KM2 +</td></tr>
<tr><td>15</td><td>输出</td><td>3</td><td>主电动机正转</td><td>Q0. 1</td><td>KM3 +</td></tr>
<tr><td>16</td><td>输出</td><td>4</td><td>进给电动机正转</td><td>Q0. 2</td><td>KM4 +</td></tr>
<tr><td>17</td><td>输出</td><td>5</td><td>进给电动机反转</td><td>Q0. 3</td><td>KM5 +</td></tr>
<tr><td>18</td><td>输出</td><td>6</td><td>快速电动机工作</td><td>Q0. 5</td><td>KM6 +</td></tr>
</table>

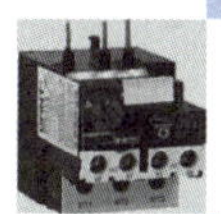

控制电路设计

原 X6132 型卧式万能铣床的电气控制原理如图 3-37 所示，该电路的控制功能在这里都是通过 PLC 编程实现的。热继电器、熔断器是不能用 PLC 程序代替的保护电器；接触器用来控制电动机，也不能代替。控制电路如图 4-9 所示。

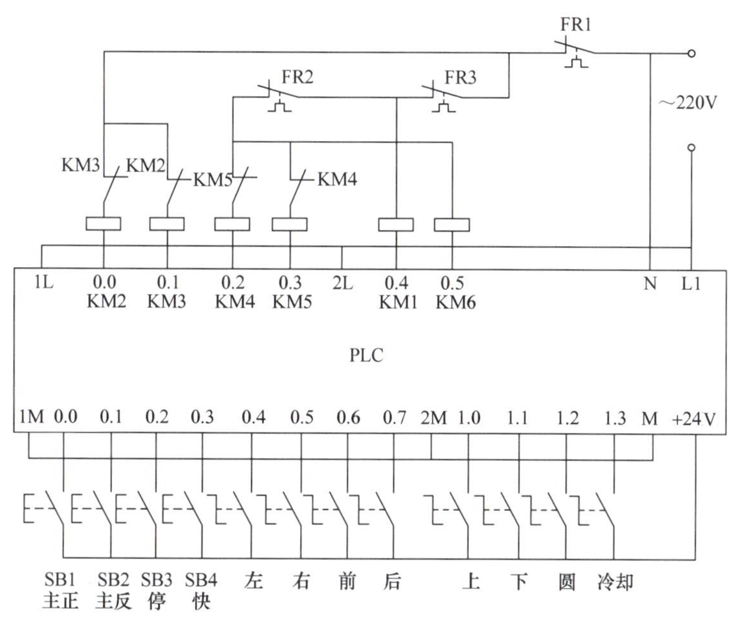

图 4-9　PLC 控制的 X6132 型卧式万能铣床控制电路

接线电路设计

根据电气控制要求设计主电路、控制电路和照明电路，并在电气原理图对每一个电器重新编号，注意不要漏编和重复。经检查无误后，按照电气原理图上的编号设计电器布置图和电气接线图，如图 4-10 所示。

PLC梯形图设计

图 3-37 中实现的 X6132 型卧式万能铣床控制关系如下：

（1）主轴电动机起动之后进给电动机才能工作；进给电动机工作之后，快速进给电动机才能工作。

（2）圆工作台没有快速进给。

（3）6 个方向（上、下、前、后、左、右）的直线运动和圆工作台的转动这 7 种工作方式彼此联锁，也就是每次只能选择一种工作方式，否则控制电路断电保护。

（4）主轴电动机、进给电动机的正、反转都需要彼此互锁。

根据这些联锁关系写出 PLC 控制程序梯形图，如图 4-11 所示。

电器安装、布线、调试

电器安装、布线、调试，得到的电路实物图如图 4-12 所示。

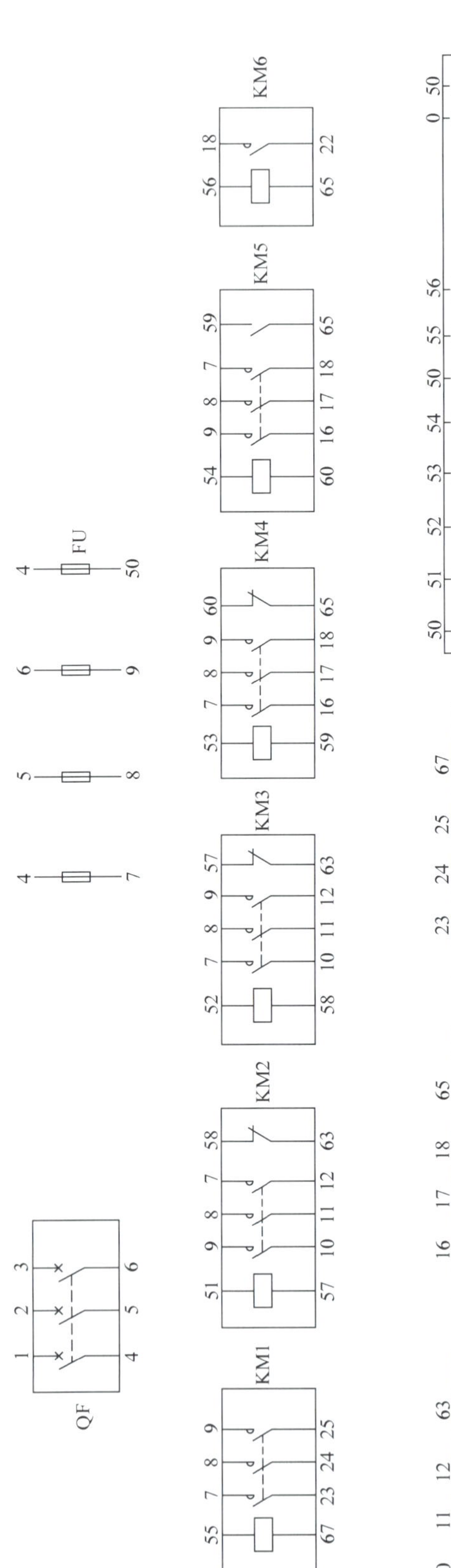

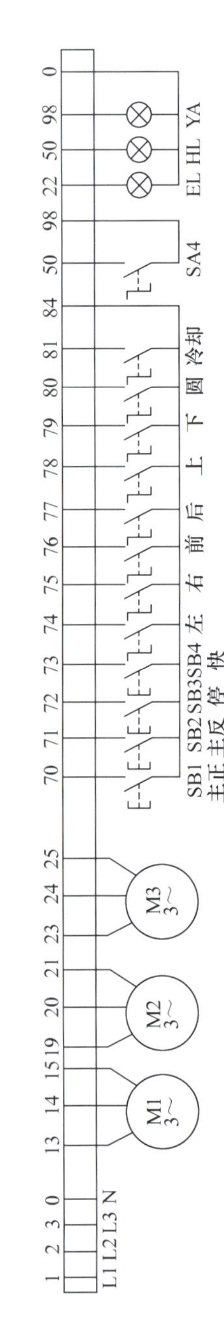

图4-10 PLC控制的X6132型卧式万能铣床接线图

```
I0.0    I0.2    Q0.0    Q0.1
─┤ ├─┬─┤/├─┬─┤/├──(  )
Q0.1 │ Q0.2│
─┤ ├─┘ ┤ ├─┤
       Q0.3│
       ┤ ├─┘

I0.1    I0.2    Q0.1    Q0.0
─┤ ├─┬─┤/├─┬─┤/├──(  )
Q0.0 │ Q0.2│
─┤ ├─┘ ┤ ├─┤
       Q0.3│
       ┤ ├─┘

I0.4    I0.7    I1.0      I0.5   I0.6   I1.1   I1.2   M0.1
─┤ ├──┤/├──┤/├──┬──┤/├──┤/├──┤/├──┤/├──(  )
I0.7    I0.4    I1.0 │
─┤ ├──┤/├──┤/├──┤
I1.0    I0.4    I0.7 │
─┤ ├──┤/├──┤/├──┘

I0.5    I0.6    I1.1      I0.4   I0.7   I1.0   I1.2   M0.0
─┤ ├──┤/├──┤/├──┬──┤/├──┤/├──┤/├──┤/├──(  )
I0.6    I0.5    I1.1 │
─┤ ├──┤/├──┤/├──┤
I1.1    I0.5    I0.6 │
─┤ ├──┤/├──┤/├──┘

I1.2    I0.4    I0.5      I0.6   I0.7   I1.0   I1.1   M0.2
─┤ ├──┤/├──┤/├─────┤/├──┤/├──┤/├──┤/├──(  )

Q0.0    M0.0    Q0.3    Q0.2
─┤ ├─┬─┤ ├─┬─┤/├──(  )
Q0.1 │ M0.2│
─┤ ├─┘ ┤ ├─┘

Q0.0    M0.1    Q0.2    Q0.3
─┤ ├─┬─┤ ├──┤/├──(  )
Q0.1 │
─┤ ├─┘

I1.3    Q0.4
─┤ ├──(  )

Q0.2    I0.3    M0.2    Q0.5
─┤ ├─┬─┤ ├──┤/├──(  )
Q0.3 │
─┤ ├─┘
```

图 4-11　梯形图

图 4-12　PLC 控制的 X6132 型卧式万能铣床电气控制电路实物图

温馨提示

（1）设计电气原理图，先设计主电路，再设计控制电路、照明电路、电源指示灯电路。设计控制电路时先进行 PLC 的 I/O 分配，并注意各台电动机的热继电器过载保护功能的不同。

（2）在电气原理图上编号，注意不要重复编号和漏编，经指导教师检查无误后开始设计电气接线图，注意电器布局合理。

（3）设计梯形图程序，注意要保留原来 X6132 所有的控制功能和联锁功能。

（4）安装电器，布线，要注意布线合理、正确，线号齐全，整个配电盘上的线号要保持一致。导线平直、美观，不交叉、不跨接。

（5）调试前请指导教师协助仔细检查 PLC 电源接线，避免烧毁 PLC。

（6）操作时要注意将 X6132 所有功能全部调试，尤其是 6 个方向直线进给控制，切不开抽检。

思考六

实训时经常会遇到什么故障呢？

3. 故障现象与检修方法

常见故障现象与相应的检修方法见表 4-2。

表 4-2 常见故障现象与检修方法

序号	故障现象	检修方法
1	QF 合上，电源指示灯和 PLC 指示灯均不亮	① 检查熔断器熔体状态 ② 检查电源是否有电加入
2	QF 合上，电源指示灯亮，PLC 指示灯不亮	检查 PLC 电源是否接错
3	QF 合上，电源指示灯不亮，PLC 指示灯亮	检查电源指示灯 HL 是否损坏或者接错
4	QF 合上，PLC 指示灯为黄色	将 PLC 状态调到工作状态“run”
5	QF 合上，PLC 冒烟	PLC 电源接错，立即切断电源
6	按下控制按钮，接触器没有动作	① 观察 PLC 相对应的输出口指示灯是否亮，如果亮，则是 PLC 输出到零线之间的接触器接错 ② 如果 PLC 没有输出，观察 PLC 输入点指示灯是否亮，如果不亮说明按钮接错，否则再观察该按钮与该路输入是否与设计时分配的输入口一致 ③ 如果确认没有输出但输入口又没有错，请上传下载的程序检查
7	按下控制按钮，接触器得电动作，但是电动机没有工作	检查相应主电路是否有缺相、断路、接错等故障

（续）

序号	故障现象	检修方法
8	部分功能没有实现	① 检查 PLC 输入的主令电器是否使用了分配的输入口 ② 检查输入主令电器是否正常 ③ 结合设计图纸分析，该部分是否有设计错误
9	起动后，接触器动作，但电动机不动或者嗡嗡响，转动不流畅	检查是否有缺相问题存在

本章小结

电气控制设计的主要原则是在最大限度地满足生产机械和工艺要求的基础上，力求可靠、安全、简单、经济。

电气设计的主要任务，是选择拖动方案，进行原理设计和一系列工艺图纸的设计。

电气原理设计的任务是保证生产机械拖动要求、控制要求和系统主要参数的实现。

复习与思考

1. 你能将表 3-3 中的典型工作循环设计出来吗？试试设计一次进给延时停留自动工作循环和分级进给自动工作循环。

2. 电气控制设计中应遵循的原则是什么？

3. 电气控制设计包括哪些内容？

4. 设计一个控制电路，要求第一台电动机起动 10s 后，第二台电动机自行起动，两台电动车运行 5s 后，第一台电动机停止并同时第三台电动机自行起动，第二台与第三台再运行 15s 后，电动机全部停止。

附　录

附录 A　电气图常用图形与文字符号新旧标准对照表

编号	名　　称	新国标		旧国标	
		图形符号（GB/T 4728—2005～2008）	文字符号（GB/T 7159—1987）	图形符号（GB 312—1964）	文字符号（GB 315—1964）
1	直流				
	交流				
	交直流				
2	导线的连接	或			
	导线的多线连接	或		或	
	导线的不连接				
3	接地一般符号		E		
4	电阻器一般符号		R		R
5	电容器一般符号		C		C
	极性电容器	+		+ −	

（续）

编号	名　称	新国标		旧国标	
		图形符号（GB/T 4728—2005～2008）	文字符号（GB/T 7159—1987）	图形符号（GB 312—1964）	文字符号（GB 315—1964）
6	半导体二极管		V		D
7	熔断器		FU		RD
8	换向绕阻				HQ
	补偿绕阻				BCQ
	串励绕阻				CQ
	并励或他励绕阻			并励	BQ
				他励	TQ
9	发电机	G	G	F	F
	直流发电机	G	GD	F	ZF
	交流发电机	G	GA	F	JF

（续）

编号	名　　称	新　国　标		旧　国　标	
		图形符号（GB/T 4728—2005～2008）	文字符号（GB/T 7159—1987）	图形符号（GB 312—1964）	文字符号（GB 315—1964）
9	发动机	M	M	D	D
	直流电动机	M	MD	D	ZD
	交流电动机	M ~	MA	D ~	JD
	三相笼型异步电动机	M 3~	M		D
	三相绕线转子异步电动机	M 3~	M		D
	直流串励电动机	M	MD	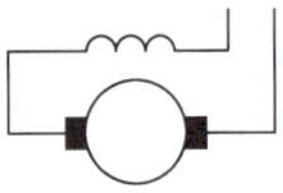	ZD
	直流他励电动机	M	MD		ZD
	直流并励电动机	M	MD		ZD
	直流复励电动机	M	MD		ZD

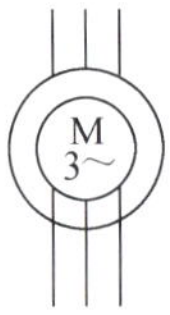

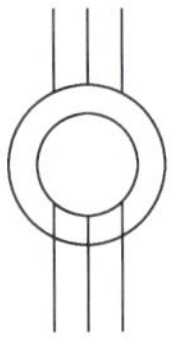

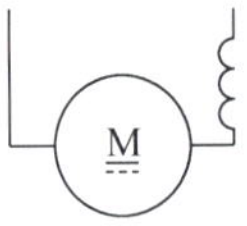

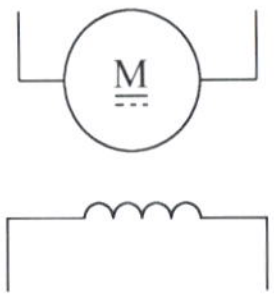

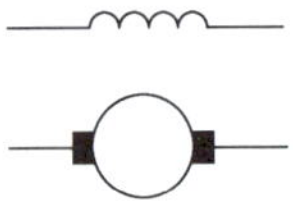

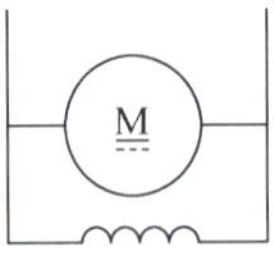

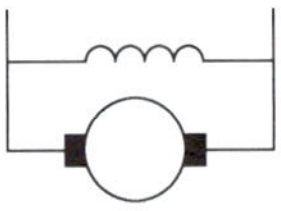

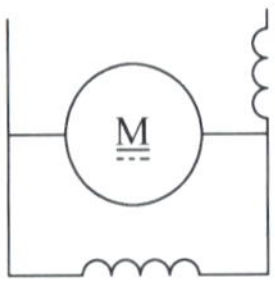

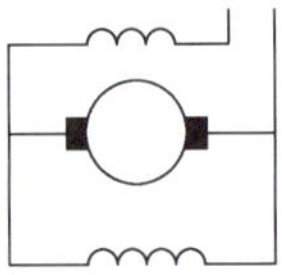

（续）

编号	名　　称	新国标		旧国标	
		图形符号（GB/T 4728—2005～2008）	文字符号（GB/T 7159—1987）	图形符号（GB 312—1964）	文字符号（GB 315—1964）
10	单相变压器	或	T		B
	控制电路电源用变压器		TC		
	照明变压器		T		ZB
	整流变压器				ZLB
	三相自耦变压器星形联结		T		ZDB
11	单极开关		Q	或	K
	三极开关				
	刀开关				
	组合开关				
	手动三极开关一般符号				
	三极隔离开关				

（续）

编号	名　称	新国标 图形符号（GB/T 4728—2005～2008）	新国标 文字符号（GB/T 7159—1987）	旧国标 图形符号（GB 312—1964）	旧国标 文字符号（GB 315—1964）
			限位开关		
12	带动合触点的位置开关		SQ	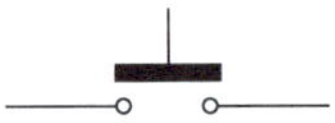	XWK
	带动断触点的位置开关				
	组合位置开关	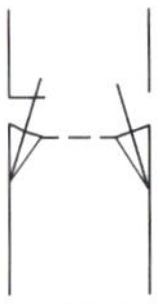		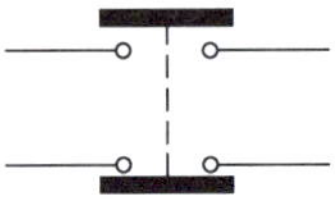	
			按钮		
13	带动合触点的按钮		SB		QA
	带动断触点的按钮				TA
	带动合和动断触点的按钮	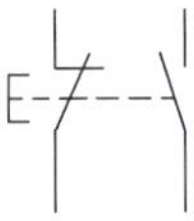		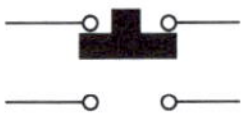	AN
			接触器		
14	线圈	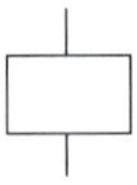	KM	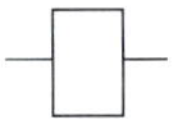	C
	动合（常开）触点			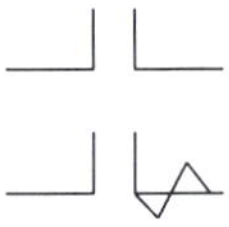	
	动断（常闭）触点			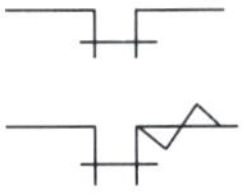	

（续）

编号	名　　称	新国标 图形符号 (GB/T 4728—2005～2008)	新国标 文字符号 (GB/T 7159—1987)	旧国标 图形符号 (GB 312—1964)	旧国标 文字符号 (GB 315—1964)
	继　电　器				
15	动合（常开）触点		符号同操作元件		符号同操作元件
	动断（常闭）触点				
	延时闭合的动合触点		KT		SJ
	延时断开的动合触点			或	
	延时闭合的动断触点			或	
	延时断开的动断触点			或	
	延时动合触点				
	延时闭合和延时断开的动断触点				
	时间继电器线圈（一般符号）				
	中间继电器线圈		KA		ZJ
	欠电压继电器线圈	U<	KV	V<	QYJ
	过电流继电器的线圈	I>	KI	I>	QLJ

（续）

编号	名　　称	新　国　标		旧　国　标	
		图形符号（GB/T 4728—2005～2008）	文字符号（GB/T 7159—1987）	图形符号（GB 312—1964）	文字符号（GB 315—1964）
16	热继电器驱动器件		FR		RJ
	热继电器的常闭触点			或	
17	电磁铁		YA		DCT
	电磁吸盘		YH		DX
	插头和插座		X		CZ
	照明灯		EL		ZD
	信号灯		HL		XD
	电抗器	或	L		DK
限定符号					
18	接触器功能 位置开关功能			隔离开关（隔离器）功能 隔离开关功能	
19	一般情况下手动操作 旋转操作 推动操作				

APPENDIX

附录 B　复习与思考答案要点

第 1 章

1. a——速度继电器——（4）
b——时间继电器——（2）
c——按钮 ——（3）
d——热继电器 ——（6）
e——接触器 ——（5）
f——熔断器 ——（1）

2. QS：刀开关；FU：熔断器；KM：接触器；FR：热继电器；KA：中间继电器；KI：电流继电器；KV：电压继电器；KT：时间继电器；KS：速度继电器；SB：按钮；SQ：行程开关；SA：转换开关。

3. 继电器结构及原理与接触器类似，由电磁机构和触头系统组成，线圈得电其触点可以动作。不同的是：继电器可以反映多种输入，而接触器只在一定电压信号下动作；继电器用于切换小电路，接触器用来控制大电流；继电器没有灭弧装置，也无主、辅触点之分。

4. 时间继电器触点是否有延时，主要是看其触点的国标符号上是否有“ᅭ”或“ᅮ”，若有则表示延时触点。

第 2 章

1. 小功率电动机（5kW 以下）通常采用全压直接起动，现场实际使用时，10kW 以下的电动机一般都采用全压起动。

2. （略）

3. （略）

4. 依靠接触器自身辅助触点而使其线圈保持通电的现象称为自锁。当一个接触器线圈得电时，通过其辅助常闭触点使另一个接触器不能得电的这种相互制约的作用称互锁，实现互锁的辅助常闭触点称为互锁触点。

5. 点动与长动的区别就在于控制电动机的接触器线圈电路是否有自锁。

6. 短路保护：熔断器；过载保护：热继电器；过电流保护：过电流继电器；零电压和欠电压保护：能自动恢复的按钮和带有自锁作用的接触器；弱磁保护：欠电流继电器。

7. 在电动机运行中，如果电源电压因某种原因消失，那么在电源电压恢复时，如果电动机自行起动，将可能使生产设备损坏，甚至造成人身事故。对供电系统的电网，同时有许多电动机及其他用电设备自行起动也会引起不允许的过电流及瞬间电网电压下降。为了防止电网恢复供电时电动机自行起动的保护叫做零电压保护。

8. 正常运行时定子绕组接成三角形（△），而且三相绕组 6 个抽头均引出、功率在 4kW

以上的三相笼型异步电动机可以采用Y—△减压起动。Y—△减压起动适用于电动机空载或轻载状态起动，因为机床多为轻载和空载起动，因而这种起动方法应用较普遍。

9. 所谓能耗制动，就是在电动机脱离三相交流电源之后，定子绕组上加一个直流电压，即通入直流电流，使电子绕组产生一个静止磁场，当电动机在惯性作用下继续旋转时与静止磁场作用产生感应电流，该感应电流与静止磁场相互作用产生一个与电动机旋转反向相反的电磁转矩，起制动作用。因为这种方法是将转子动能转化为电能，并消耗在转子电路的电阻上，动能耗尽，系统停车，所以称为能耗制动。

第 3 章

1. 分别安装在机床两边的起动和停车控制按钮，可实现两地控制，便于生产操作。两地控制原则：起动用控制按钮的常开触点并联，停车用控制按钮的常闭触点串联。

2. 主电路：主电动机 M1 是采用直接起动、连续工作（有 FR 保护）、正反向运行（KM1、KM3 得电为正转，KM2、KM3 得电为反转）；正反向停车都带有反接制动控制（由 KS、R 和 KM3 等器件实现）；起动完成进入加工状态，由电流表 A 指示 M1 电流值。

控制电路：正向点动 $\text{SB2}^{+}\rightarrow\text{KM1}^{+}$（无自锁）→M1 串 R 正向点动（$\text{SB2}^{+}$表示按 SB2 并保持）

$$\text{正向起动 SB3}^{\pm}\rightarrow\begin{matrix}\text{KM3}^{+}\\ \text{KT}^{+}\end{matrix}\rightarrow\begin{matrix}\text{短接R}\\ \text{KA}^{+}\end{matrix}\rightarrow\text{KM1}^{+}\text{（自锁）}\rightarrow\text{M1 全压正向起动}\xrightarrow{n\geqslant 120\text{r/min}}\text{KS}-1^{+}$$

$$\xrightarrow{\text{延时时间到}}\begin{matrix}\text{转速达 }n_{\text{N}}\\ \text{电流表 A 接入}\end{matrix}$$（$\text{SB3}^{\pm}$表示按 SB3，KM1 得电保持后松开 SB3）

$$\text{正向制动 SB1}^{\pm}\rightarrow\begin{matrix}\text{KM1}^{-}\\ \text{KM3}^{-}\\ \text{KT}^{-}\\ \text{KA}^{-}\end{matrix}\xrightarrow[\text{KS}-1^{+}]{}\text{KM2}^{+}\rightarrow\begin{matrix}\text{M1 串 R}\\ \text{反接制动}\end{matrix}n\downarrow\downarrow\xrightarrow{n<100\text{r/min}}\text{KS}-1^{-}\rightarrow\text{KM2}^{-}$$

反向起动（接 SB4）与停车制动（$\text{KS}-2^{+}$）过程与正向类似。

3. 原理电路图读图的基本原则可以总结成 16 个字：自上而下、从左到右、先主后辅、顺藤摸瓜。

4. 主轴工作之后进给运动才能进行，加工结束必须停止进给运动再让主轴电动机停转；同一时间只允许工作台向一个方向移动，故三个方向的运动之间应有联锁保护。使用圆工作台时，要求圆工作台的旋转运动与工作台的上下、左右、前后三个方向的运动之间有联锁控制，即圆工作台旋转时，工作台不能向其他方向移动；进给电动机工作之后才允许快速进给；主轴电动机过载整个控制电路全部断开，冷却电动机过载进给控制电路和冷却控制电路断开，进给电动机过载，进给控制电路断开。

5. 高速起动控制：将变速手柄放在高速位置（SQ1^{+}）

$$\text{正向运行：SB3}^{\pm}\rightarrow\begin{matrix}\text{KM2}^{-}\\ \text{KM1}^{+}\text{（自锁）}\end{matrix}\rightarrow\begin{matrix}\text{KM3}^{+}\\ \text{KT}^{+}\end{matrix}\rightarrow\text{YB}^{+}\rightarrow\text{M1 低速正向起动}$$

$$\xrightarrow{\text{延时时间到}}\text{KM3}^{-}\rightarrow\begin{matrix}\text{KM4}^{+}\\ \text{KM5}^{+}\text{（自锁）}\end{matrix}\rightarrow\text{KT}^{-}\rightarrow\text{M1 高速正向运行}$$

反向运行：$SB2^{\pm}\rightarrow\begin{matrix}KM1^{-}\\KM2^{+}\end{matrix}$（自锁）$\rightarrow\begin{matrix}KM3^{+}\\KT^{+}\end{matrix}\rightarrow YB^{+}\rightarrow$M1 低速反向起动

$\xrightarrow{\text{延时时间到}}KM3^{-}\rightarrow\begin{matrix}KM4^{+}\\KM5^{+}\end{matrix}$（自锁）$\rightarrow KT^{-}\rightarrow$M1 高速反向运行

停车：$SB1^{+}\rightarrow KM1^{-}$（或 $KM2^{-}$）$\rightarrow\begin{matrix}KM4^{-}\\KM5^{-}\end{matrix}\rightarrow YB^{-}\rightarrow$电动机迅速停车

第 4 章

1. 一次进给，延时停留主电路、控制电路及工作过程如附图 B-1 所示。

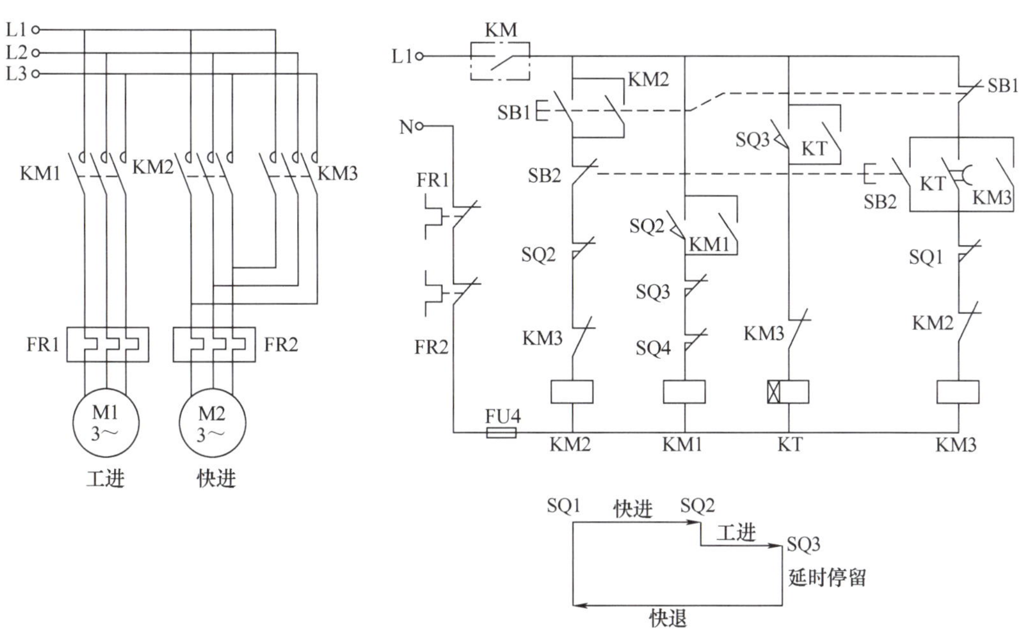

附图　B-1

分级进给主电路、控制电路及工作过程如附图 B-2 所示。

2. 电气控制设计的主要原则是在最大限度的满足生产机械和工艺要求的基础上，力求可靠、安全、简单、经济。

3. 电气设计的主要任务，是选择拖动方案，进行原理设计和一系列工艺图纸的设计。电气原理设计的任务是保证生产机械拖动要求、控制要求和系统主要参数的实现。

4. 如附图 B-3 所示。

L1
L2
L3
KM1
KM2
KM3
FR1
FR2
M1
3~
M2
3~
工进
快进
KM
L1
N
SB1
SQ4
SQ7
KM2
SQ2
SQ5
SQ8
KM1
SB1
SQ3
SQ6
SQ9
KM3
SB2
FR1
SB2
SQ2
SQ5
SQ8
KM3
FR2
FU4
SQ3
SQ6
SQ9
SQ10
SQ1
SQ4
SQ7
KM2
KM2
快进
KM1
工进
KM3
快退

原位
快进
工进
快退
快进
工进
快退
快进
工进
快退

附图 B-2

SB1
KT3
SB2
KM1
KT1
KM2
KT2
KM3
KT2
KM1
KT1
KM2
KT2
KM3
KT3

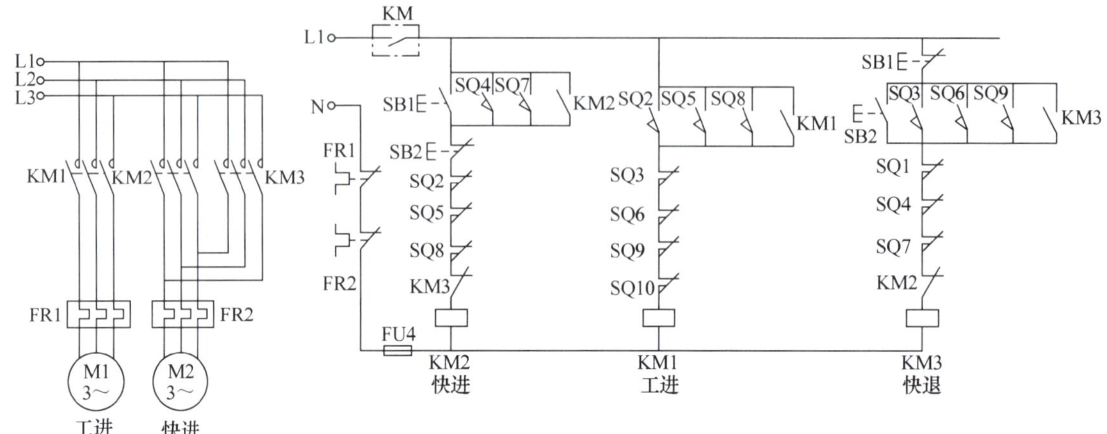

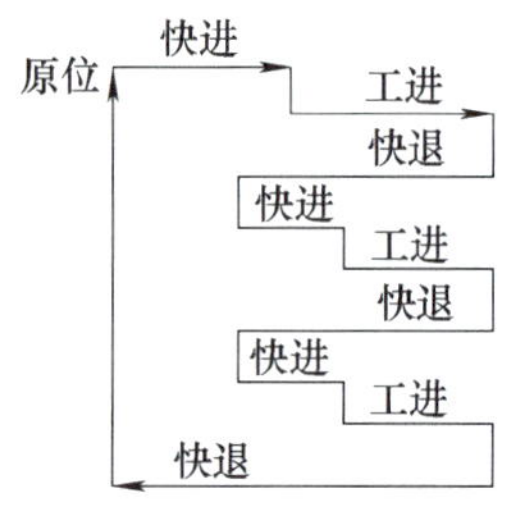

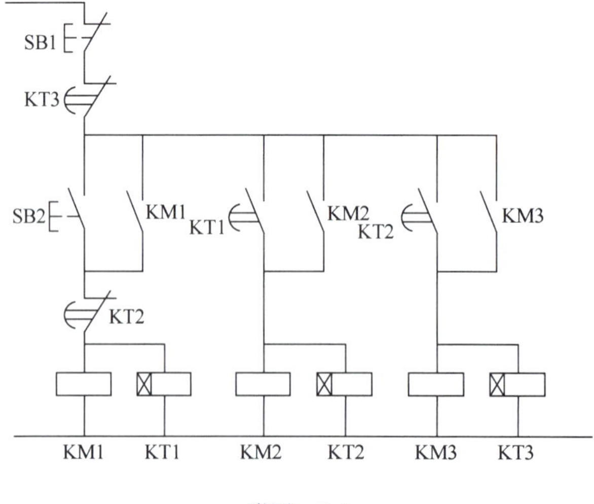

附图 B-3

附录 C　实训报告

常用电器的认识及接触器的使用实训报告

一、实训目的

二、元器件清单

序号	元器件名称	国标符号	规格型号	数量
1				
2				
3				
4				
5				
6				

三、实训电路

四、评分表

内容	考核要求	配分	评分标准	扣分	得分
接线	布线合理、正确	55	每错一处扣 2 分		
	导线平直、美观，不交叉，不跨接		布线不美观、导线不平直、交叉架空跨接，每处扣 1 分		
	接线正确、牢固		裸露导线过长或者接点压接不紧，每处扣 1 分		
调试	调试尽量一次成功 信号灯指示正常	30	试运行步骤方法不正确扣 2 ~ 4 分；试运行一次不成功扣 10 分，三次不成功此项不得分		
文明操作	工作台面清洁、工具摆放整齐	10	凡违反有关规定，酌扣 2 ~ 4 分，但对发生严重事故者，则取消实训资格		
时间	1h 按时完成	5	每超时 5min 酌扣 3 ~ 5 分		
总分		100			

五、实训中存在什么问题?

时间继电器控制信号延时起停实训报告

一、实训目的

二、元器件清单

序号	元器件名称	国标符号	规格型号	数量
1				
2				
3				
4				
5				
6				

三、实训电路

四、评分表

内容	考核要求	配分	评分标准	扣分	得分
接线	布线合理、正确	55	每错一处扣 2 分		
	导线平直、美观，不交叉，不跨接		布线不美观、导线不平直、交叉架空跨接，每处扣 1 分		
	接线正确、牢固		裸露导线过长或者接点压接不紧，每处扣 1 分		
调试	时间继电器未设定或设定错误	30	每错一处扣 4 分		
	通电试车成功		一次不成功扣 10 分，三次不成功本项不得分		
文明操作	工作台面清洁、工具摆放整齐	10	凡违反有关规定，酌扣 2 ~ 4 分，但对发生严重事故者，则取消实训资格		
时间	1h 按时完成	5	每超时 5min 酌扣 3 ~ 5 分		
总分		100			

五、实训中存在什么问题？

三相异步电动机全压起动实训报告

一、实训目的

二、元器件清单

序号	元器件名称	国标符号	规格型号	数量
1				
2				
3				
4				
5				
6				
7				
8				

三、实训电路

四、评分表

内容	考核要求	配分	评分标准	扣分	得分
接线	布线合理、正确	55	每错一处扣 2 分		
	导线平直、美观，不交叉，不跨接		布线不美观、导线不平直、交叉架空跨接，每处扣 1 分		
	接线正确、牢固		裸露导线过长或者接点压接不紧，每处扣 1 分		
试车	试车尽量一次成功电动机空载运转正常	30	试运行的步骤方法不正确扣 2 ~ 4 分；试运行一次不成功扣 10 分，三次不成功此项不得分		
文明操作	工作台面清洁、工具摆放整齐	10	凡违反有关规定，酌扣2 ~ 4 分，但对发生严重事故者，则取消实训资格		
时间	1. 5h 按时完成	5	每超时 5min 酌扣 3 ~ 5 分		
总分		100			

五、实训中存在什么问题？

三相异步电动机正反转控制实训报告

一、实训目的

二、元器件清单

序号	元器件名称	国标符号	规格型号	数量
1				
2				
3				
4				
5				
6				
7				
8				

三、实训电路

四、评分表

内容	考核要求	配分	评分标准	扣分	得分
接线	布线合理、正确，导线平直、美观	25	不符合要求每处扣2分，布线不美观扣5~8分		
	接线正确、牢固	20	接触不良每处扣2~4分		
	电路接线正确，联锁保护齐全	20	接线有错每处扣4分，控制功能不全每处扣4分		
试车	电动机正反转运转正常	20	试运行的步骤方法不正确扣2~4分；经两次试运行才成功扣10分，三次不成功扣20分		
文明操作	工作台面清洁、工具摆放整齐	10	凡违反有关规定，酌扣2~4分，但对发生严重事故者，则取消实训资格		
时间	3h按时完成	5	每超时5min酌扣3~5分		
总分		100			

五、实训中存在什么问题？

三相异步电动机串电阻减压起动实训报告

一、实训目的

二、元器件清单

序号	元器件名称	国标符号	规格型号	数量
1				
2				
3				
4				
5				
6				
7				
8				
9				

三、实训电路

四、评分表

内容	考核要求	配分	评分标准	扣分	得分
电器安装及检查	检查电器好坏 正确安装电器	10	电气元件漏检每处扣2分 布局不合理、不准确扣5分		
接线	布线合理、正确	45	每错一处扣2分		
	导线平直、美观，不交叉，不跨接		布线不美观、导线不平直、交叉架空跨接每处扣1分		
	接线正确、牢固		裸露导线过长或者接点压接不紧，每处扣1分		
试车	热继电器、时间继电器未整定或整定错误	30	每错一处扣4分		
	操作顺序正确		操作不正确扣2～4分		
	通电试车成功		一次不成功扣10分，三次不成功本项不得分		
文明操作	工作台面清洁、工具摆放整齐	10	凡违反有关规定，酌扣2～4分，但对发生严重事故者，则取消实训资格		
时间	3h按时完成	5	每超时5min酌扣3～5分		
总分		100			

五、实训中存在什么问题？

三相异步电动机Y—△减压起动控制实训报告

一、实训目的

二、元器件清单

序号	元器件名称	国标符号	规格型号	数量
1				
2				
3				
4				
5				
6				
7				
8				
9				

三、实训电路

四、评分表

内容	考核要求	配分	评分标准	扣分	得分
电器安装及检查	检查电器好坏 正确安装电器	10	电气元件漏检每处扣 2 分 布局不合理、不美观扣 5 分		
接线	布线合理、正确	45	每错一处扣 2 分		
	导线平直、美观，不交叉，不跨接		布线不美观、导线不平直、交叉架空跨接每处扣 1 分		
	接线正确、牢固		裸露导线过长或者接点压接不紧，每处扣 1 分		
试车	热继电器、时间继电器未整定或整定错误	30	每错一处扣 4 分		
	操作顺序正确通电试车成功		试运行的步骤方法不正确扣 2 ~ 4 分 一次不成功扣 10 分，三次不成功本项不得分		
文明操作	工作台面清洁、工具摆放整齐	10	凡违反有关规定，酌扣 2 ~ 4 分，但对发生严重事故者，则取消实训资格		
时间	3h 按时完成	5	每超时 5min 酌扣 3 ~ 5 分		
总分		100			

五、实训中存在什么问题？

三相异步电动机单向反接制动实训报告

一、实训目的

二、元器件清单

序号	元器件名称	国标符号	规格型号	数量
1				
2				
3				
4				
5				
6				
7				
8				
9				

三、实训电路

四、评分表

内容	考核要求	配分	评分标准	扣分	得分
电器安装及检查	检查电器好坏 正确安装电器	10	电气元件漏检每处扣 2 分 布局不合理、不准确扣 5 分		
接线	布线合理、正确	45	每错一处扣 2 分		
	导线平直、美观，不交叉，不跨接		布线不美观、导线不平直、交叉架空跨接每处扣 1 分		
	接线正确、牢固		裸露导线过长或者接点压接不紧，每处扣 1 分		
试车	热继电器、时间继电器未整定或整定错误	30	每错一处扣 4 分		
	操作顺序正确		操作不正确扣 2 ~ 4 分		
	通电试车成功		一次不成功扣 10 分，三次不成功本项不得分		
文明操作	工作台面清洁、工具摆放整齐	10	凡违反有关规定，酌扣 2 ~ 4 分，但对发生严重事故者，则取消实训资格		
时间	3h 按时完成	5	每超时 5min 酌扣 3 ~ 5 分		
总分		100			

五、实训中存在什么问题？

车床电气控制电路实训报告

一、实训目的

二、元器件清单

序号	元器件名称	国标符号	规格型号	数量
1				
2				
3				
4				
5				
6				
7				
8				

三、实训电路

四、评分表

考核内容	考核要求	配分	评分标准	扣分	得分
电器安装及检查	检查电器好坏 正确安装电器 元件明细表填写正确	10	电气元件漏检每处扣2分 布局不合理、不准确扣5分 每错一处扣0.5分		
接线	布线合理、正确 线号齐全	45	每一处不合格扣1分		
	导线平直、美观，不交叉，不跨接		布线不美观、导线不平直、交叉架空跨接每处扣1分		
	接线正确、牢固		裸露导线过长或者接点压接不紧，每处扣1分		
试车	热继电器未整定或整定错误	30	扣4分		
	操作顺序正确		操作不正确一次扣2分		
	通电试车成功		一次不成功扣10分，三次不成功本项不得分		
文明操作	工作台面清洁、工具摆放整齐	10	凡违反有关规定，酌扣2~4分，但对发生严重事故者，则取消实训资格		
时间定额	3h按时完成	5	每超时5min酌扣3~5分		
总分		100			

五、实训中存在什么问题?

两级电动机顺序起动控制电路实训报告

一、实训目的

二、元器件清单

序号	元器件名称	国标符号	规格型号	数量
1				
2				
3				
4				
5				
6				
7				
8				

三、实训电路

四、评分表

内容	考核要求	配分	评分标准	扣分	得分
电器安装及检查	检查电器好坏 正确安装电器 元件明细表填写正确	10	电气元件漏检每处扣 2 分 布局不合理、不准确扣 5 分 每错一处扣 0.5 分		
接线	布线合理、正确 线号齐全	45	每一处不合格扣 1 分		
	导线平直、美观，不交叉，不跨接		布线不美观、导线不平直、交叉架空跨接每处扣 1 分		
	接线正确、牢固		裸露导线过长或者接点压接不紧，每处扣 1 分		
试车	热继电器未整定或整定错误	30	扣 4 分		
	操作顺序正确		操作不正确一次扣 2 分		
	通电试车成功		一次不成功扣 10 分，三次不成功本项不得分		
文明操作	工作台面清洁、工具摆放整齐	10	凡违反有关规定，酌扣 2 ~ 4 分，但对发生严重事故者，则取消实训资格		
时间	3h 按时完成	5	每超时 5min 酌扣 3 ~ 5 分		
总分		100			

五、实训中存在什么问题？

两台电动机顺序起停控制电路实训报告

一、实训目的

二、元器件清单

序号	元器件名称	国标符号	规格型号	数量
1				
2				
3				
4				
5				
6				
7				
8				

三、实训电路

四、评分表

内容	考核要求	配分	评分标准	扣分	得分
电器安装及检查	检查电器好坏 正确安装电器 元件明细表填写正确	10	电气元件漏检每处扣 2 分 布局不合理、不准确扣 5 分 每错一处扣 0.5 分		
接线	布线合理、正确 线号齐全	45	每一处不合格扣 1 分		
	导线平直、美观，不交叉，不跨接		布线不美观、导线不平直、交叉架空跨接每处扣 1 分		
	接线正确、牢固		裸露导线过长或者接点压接不紧，每处扣 1 分		
试车	热继电器未整定或整定错误	30	扣 4 分		
	操作顺序正确		操作不正确一次扣 2 分		
	通电试车成功		一次不成功扣 10 分，三次不成功本项不得分		
文明操作	工作台面清洁、工具摆放整齐	10	凡违反有关规定，酌扣 2 ~ 4 分，但对发生严重事故者，则取消实训资格		
时间	3h 按时完成	5	每超时 5min 酌扣 3 ~ 5 分		
总分		100			

五、下面两个控制电路与实训电路在原理上有何区别？

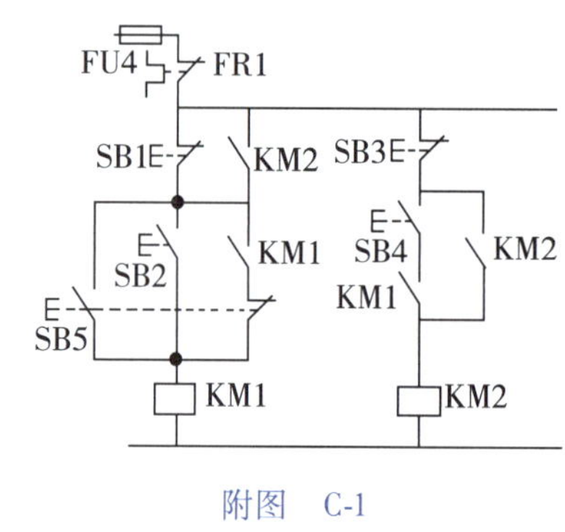

附图 C-1

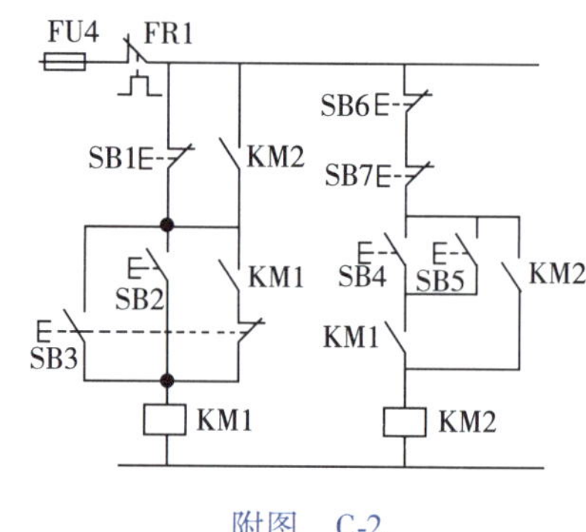

附图 C-2

六、实训中存在什么问题？

参考文献

[1] 俞艳，金国砥．工厂电气控制［M］．北京：机械工业出版社，2007.
[2] 王建，赵金周．电气设备安装与维修［M］．北京：机械工业出版社，2007.
[3] 方承远．工厂电气控制技术［M］．北京：机械工业出版社，2002.